企业级卓越人才培养解决方案“十三五”规划教材

Node.js 项目实战

天津滨海迅腾科技集团有限公司　主编

南开大学出版社
天　津

图书在版编目(CIP)数据

Node.js 项目实战/天津滨海迅腾科技集团有限公司主编. —天津：南开大学出版社，2018.8(2024.1 重印)
ISBN 978-7-310-05643-9

Ⅰ. ①N… Ⅱ. ①天… Ⅲ. ①JAVA 语言－程序设计 Ⅳ. ①TP312.8

中国版本图书馆 CIP 数据核字(2018) 第 187136 号

主　编　牛永钢　康　健　陈桂芳
副主编　周青政　雷长虹　黄祥书　田　钰　陈观爱

版权所有　侵权必究

Node.js 项目实战
Node.js XIANGMU SHIZHAN

南开大学出版社出版发行
出版人:刘文华
地址:天津市南开区卫津路 94 号　　邮政编码:300071
营销部电话:(022)23508339　营销部传真:(022)23508542
https://nkup.nankai.edu.cn

河北文曲印刷有限公司印刷　全国各地新华书店经销
2018 年 8 月第 1 版　　2024 年 1 月第 4 次印刷
260×185 毫米　16 开本　19.5 印张　450 千字
定价:68.00 元

如遇图书印装质量问题,请与本社营销部联系调换,电话:(022)23508339

企业级卓越人才培养解决方案“十三五”规划教材
编写委员会

指导专家：周凤华　教育部职业技术教育中心研究所
李　伟　中国科学院计算技术研究所
张齐勋　北京大学
朱耀庭　南开大学
潘海生　天津大学
董永峰　河北工业大学
邓　蓓　天津中德应用技术大学
许世杰　中国职业技术教育网
郭红旗　天津软件行业协会
周　鹏　天津市工业和信息化委员会教育中心
邵荣强　天津滨海迅腾科技集团有限公司

主任委员：王新强　天津中德应用技术大学

副主任委员：张景强　天津职业大学
宋国庆　天津电子信息职业技术学院
闫　坤　天津机电职业技术学院
刘　胜　天津城市职业学院
郭社军　河北交通职业技术学院
刘少坤　河北工业职业技术学院
麻士琦　衡水职业技术学院
尹立云　宣化科技职业学院
王　江　唐山职业技术学院
廉新宇　唐山工业职业技术学院
张　捷　唐山科技职业技术学院
杜树宇　山东铝业职业学院
张　晖　山东药品食品职业学院
梁菊红　山东轻工职业学院
赵红军　山东工业职业学院
祝瑞玲　山东传媒职业学院

王建国　烟台黄金职业学院

陈章侠　德州职业技术学院

郑开阳　枣庄职业学院

张洪忠　临沂职业学院

常中华　青岛职业技术学院

刘月红　晋中职业技术学院

赵　娟　山西旅游职业学院

陈　炯　山西职业技术学院

陈怀玉　山西经贸职业学院

范文涵　山西财贸职业技术学院

任利成　山西轻工职业技术学院

郭长庚　许昌职业技术学院

李庶泉　周口职业技术学院

许国强　湖南有色金属职业技术学院

孙　刚　南京信息职业技术学院

夏东盛　陕西工业职业技术学院

张雅珍　陕西工商职业学院

王国强　甘肃交通职业技术学院

周仲文　四川广播电视大学

杨志超　四川华新现代职业学院

董新民　安徽国际商务职业学院

谭维奇　安庆职业技术学院

张　燕　南开大学出版社

企业级卓越人才培养解决方案简介

企业级卓越人才培养解决方案(以下简称“解决方案”)是面向我国职业教育量身定制的应用型、技术技能人才培养解决方案。以教育部—滨海迅腾科技集团产学合作协同育人项目为依托,依靠集团研发实力,联合国内职业教育领域相关政策研究机构、行业、企业、职业院校共同研究与实践的科研成果。本解决方案坚持“创新校企融合协同育人,推进校企合作模式改革”的宗旨,消化吸收德国“双元制”应用型人才培养模式,深入践行基于工作过程“项目化”及“系统化”的教学方法,设立工程实践创新培养的企业化培养解决方案。在服务国家战略:京津冀教育协同发展、中国制造2025(工业信息化)等领域培养不同层次的技术技能人才,为推进我国实现教育现代化发挥积极作用。

该解决方案由“初、中、高”三个培养阶段构成,包含技术技能培养体系(人才培养方案、专业教程、课程标准、标准课程包、企业项目包、考评体系、认证体系、社会服务及师资培训)、教学管理体系、就业管理体系、创新创业体系等;采用校企融合、产学融合、师资融合的“三融合”模式,在高校内共建大数据(AI)学院、互联网学院、软件学院、电子商务学院、设计学院、智慧物流学院、智能制造学院等;并以“卓越工程师培养计划”项目的形式推行,将企业人才需求标准、工作流程、研发规范、考评体系、企业管理体系引进课堂,充分发挥校企双方优势,推动校企、校际合作,促进区域优质资源共建共享,实现卓越人才培养目标,达到企业人才招录的标准。本解决方案已在全国几十所高校开始实施,目前已形成企业、高校、学生三方共赢的格局。

天津滨海迅腾科技集团有限公司创建于2004年,是以IT产业为主导的高科技企业集团。集团业务范围已覆盖信息化集成、软件研发、职业教育、电子商务、互联网服务、生物科技、健康产业、日化产业等。集团以科技产业为背景,与高校共同开展“三融合”的校企合作混合所有制项目。多年来,集团打造了以博士、硕士、企业一线工程师为主导的科研及教学团队,培养了大批互联网行业应用型技术人才。集团先后荣获天津市“五一”劳动奖状先进集体、天津市政府授予“AAA”级劳动关系和谐企业、天津市“文明单位”“工人先锋号”“青年文明号”“功勋企业”“科技小巨人企业”“高科技型领军企业”等近百项荣誉。集团将以“中国梦,腾之梦”为指导思想,在2020年实现与100所以上高校合作,形成教育科技生态圈格局,成为产学协同育人的领军企业。2025年形成教育、科技、现代服务业等多领域100%生态链,实现教育科技行业“中国龙”目标。

前 言

Node.js 是一个为开发人员提供开发服务器端应用的平台，且其基于 Chrome V8 引擎，具有单线程模式、非阻塞 I/O、轻量高效以及事件驱动等优点，可以方便地搭建响应速度快、易于扩展的网络应用。

本书以项目实战开发为基础，以 Node.js 原生模块和典型案例为主线，详细介绍 Node.js 开发的基础知识和相应案例实践，让读者全面、深入、透彻地了解 Node.js 开发的主要技术，并且能够和各种主流框架整合使用，提高实际开发水平和项目实战能力。

本书主要有八个项目，即 TF 物业系统客户端界面、TF 物业系统用户管理界面、TF 物业系统商品管理界面、TF 物业系统数据库表的建立、服务端用户管理功能、服务端商品管理功能、服务端缴费管理功能、客户端与服务端交互，循序渐进地讲述 Node.js 项目开发步骤及流程，通过本书的学习，读者可以更加熟练地使用 Node.js 与各种主流框架整合开发，了解项目开发的流程及最终的交互。

本书涵盖的主要内容有 Node.js 应用、REPL、timer 模块、events 模块、process、child_process 模块、fs 模块、Path 模块、url 模块、MongoDB 数据库、HTTP 服务、Express 、测试、部署发布等，内容丰富、实例典型、实用性强。并且设有学习目标、学习路径、任务描述、任务技能、任务实施、任务总结、英语角以及任务习题，结构条理清晰、内容详细，非常适合希望通过编码实例学习 Node.js 开发的人员阅读。

本书由牛永钢、康健、陈桂芳任主编，由周青政、雷长虹、黄祥书、田钰、陈观爱等共同任副主编，牛永钢负责统稿，康健、陈桂芳负责全面内容的规划，周青政、雷长虹、黄祥书、田钰、陈观爱负责整体内容编排。具体分工如下：项目一至项目三由周青政、雷长虹编写，康健负责全面规划；项目四至项目五由黄祥书编写，康健负责全面规划，项目六至项目八由田钰、陈观爱共同编写，陈桂芳负责全面规划。

本书理论条理清晰、实例操作讲解细致，实现了理论与实践的结合，操作步骤后有相对应的效果图，便于读者直观、清晰地看到操作效果，牢记书中的操作步骤，使读者在 Node.js 的学习过程中能够更加顺利。

天津滨海迅腾科技集团有限公司
技术研发部

目　录

项目一　TF 物业系统客户端界面

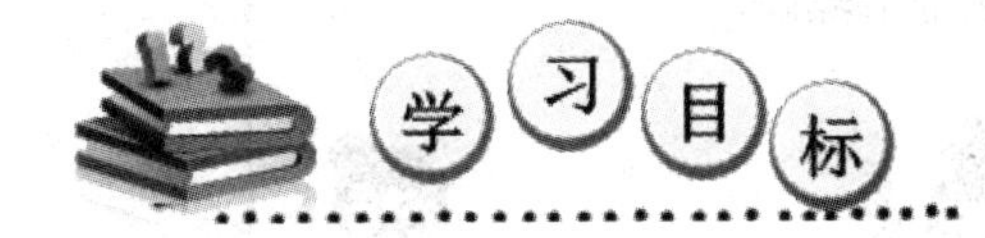

通过 TF 物业系统客户端界面的实现，了解 Node.js 的特点，学习 Node.js 的应用场景，掌握使用 Node.js 搭建服务器平台，具有使用 WebStrom 调试 Node.js 的能力。在任务实现过程中：

- 了解什么是 Node.js。
- 学习 Node.js 的优势。
- 掌握 Node.js 的使用。
- 具有使用 WebStrom 调试 Node.js 的能力。

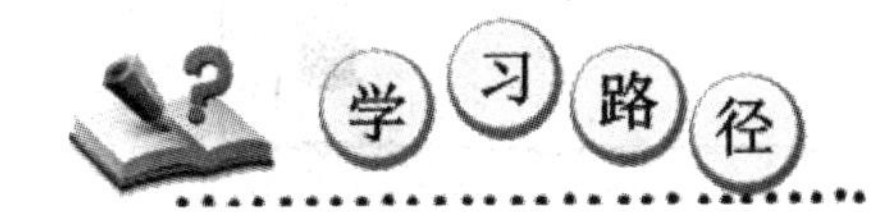

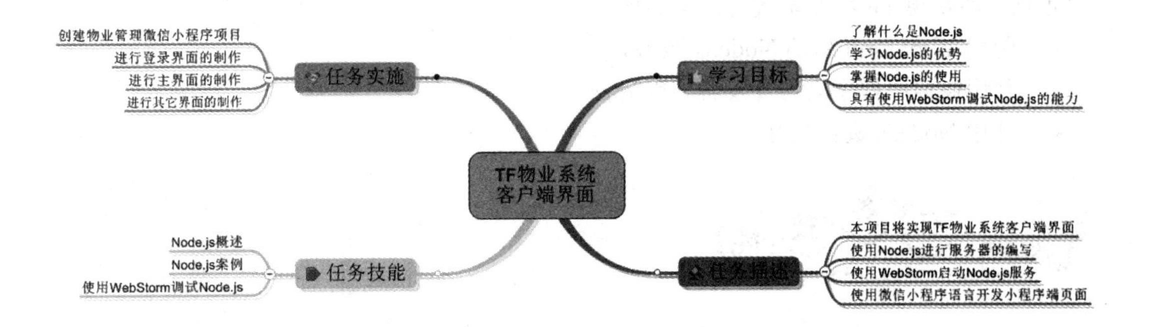

【情境导入】

【功能描述】

本项目将实现 TF 物业系统客户端界面。

- 使用 WebStorm 启动 Node.js 服务。
- 使用微信小程序语言开发客户端界面。
- 使用 Node.js 进行交互。

技能点 1 Node.js 概述

1 Node.js 简介

Node.js 由 Ryan Dahl 于 2009 年 5 月发布，是基于 Chrome JavaScript 运行时建立的平台，其实质是对 Chrome V8 引擎（执行 JavaScript 的速度非常快，性能非常好）进行了封装，用于方便地搭建响应速度快、易于扩展的网络应用。Node.js 对一些特殊用例进行优化，提供替代的 API，使得 V8 在非浏览器环境下运行得更好。其应用是由 JavaScript 语言开发，因此，具有 JavaScript 的多种特点。Node.js 具有如下特点。

- 一个命令行工具。
- 利用 V8 引擎。
- 拥有子进程，在同一时间可以做多个事情。
- 是基于事件的，类似 AJAX 的工作都可以在服务器端完成。
- 浏览器和服务器端之间共享代码。
- 方便与数据库连接。

2　Node.js 的优势

Node.js 是一个服务器端运行的 JavaScript 脚本语言，大部分的 API 与客户端 JavaScript 保持一致，且在单线程模式下工作。单线程模式是 Node.js 的一大优点，不仅如此，Node.js 还具有其他优点。Node.js 主要优点如下。

（1）单线程模式

单线程指当遇到需要加载数据库等请求时，它会将其放入“队列”中执行，待下一轮事件循环时再判断能否执行它的回调函数，与多线程编程不同，可以忽略状态的同步问题，没有死锁的存在，也没有线程上下文交换所带来的性能上的开销。

（2）非阻塞 I/O

Node.js 的非阻塞 I/O 处理对系统资源耗用低，性能高，且具有出众的负载能力，非常适合用作依赖其他 I/O 资源的中间层服务。例如，用户发起一个读取文件描述符操作时，函数立即返回，不作任何等待，进程继续执行。

（3）轻量高效

Node.js 轻量高效是数据密集型分布式部署环境下实时应用系统的完美解决方案。

（4）事件驱动、异步编程

事件驱动主要是通过事件或状态的变化来进行应用程序的流程控制，一般通过事件监听完成，一旦事件被检测到，则调用相应的回调函数（回调函数是常用的解决异步的方法）。Node.js 的匿名函数和闭包特性非常适合事件驱动、异步编程。

3　为什么学习 Node.js

（1）学习 Node.js 的理由

Node.js 具有 NPM 包管理系统，能解决 Node.js 代码部署上的大多数问题。使用“npm install 包 / 库名”可以安装必要的包 / 库，也可以下载并安装其他人编写的命令行程序。学习 Node.js 的理由如下。

- 相比于其他开发语言，更容易配置。
- 基于 JavaScript 运行，可在服务器和客户端使用相同的语言，甚至可在它们之间共享一些代码。
- 单线程事件驱动系统，即使面对大量的请求，也可快速一次处理。
- 通过 NPM 可访问的软件包不断增加，包括客户端和服务端的库 / 模块，以及用于

Web 开发的命令行工具。

- 适合原型设计、敏捷开发和快速产品迭代。
- 适合具有大量并发连接的应用程序，并且每个请求只需要很少的 CPU 周期。

（2）Node.js 的应用场景

Node.js 应用广泛，非常适合搭建静态资源服务器、制作聊天应用程序等，还可以应用到不同的场景上，如：

- 高度事件驱动的应用程序和严重的 I/O 限制。
- 处理大量与其他系统连接的应用程序。
- 即时应用程序。
- 高流量、可扩展的应用。
- 建立网络应用程序。

快来扫一扫！

当你了解了什么是 Node. js 之后，你是否想要再了解下 Node. js 是如何发展到今天这一地步的，扫描右方二维码，看看 Node. js 的发展史！

技能点 2 Node.js 应用

使用 Node.js 搭建服务器平台的步骤如下：

第一步：创建 HelloNode.js 文件。

第二步：引入 http 模块。

进入 HelloNode.js 文件，使用 require 指令加载 http 模块，并将实例化的 http 赋值给定义的变量 http，代码如下所示。

```
var http = require("http");
```

第三步：创建服务器。

使用 http.createServer() 方法创建服务器，并使用 listen() 方法监听 3000 端口。通过 request、response 参数来接收和响应数据。代码如下所示。

```
var http = require("http");
```

```
http.createServer(function(request, response){
    response.writeHead(200, {'Content-Type': 'text/plain'});
    response.end("hello Node.js");
}).listen(3000);
// 命令窗口提示内容
console.log(' http://127.0.0.1:3000/');
```

第四步：打开命令窗口并切换到 HelloNode.js 文件所在目录下，输入“node HelloNode.js”命令启动服务。效果如图 1.1 所示。

图 1.1　启动服务

第五步：打开浏览器访问 http://127.0.0.1:3000/，出现内容为“hello Node.js”的网页。效果如图 1.2 所示。

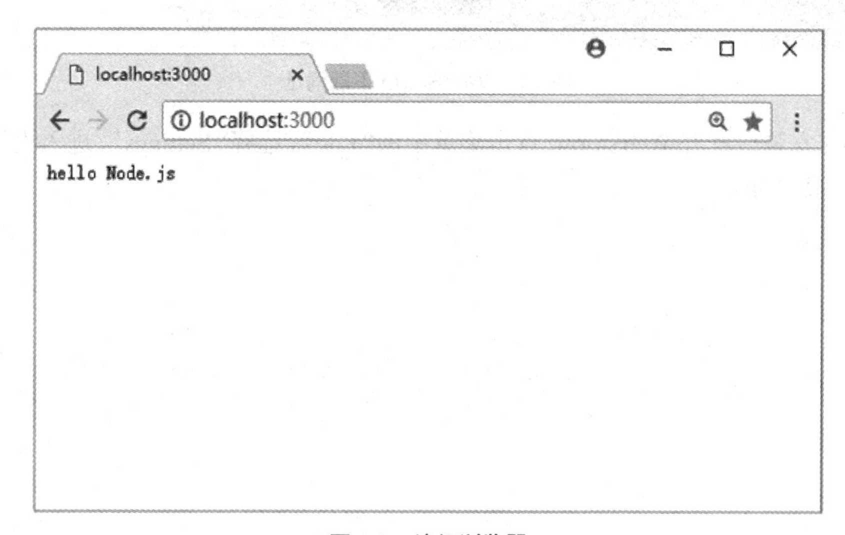

图 1.2　访问浏览器

技能点 3 使用 WebStorm 调试 Node.js

除了在命令窗口运行 Node.js 项目外，WebStorm 根据 Node.js 的一系列特性在新版本发布中集成了 Node.js 运行环境，以方便进行 Node.js 的编译和调试。使用 WebStorm 调试 Node.js 的步骤如下：

第一步：安装 Node.js。

第二步：下载 WebStorm 代码编辑器，下载网址 https://www.jetbrains.com/webstorm/，网址效果如图 1.3 所示。下载后进行安装。

图 1.3 WebStorm 下载网址

第三步：安装后打开 WebStorm，点击菜单中的“File”，选择“Settings”，进入设置界面，效果如图 1.4、1.5 所示。

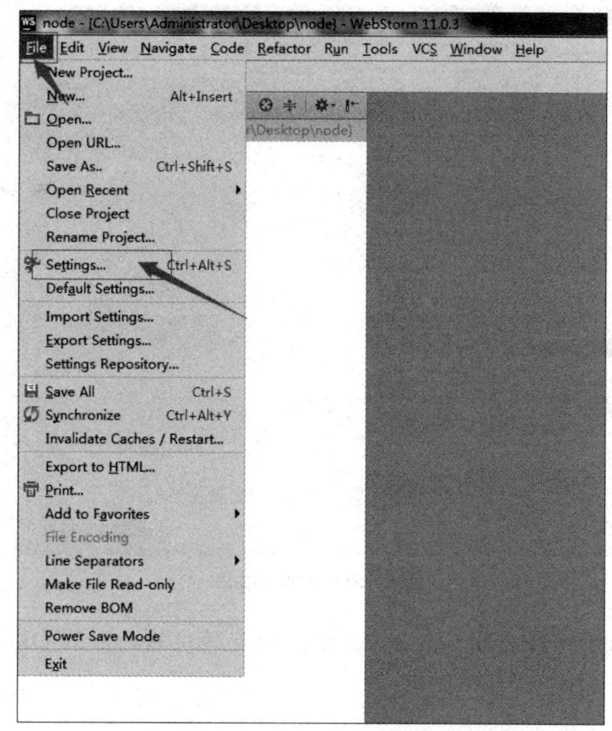

图 1.4　进入设置界面

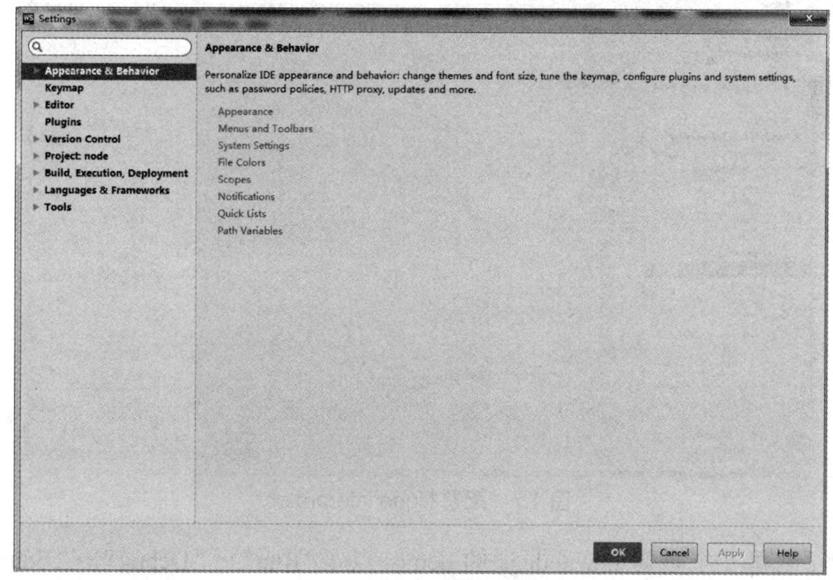

图 1.5　进入设置界面

第四步：在设置界面输入“Node”进行查找，选择“Node.js and NPM”界面，效果如图 1.6 所示。

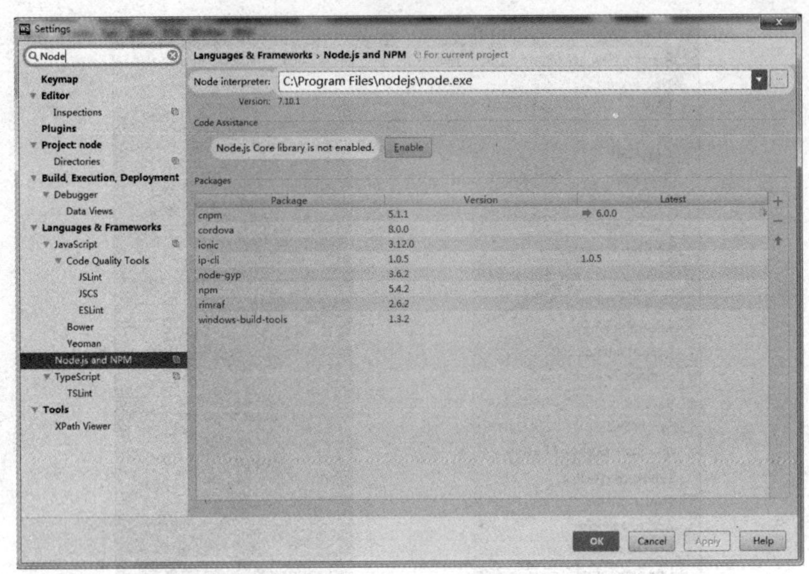

图 1.6 查找 Node

第五步：配置 Node interpreter，找到 Node.js 的安装位置，点击“OK”按钮，效果如图 1.7 所示。

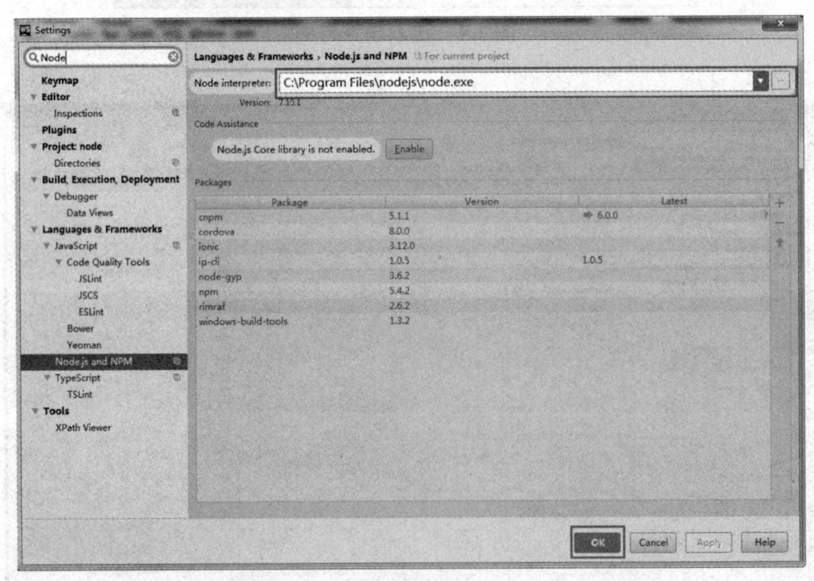

图 1.7 配置 Node interpreter

第六步：创建一个名为 newnode.js 的 demo，点击“Run”→“Debug”→“Edit Configurations…”，效果如图 1.8、1.9 所示。

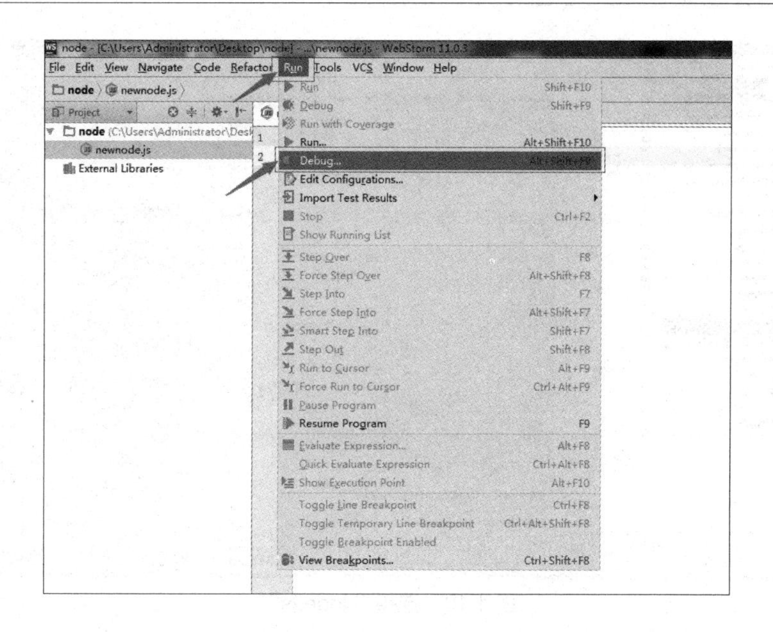

图 1.8　点击“Debug”

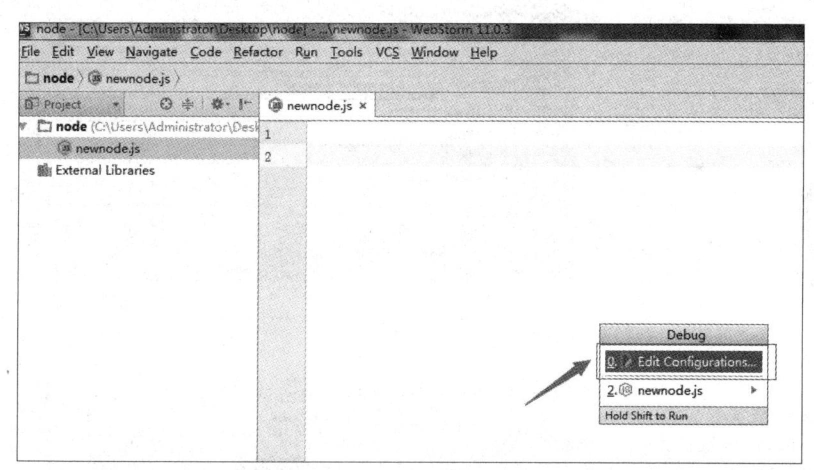

图 1.9　选择“Edit Configurations…”

第七步：点击“+”→“Node.js”，导入之前创建的 newnode.js 文件，之后点击“Apply”进行确定，效果如图 1.10、1.11 所示。

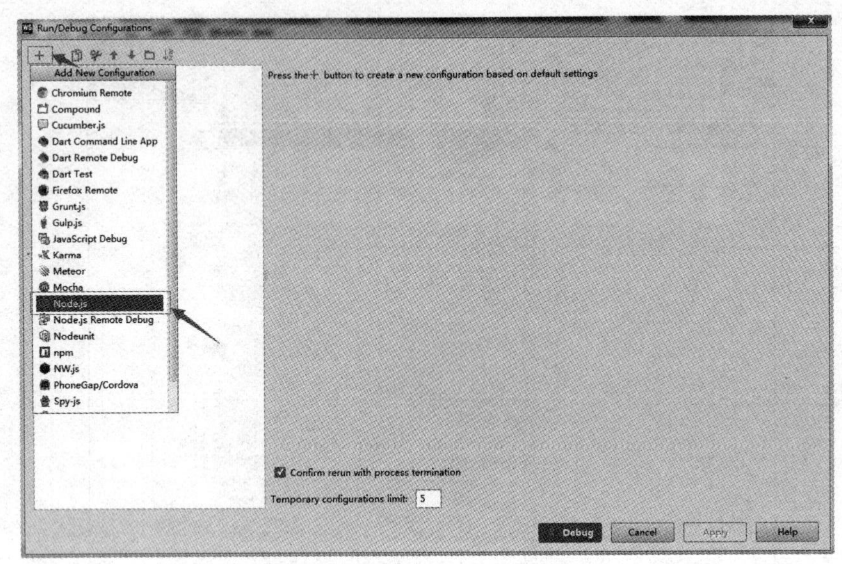

图 1.10　选择“Node.js”

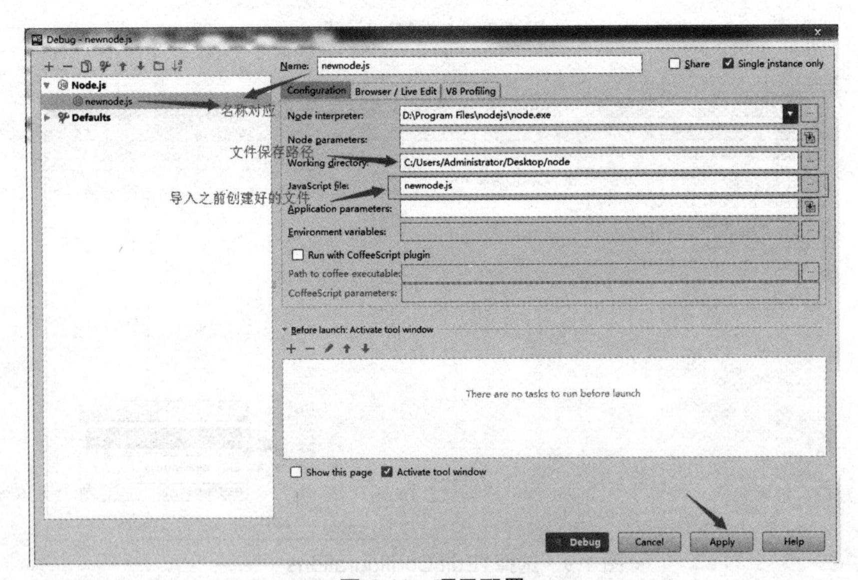

图 1.11　项目配置

第八步：到此为止，WebStorm 的 Node.js 运行环境配置完成。使用 WebStorm 进行 Node.js 的编译和调试，在之前创建的 newnode.js 中编写一段代码，点击鼠标右键编译，或点击右上角的运行按钮进行编译，也可以打开“Run”，选择“Run…”进行编译，效果如图 1.12 所示。

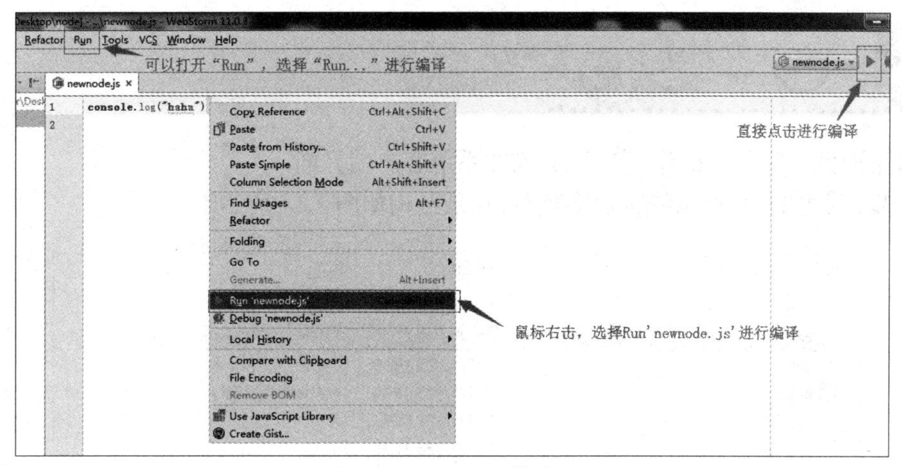

图 1.12　Node.js 的编译

第九步：点击如图所示按钮进行编译，效果如图 1.13 所示。

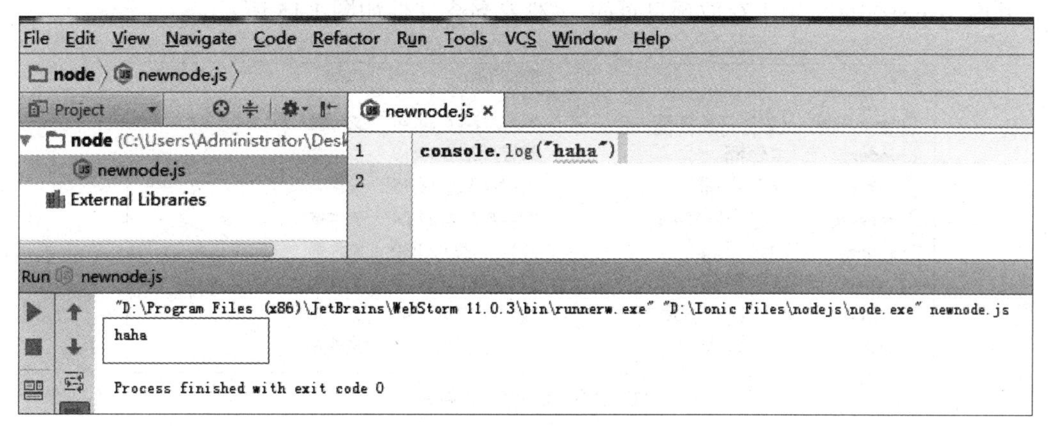

图 1.13　编译结果

至此，使用 WebStorm 进行 Node.js 的编译和调试配置完成。

快来扫一扫！

你是否喜欢使用 WebStrom 去运行 Node.js，若不喜欢，这里还有其他软件可供使用，扫描右方二维码，来学习使用 Sublime Text 运行 Node.js！

通过下面九个步骤的操作，实现 TF 物业系统客户端界面。

第一步：创建 TF 物业系统客户端项目，目录结构如图 1.14 所示。

名称	修改日期	类型	大小
img	2017/12/26 19:38	文件夹	
pages	2017/12/26 22:16	文件夹	
utils	2017/12/25 18:13	文件夹	
app.js	2017/12/25 18:13	JetBrains WebSt...	2 KB
app.json	2017/12/27 8:26	URL:vscode	1 KB
app.wxss	2017/12/25 18:13	WXSS 文件	1 KB
project.config.json	2017/12/25 22:49	URL:vscode	1 KB

图 1.14 创建项目

其中，pages 文件夹用于存放项目页面，文件夹包含文件如图 1.15 所示。

名称		修改日期	类型	大小
goodscar	购物记录界面	2017/12/26 22:16	文件夹	
index	主界面	2017/12/25 18:13	文件夹	
login	登录界面	2017/12/25 18:15	文件夹	
message	物业公告界面	2017/12/25 21:24	文件夹	
money	缴费界面	2017/12/25 23:30	文件夹	
repair	维修界面	2017/12/25 22:58	文件夹	
social	友邻社交界面	2017/12/25 21:45	文件夹	
water	送水界面	2017/12/25 23:29	文件夹	

图 1.15 pages 文件夹

第二步：进行登录界面的制作。

登录界面由图标和输入区域组成，代码如 CORE0101、CORE0102 所示，效果如图 1.16 所示。

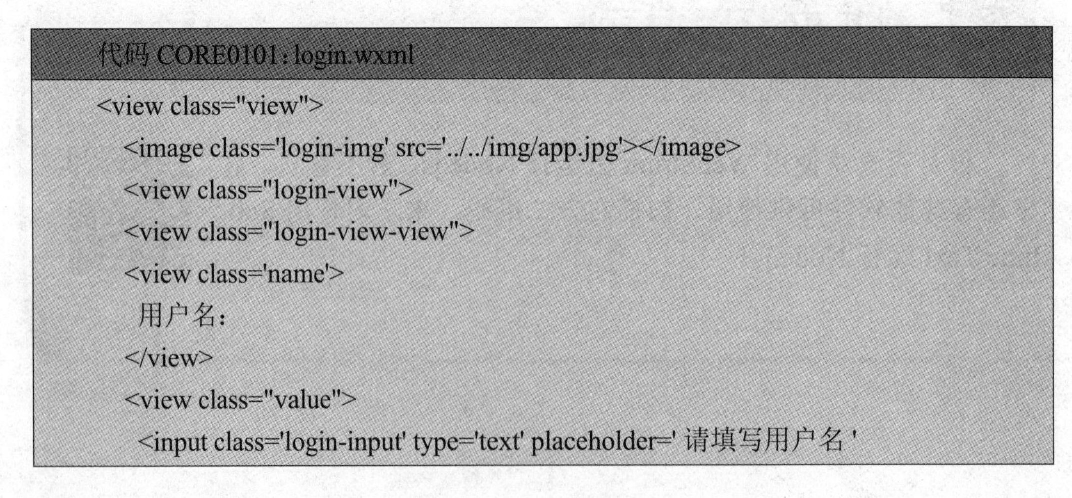

代码 CORE0101：login.wxml

```
<view class="view">
  <image class='login-img' src='../../img/app.jpg'></image>
  <view class="login-view">
  <view class="login-view-view">
  <view class='name'>
   用户名：
  </view>
  <view class="value">
   <input class='login-input' type='text' placeholder=' 请填写用户名 '
```

```
            bindblur='losenum'>
      </input>
    </view>
  </view>
  <view class="login-view-view">
    <view class='name'>
      密码：
    </view>
    <view class="value">
         <input class='login-input' type='password' placeholder=' 请填写密码 '
              bindblur='losepassword'>
      </input>
    </view>
  </view>
</view>
<view class='text'>{{text}}</view>
 <view class='button' bindtap='login'> 登录 </view>
</view>
```

代码 CORE0102: login.js

```
var app = getApp();
Page({
  data: {
    name: "",
    numbers: ""
  },
  onLoad: function () { },
// 获取用户名
  losenum: function (e) {
    this.setData({
      name: e.detail.value
    })
  },
// 获取密码
  losepassword: function (e) {
    this.setData({
      numbers: e.detail.value
```

```
    })
  },
  login: function (e) {
    wx.navigateTo({
      url: '../index/index'
    })
  }
})
```

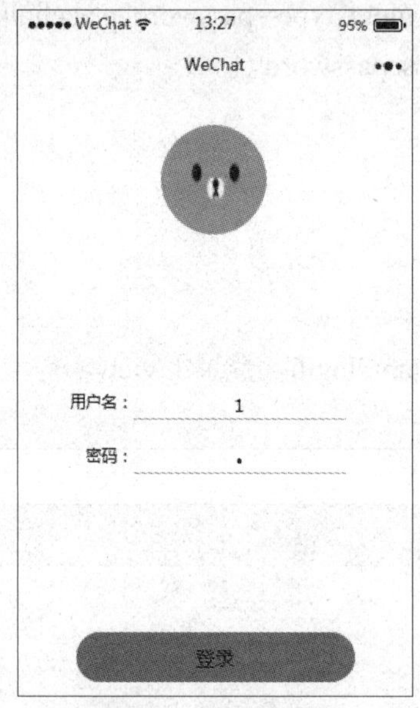

图 1.16　登录首界面

第三步：进行主界面的制作。

主界面由顶部的轮播图，中部的服务区域，以及底部的功能区域组成，代码如 CORE0103、CORE0104 所示，效果如图 1.17 所示。

代码 CORE0103：index.wxml

```
<swiper indicator-dots="{{indicatorDots}}" autoplay="{{autoplay}}"
        interval="{{interval}}" duration="{{duration}}">
  <block wx:for="{{imgUrls}}">
    <swiper-item class="pic">
      <image id="mainpic" src="{{item.url}}" class="slide-image" />
    </swiper-item>
  </block>
</swiper>
<view>
```

```
    <view class="col" bindtap='water'>
      <image src='../../img/water.png'></image>
      <span class="title"> 送水 </span>
    </view>
    <view class="col"  bindtap='money'>
      <image src='../../img/money.png'></image>
      <span class="title"> 缴费 </span>
    </view>
  <view class="col"  bindtap='repair'>
      <image src='../../img/repair.png'></image>
      <span class="title"> 维修 </span>
    </view>
  </view>
  <view class="notice">
    <span class="tag"> 公告 :</span>
    <span class="content"> 请大家自觉遵守物业管理规范！ </span>
    <span class="content" style="padding-left:42px;">
      请勿在走道乱扔垃圾，保持公共卫生！
    </span>
  </view>
  <view class='main'>
    <view class='items' bindtap='signin'>
      <image class='image' src='../../img/message.png'></image>
      <text> 物业公告 </text>
    </view>
    <view class='items item1' bindtap='responder'>
       <image class='image' src='../../img/social.png'></image>
       <text> 友邻社交 </text>
    </view>
    <view class='item2' bindtap='isonfont'>
       <text> 扫码报修 </text>
       <image class='image' src='../../img/iconfont.png'></image>
    </view>
   </view>
```

代码 CORE0104：index.js

```
Page({
 data: {
```

```
// 轮播图
  imgUrls: [
    { url: "../../img/carouse1.jpg" },
    { url: "../../img/carouse2.jpg" },
    { url: "../../img/carouse3.jpg" }],
  indicatorDots: true,
  autoplay: true,
  interval: 5000,
  duration: 1000
  duration: 1000
 },
 onLoad: function (options) {},
 signin: function () {
  wx.navigateTo({
   url: '../message/message'
  })
 },
 responder: function () {
  wx.navigateTo({
   url: '../social/social'
  })
 },
 repair:function(){
  wx.navigateTo({
   url: '../repair/repair'
  })
 },
 water: function () {
  wx.navigateTo({
   url: '../water/water'
  })
 },
 money: function () {
  wx.navigateTo({
   url: '../money/money'
  })
 }
})
```

图 1.17　主界面

第四步：进行送水界面的制作。

送水界面由上部的物品列表，底部的价钱合计和确认按钮组成，其中物品列表包含物品图片、名称、价格、销售量，代码如 CORE0105、CORE0106 所示，效果如图 1.18 所示。

代码 CORE0105：water.wxml

```
<view class='view'>
 <view class='view-view' wx:for="{{list}}">
  <image class='goodsimg' src='{{item.url}}'></image>
  <text class='goodsname'>{{item.name}}</text>
  <text class='goodsprice'>{{item.price}}</text>
  <text class='goodsnum'> 已售 {{item.number}}</text>
  <view>
   <image class='add' src='../../img/minus.png' id="{{index}}" bindtap='minus'>
   </image>
   <span class="span">{{item.num}}</span>
   <image class='red' src='../../img/plus.png' id="{{index}}" bindtap='plus'>
   </image>
  </view>
 </view>
</view>
<view class='bottom'>
 <text> 合计￥{{allnum}} 元 </text>
```

```
    <view>
        <button bindtap='submit'> 选好了 </button>
    </view>
  </view>
```

代码 CORE0106：water.js

```
Page({
  data: {
    list: [
      { name: " 康师傅矿泉水 ", price: 1, number: 0, url: "../../img/water.png",num:0}
      ],
    allnum: 0
  },
  onLoad: function (options) { },
  minus: function (e) {
var that = this
// 计算总价格
    var num = parseInt(this.data.list[e.currentTarget.id].num)
    if (num == 0) {
      var nums = "list[" + e.currentTarget.id + "].num";
      that.setData({
        [nums]: num
      });
    } else {
      var nums = "list[" + e.currentTarget.id + "].num";
      that.setData({
        [nums]: num - 1
      });
    }
    var allnum = 0;
    for (var i = 0; i < this.data.list.length; i++) {
        allnum = allnum + (parseInt(this.data.list[i].num) *parseInt(this.data.list[i].price))
    }
    that.setData({
      allnum: allnum
    });
  },
```

```
  plus: function (e) {
   var that = this
    var num = parseInt(this.data.list[e.currentTarget.id].num)
    var nums = "list[" + e.currentTarget.id + "].num";
    that.setData({
      [nums]: num + 1
    });
    var allnum = 0;
    for (var i = 0; i < this.data.list.length; i++) {
      allnum = allnum + (parseInt(this.data.list[i].num) *
parseInt(this.data.list[i].price))
    }
    that.setData({
      allnum: allnum
    });
  },
  submit: function () {
    wx.navigateTo({
      url: '../goodscar/goodscar'
    })
  }
})
```

图 1.18 送水界面

第五步：进行购物记录界面的制作。

购物记录界面由上部购买物品的列表以及底部的按钮组成，其中购买物品列表包含名称、购买该商品的数量、总价格，代码如 CORE0107、CORE0108 所示，效果如图 1.19 所示。

代码 CORE0107：goodscar.wxml

```
<view class="view" wx:for="{{list}}">
    <span>{{item.goodsname}}</span>
    <text>{{item.number}}</text>
    <view>{{item.price}}</view>
</view>
<button bindtap='submit'> 确认收货￥{{allnum}}</button>
```

代码 CORE0108：goodscar.js

```
Page({
  data: {
    list: [
      { goodsname: " 康师傅矿泉水 ", price: 1, number:1 }
    ],
    allnum: 0
  },
  onLoad: function (options) {
var num=0;
    for(var i=0;i<this.data.list.length;i++){
      num = num + this.data.list[i].price * this.data.list[i].number;
    }
    this.setData({
      allnum: num
    })
},
  submit: function () {
    wx.navigateBack({
      delta: 1,
    })
  }
})
```

图 1.19 购物记录界面

第六步：进行缴费界面的制作。

缴费界面由上部的缴费列表，列表下面的价钱和缴费按钮组成，其中缴费列表包含缴费类别、金额、开始时间、截止时间，代码如 CORE0109、CORE0110 所示，效果如图 1.20 所示。

代码 CORE0109：money.wxml

```
<radio-group  bindchange="checkboxChange">
 <label class="checkbox" wx:for="{{list}}">
  <view class='view'>
   <view class='view-view'>
    <span>{{item.content}}</span>
    <text>{{item.price}} 元 </text>
    <view>{{item.starttime}}--{{item.endtime}}</view>
   </view>
   <radio value="{{item.price}}" />
  </view>
 </label>
</radio-group>
<view class='view1'>
 <view>
  <span>{{money}}</span> 元 </view>
 <button bindtap='full'> 缴费 </button>
</view>
```

代码 CORE0110：money.js

```
Page({
  data: {
    list: [
      { content: " 水费 ", price: 10, starttime: "2017-12-25", endtime: "2017-12-26" }
    ],
    money: 0,
    id: "",
    content: ""
  },
  onLoad: function () { },
  checkboxChange: function (e) {
    var that = this;
    this.setData({
      money: parseInt(e.detail.value)
    })
  },
  full: function () {
    wx.navigateBack({
      delta: 1,
    })
  }
})
```

图 1.20 缴费界面

第七步：进行维修界面的制作。

维修界面由报修列表组成，分为三种状态：未接受、未完成、已完成，代码如 CORE0111、CORE0112 所示，效果如图 1.21 所示。

代码 CORE0111：repair.wxml

```
<view class='putinview'>
 <view class="view"> 未接受：</view>
 <view class='view-view' wx:for="{{list}}" wx:key="{{index}}"
        bindtap='homeworkdetails'   wx:key="{{index}}" id="{{index}}">
   <span>{{index+1}}</span>
   <view class='name'>
    <text>{{item.position}}</text>
    <text>{{item.time}}</text>
   </view>
  </view>
</view>
<view class='putinview'>
 <view class="view"> 未完成：</view>
 <view class='view-view' wx:for="{{list1}}" wx:key="{{index}}"
         bindtap='alreadyhomeworkdetails' wx:key="{{index}}" id="{{index}}">
   <span>{{index+1}}</span>
   <view class='name'>
    <text>{{item.position}}</text>
     <text>{{item.time}}</text>
   </view>
  </view>
</view>
<view class='putinview'>
 <view class="view"> 已完成：</view>
 <view class='view-view' wx:for="{{list2}}" wx:key="{{index}}"
        bindtap='alreadyhomeworkdetails' wx:key="{{index}}" id="{{index}}">
   <span>{{index+1}}</span>
   <view class='name'>
    <text>{{item.position}}</text>
    <text>{{item.time}}</text>
   </view>
  </view>
</view>
```

代码 CORE0112：repair.js

```
Page({
  data: {
    list: [
      { position: "9 号楼一单元一层地板 ", time:"2017-12-25"}
    ],
    list1: [
      { position: "9 号楼一单元一层地板 ", time: "2017-12-25" }
    ],
    list2: [
      { position: "9 号楼一单元一层地板 ", time: "2017-12-25" }
    ]
  },
  onShow:function(){}
})
```

图 1.21　维修界面

第八步：进行物业公告界面的制作。

物业公告界面由通知列表组成，列表包含通知标题、内容、时间，代码如 CORE0113、CORE0114 所示，效果如图 1.22 所示。

代码 CORE0113：message.wxml

```
<view class="list"  wx:for="{{message}}">
    <span>{{item.name}}</span>
    <text class="note note-md">{{item.time}}</text>
    <view>{{item.message}}</view>
</view>
```

代码 CORE0114：message.js

```
Page({
  data: {
    message: [
      { name: " 缴费 ", time: "2017-12-25", message:" 交水费 "}
    ]
  },
  onLoad: function (options) {}
})
```

图 1.22　物业公告界面

第九步：进行友邻社交界面的制作。

友邻社交界面由信息列表组成，包含发布消息的用户名称、消息时间、发布内容，代码如 CORE0115、CORE0116 所示，效果如图 1.23 所示。

代码 CORE0115: social.wxml

```
<view class='view' wx:for="{{social}}">
  <span>{{item.name}}</span>
  <text>{{item.time}}</text>
  <view>{{item.content}}</view>
</view>
<view class='{{istrue?"hide":"text"}}'>
   <textarea bindblur='text'></textarea>
   <view>
     <button bindtap='sunmit'> 发布 </button>
     <button bindtap='remove'> 取消 </button>
   </view>
</view>
<image src='../../img/add.png' bindtap='add'></image>
```

代码 CORE0116: social.js

```
Page({
  data: {
   social: [
       { name: " 张三 ", time: "2017-12-25", content:" 求车位 "}
   ],
   istrue:true,
   text:""
  },
  onLoad: function (options) {},
  text:function(e){
   this.setData({
     text: e.detail.value
   })
  },
  add:function(){
   this.setData({
     istrue: false
   })
  },
  remove:function() {
   this.setData({
```

```
      istrue: true
    })
  },
  sunmit:function(){}
})
```

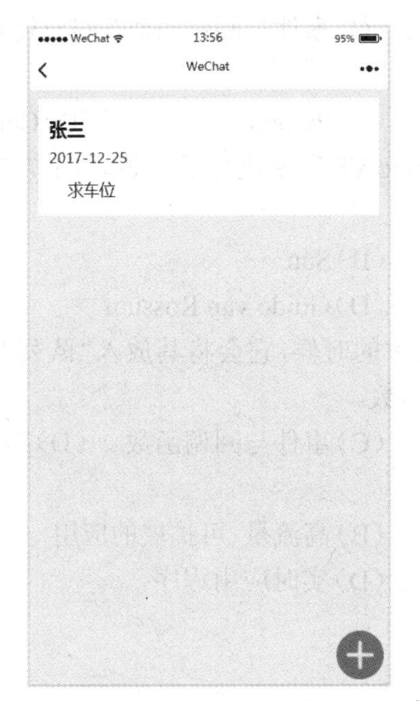

图 1.23　友邻社交界面

至此，TF 物业系统客户端界面制作完成。

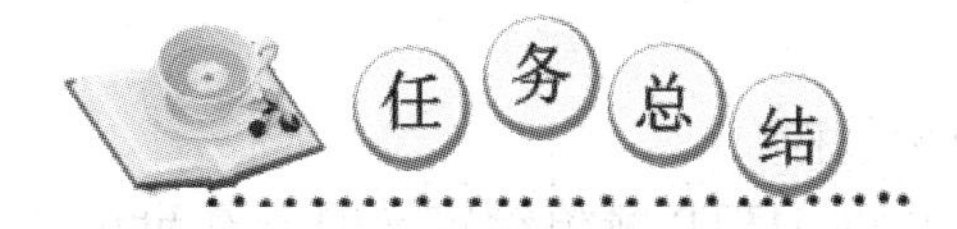

本项目通过 TF 物业系统客户端界面的学习，能够对 Node.js 有所认识，对 Node.js 的优势具有初步了解并能够创建 Node.js 项目，同时掌握使用 WebStorm 调试 Node.js 的本领。

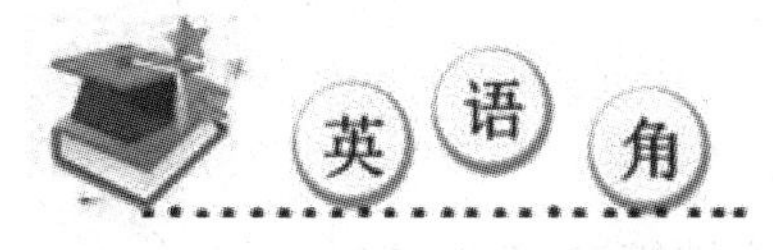

configuration	配置	process	过程
require	要求	interpreter	翻译
apply	按钮	callback	回调
settings	设置	compile	编译

一、选择题

1. 以下哪个不是 Node.js 的优点(　　)。

(A)单线程　(B)I/O　(C)事件与回调函数　(D)轻量高效

2. 以下哪个不是服务端开发语言(　　)。

(A)Java　(B)Node.js　(C)Python　(D)Cordova

3. Node.js 是由(　　)开发,实质是对 Chrome V8 引擎进行了封装,用于方便地搭建响应速度快、易于扩展的网络应用。

(A)Ryan Dahl　(B)Sun

(C)Sum　(D)Guido van Rossum

4. (　　)是指当遇到需要加载数据库等请求的时候,它会将其放入"队列"中执行,待下一轮事件循环的时候再判断能否执行它的回调函数。

(A)单线程　(B)非阻塞 I/O　(C)事件与回调函数　(D)跨平台

5. 下面对 Node.js 说法错误的是(　　)。

(A)不用与服务器端交谈的应用程序　(B)高流量、可扩展的应用

(C)建立网络应用程序　(D)实时应用程序

二、填空题

1. Node.js 是一个 __________ 运行环境(runtime),是一个基于 Chrome JavaScript 运行时建立的平台,发布于 2009 年 5 月。

2. Node.js 可应用于 _____________ 场景。

3. 使用 _________ 可以安装必要的包 / 库。

4. 通过 __________、__________ 参数来接收和响应数据。

5. 使用 require 指令来载入 http 模块,并将实例化的 HTTP 赋值给定义的变量 http,代码是__________。

三、上机题

使用 Node.js 知识实现下列要求的效果。要求:

1. 使用 Node.js 创建一个应用。

2. 使用 http.createServer() 方法创建服务器,并使用 listen 方法绑定 8888 端口。

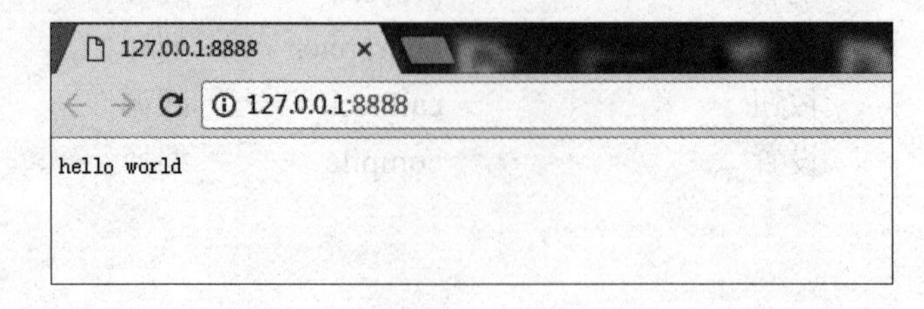

项目二　TF 物业系统用户管理界面

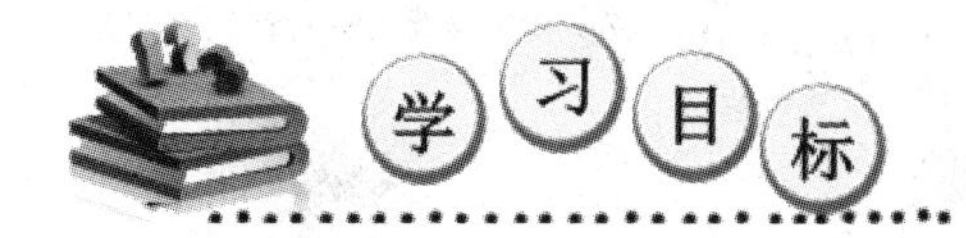

通过 TF 物业系统用户管理界面的实现，了解 REPL 调试 Node.js 代码的多种方法，学习使用 console 模块监测程序代码，掌握 timer 模块对时间的操作，具有使用模块优化代码的能力。在任务实现过程中：

- 了解如何使用 RPEL 调试代码。
- 学习应用 console 模块打印信息。
- 掌握 timer 模块的三种实现方式。
- 具有使用模块优化代码的能力。

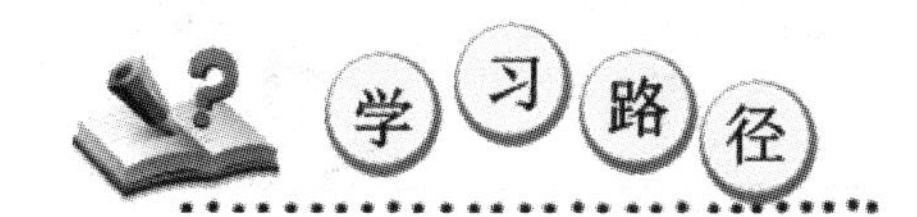

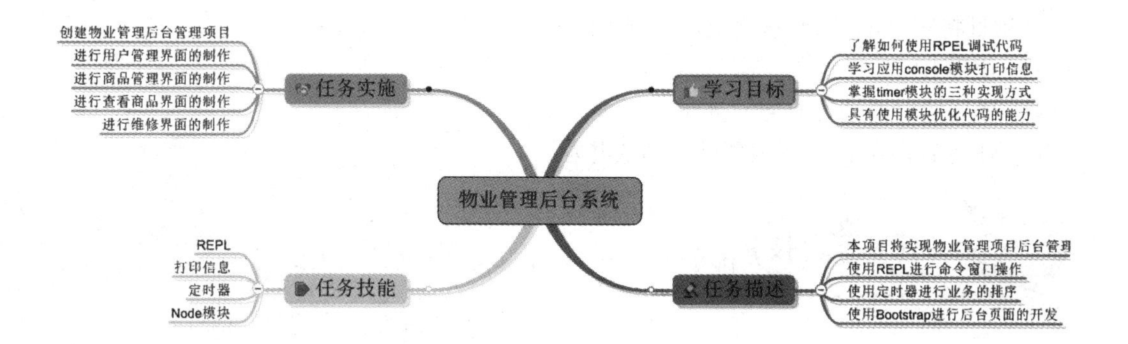

【情境导入】

【功能描述】

本项目将实现 TF 物业系统用户管理界面。

- 使用 REPL 进行命令窗口操作。
- 使用定时器进行业务的排序。
- 使用 Bootstrap 进行服务端页面的开发。

技能点 1　REPL

REPL（应答式编程器，Read Eval Print Loop），在软件行业中称为交互式解释器，是一个终端命令行工具，既可作为一个独立的程序运行，也可包含在其他程序中作为整体程序的一部分使用。REPL 为运行 JavaScript 脚本与查看运行结果提供了一种交互方式，即可以在终端中输入命令，之后接收系统的返回信息。通常 REPL 交互方式可以用于调试。在 Node.js 中使用交互式解释器可以实现的功能如下：

- 读取用户输入，解析输入的 JavaScript 数据结构并存储在内存中。
- 执行输入的数据结构。
- 输出结果。
- 循环操作"读取→执行操作→输入"的步骤直到用户进行退出操作。

注：在进行命令窗口的操作时，REPL 提供了多种快捷键来减少操作时间，快捷键操作方法如表 2.1 所示。

表 2.1　快捷键操作方法

快捷键操作方法	描述
Ctrl + C	退出当前执行状态
连续两次操作 Ctrl +C	退出 REPL
Ctrl + D	退出 REPL
↑或↓	查看输入历史
Tab	查看当前命令

Node.js 的交互式解释器可以很好地调试 Node.js 代码，其具有直接运算、变量运算、表达式运算等多种调试方式。在进行调试之前，需要通过命令"node"打开 Node.js 的终端。

（1）直接运算

简单的表达式运算，如执行数学运算，效果如图 2.1 所示。

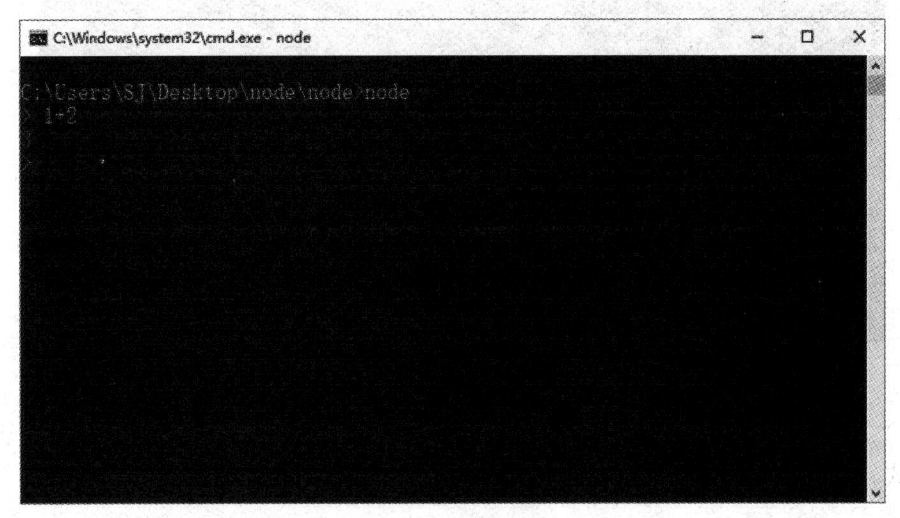

图 2.1　直接运算

（2）变量运算

定义多个变量并进行赋值，之后进行变量之间运算。如果没有使用关键字声明变量，变量值会直接打印出来。效果如图 2.2 所示。

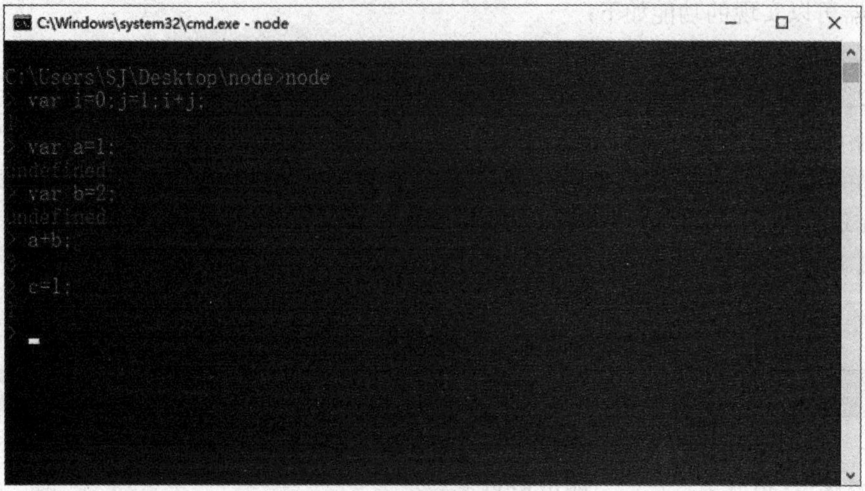

```
C:\Windows\system32\cmd.exe - node

C:\Users\SJ\Desktop\node>node
> var i=0;j=1;i+j;
1
> var a=1;
undefined
> var b=2;
undefined
> a+b;
3
> c=1;
1
>
```

图 2.2　变量运算

（3）多行表达式运算

REPL 支持多行输入表达式，如执行一个 for 循环语句：首先定义一个变量并赋值，接下来定义一个 for 循环语句，循环该变量并使每次输出结果加 1，效果如图 2.3 所示。

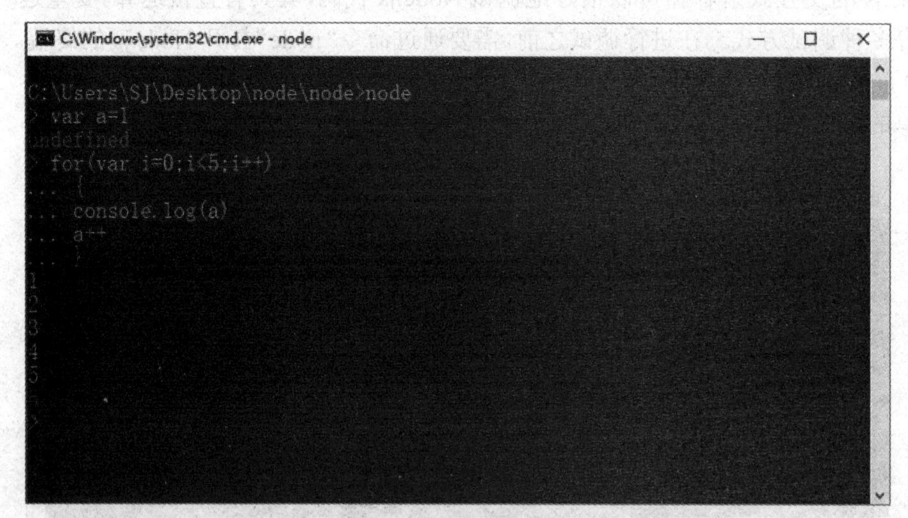

图 2.3　表达式运算

注：“... ”符号是系统在执行回车换行命令后自动生成的。Node.js 会自动检测是否为连续的表达式。

当你学会在 Node.js 终端调试代码后，你是否还想要学习 repl 模块的使用，扫描右方二维码，你将会收获更多的知识，一起来学习吧！

技能点 2　console 模块

在编写 Node.js 项目代码时，为了更好地监测程序代码的运行情况，经常需要在控制台或命令窗口进行一些信息的输出。Node.js 的 console（控制台）模块提供了一个简单的调试控制台，可以方便、快速地进行查找、定位信息。console 模块包含了多种打印信息方法，具体如表 2.2 所示。

表 2.2　console 模块方法

方法	描述
log()	用于打印任意信息
info()	打印需要强调的信息
warn()	打印警告信息
error()	打印错误信息

使用 console 进行信息打印效果如图 2.4 所示。

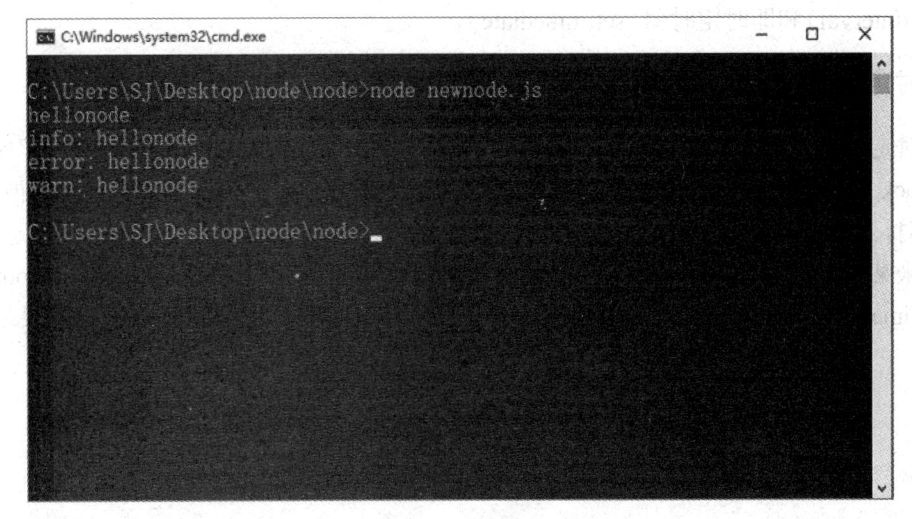

图 2.4　打印信息

为了实现图 2.4 效果，代码如 CORE0201 所示。

代码 CORE0201：打印信息

```
var name="hellonode"
console.log('hellonode');
console.info('info:',name);
console.error('error:',name);
console.warn('warn:',name);
```

快来扫一扫！

除了使用 console 模块提供的调试控制台进行代码调试外，Node.js 自带了 debug 工具用作调试，扫描右方二维码，让我们一起来学习吧！

技能点 3 timer 模块

在大多数的项目中，会有一些功能对时间有要求，这些要求大多是对任务进行延迟或重复性执行等操作。在 Node.js 中实现对时间进行操作需要用到 timer 模块，timer 模块是 Node.js 中最重要的模块之一，其提供了三种实现方式：超时定时器（setTimeout）、时间间隔定时器（setInterval）和即时定时器（setImmediate）。

1 超时定时器

超时定时器主要用于执行对工作的延迟，通过“setTimeout(callback, delay, [args])”实现，其中 callback 为回调函数；delay 为毫秒数；[args] 为回调函数传入的可选参数。定时器被触发后开始计时，当到规定时间后，执行回调函数，执行完毕后超时定时器消失。使用超时定时器可以在将来某个时间运行指定函数。当给超时定时器函数命名后，可以使用“clearTimeout(Timeout)”（Timeout 为 setTimeout() 返回的对象）销毁超时定时器。使用超时定时器效果如图 2.5 所示。

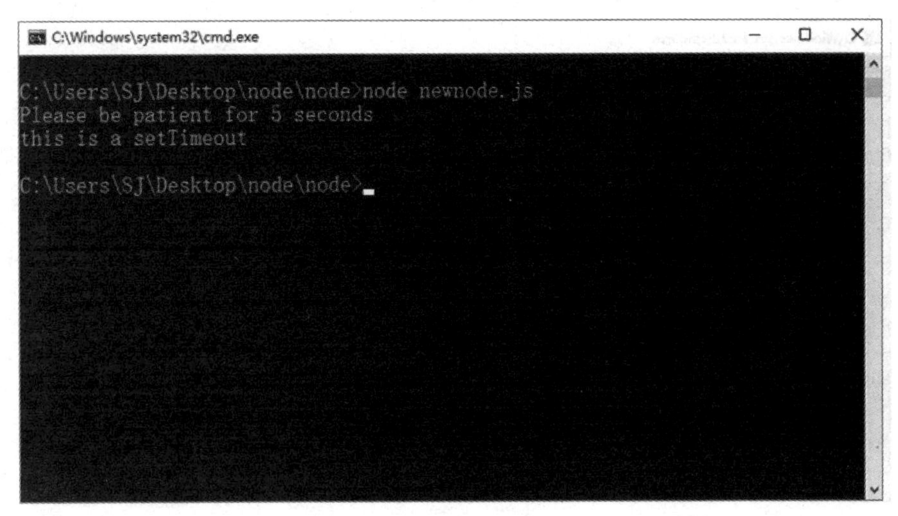

图 2.5　超时定时器

为了实现图 2.5 效果，代码如 CORE0202 所示。

代码 CORE0202：超时定时器

```
console.log("Please be patient for 5 seconds")
 setTimeout(function () {
// 回调函数
    console.log("this is a setTimeout");
 },5000);
```

2　时间间隔定时器

时间间隔定时器和超时定时器类似，主要用于对工作的定期执行，通过"setInterval (callback, delay, [args])"实现。定时器被触发后开始计时，当到了定时器规定的时间，执行回调函数，之后重新调用定时器，计时器函数被定期执行。使用时间间隔定时器可以制订一个周期性触发的重复执行计划。当给时间间隔定时器函数命名后，可以使用"clearInterval (id_of_setInterval)"（id_of_setInterval 为 setInterval() 返回的 ID 值）销毁时间间隔定时器。使用时间间隔定时器效果如图 2.6 所示。

```
C:\Windows\system32\cmd.exe
C:\Users\SJ\Desktop\node\node>node newnode.js
 start operation setInterval
 0
 1
 2
 3
 4
 5
 6
 7
 8
 9
 Finish running setInterval

C:\Users\SJ\Desktop\node\node>
```

图 2.6 时间间隔定时器

为了实现图 2.6 效果，代码如 CORE0203 所示。

代码 CORE0203：时间间隔定时器

```
var time=10;
var num=0;
console.log(" start operation setInterval")
// 定义计时器名称
var id=setInterval(function () {
// 回调函数
   console.log(" "+num);
   num++;
   if(num==time){
      console.log(" Finish running setInterval")
      // 清除定时器
      clearInterval(id)
   }
 },1000);
```

3 即时定时器

即时定时器主要用于执行对工作的延迟，通过“setImmediate(callback,[args])”实现。在 I/O 事件的回调函数开始执行后，任何超时定时器或者时间间隔定时器被执行之前，定时器被触发，立即执行回调函数。使用即时定时器可以用来在事件队列上调度工作。当给即时定时器函数命名后，可以使用“clearImmediate(immediate)”（immediate 为 setImmediate() 返回的对象）销毁即时定时器。使用即时定时器效果如图 2.7 所示。

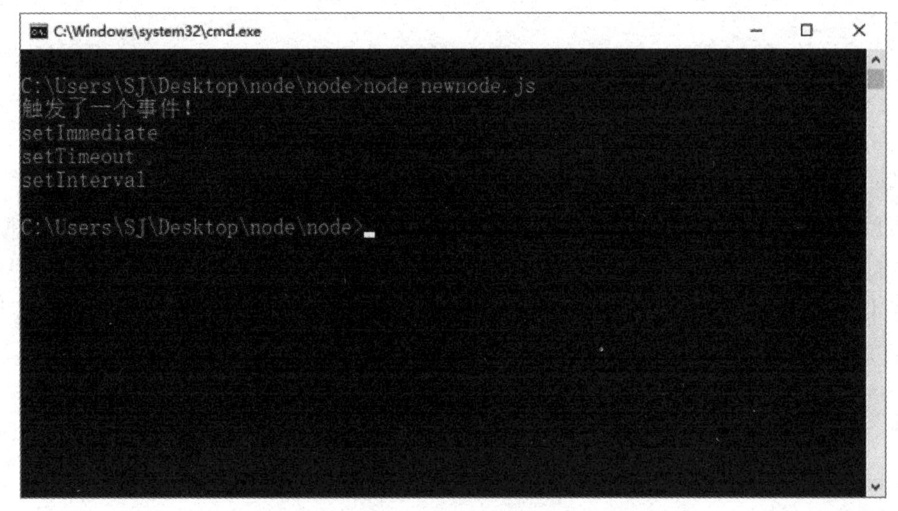

图 2.7　即时定时器

为了实现图 2.7 效果，代码如 CORE0204 所示。

代码 CORE0204：即时定时器

```
// 超时定时器
setTimeout(function () {
  console.log("setTimeout");
},1000);
// 时间间隔定时器
var id=setInterval(function () {
  console.log("setInterval");
  clearInterval(id)
},1000);
// 即时定时器
setImmediate(function () {
  console.log("setImmediate")
},1000);
//I/O 事件
const EventEmitter = require('events');
class MyEmitter extends EventEmitter {}
const myEmitter = new MyEmitter();
myEmitter.on('event', () => {
  console.log(' 触发了一个事件！ ')
 }
);
myEmitter.emit('event');
```

技能点 4　模块化

在项目开发过程中，随着程序代码量的增加，项目越来越不容易维护。为了编写便于维护的代码，将函数进行分组，分别放到不同的文件里。这样，每个文件包含的代码就相对较少，大大提高了代码的可维护性。这种组织代码的方式被称为“模块化”。在 Node.js 环境中，一个 .js 文件就称之为一个模块（module）。

1　概述

JavaScript 没有模块系统、标准库较少并且缺乏包管理工具，这样对于代码的组织和复用并不灵活，因此，Node.js 使用了模块来管理不同的 .js 文件。Node.js 的应用允许多个模块同时存在，这些模块被分为核心模块和文件模块。模块的使用遵循 CommonJS 模块规范，CommonJS 规范如下。

①一个 .js 文件就是一个模块，每一个模块都是单独的作用域。在该模块内定义的变量、函数、对象无法被其他模块读取。

②通过 require 来加载模块。

③通过 exports 和 module.exports 来暴露模块中的内容。

在项目开发中使用 Node.js 模块的优势如下。

①提高代码的可维护性。

②当一个模块编写完毕，可在其他地方引用。

③模块可以多次加载，但只在第一次加载时运行一次并缓存运行结果，以后加载时可直接读取缓存结果。

④可以引用 Node.js 内置的模块和来自第三方的模块。

⑤可以避免函数名和变量名冲突。编写模块时，不必考虑函数和变量名称会与其他模块冲突。

2　核心模块

核心模块在 Node.js 中非常重要，是由一些精简而高效的库组成。这些核心模块被编译成二进制文件，可以通过“require('模块名')”去获取。其具有最高的加载优先级（模块与核心模块同名时会体现），主要内容包括：

①全局对象。

②常用工具。

③事件机制。

④文件系统访问。

⑤ HTTP 服务器与客户端。

部分核心模块名称如表 2.3 所示。

表 2.3　Node.js 的部分核心模块

名称	描述
process	进程管理
fs	与文件系统交互
url	解析 URL
path	处理文件路径
util	提供一系列实用小工具
http	提供 HTTP 服务器功能

使用 require 加载核心模块效果如图 2.8 所示。

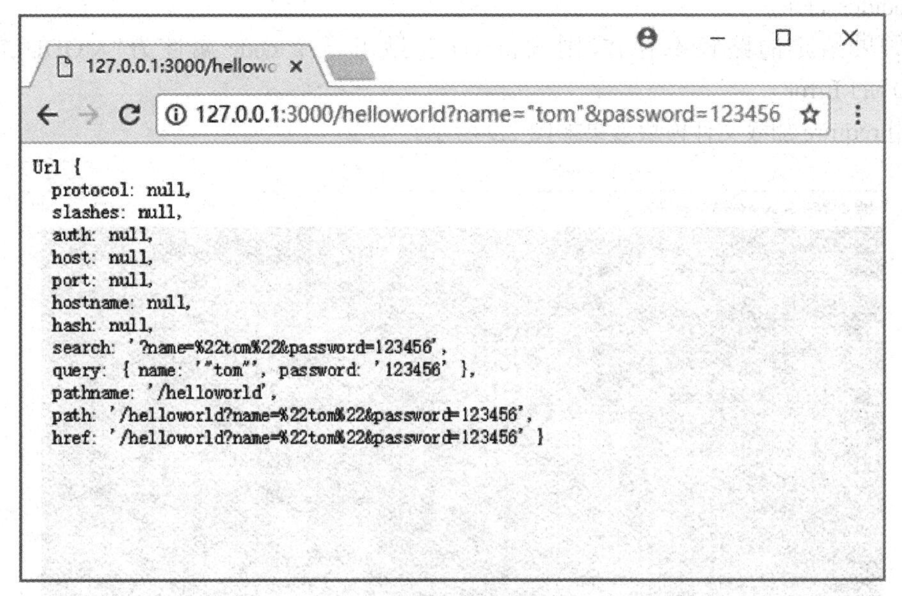

图 2.8　核心模块

为了实现图 2.8 效果，代码如 CORE0205 所示。

代码 CORE0205：hellonode.js

```
var http = require('http');
var url = require('url');
var util = require('util');
http.createServer(function(req, res){
    res.writeHead(200, {'Content-Type': 'text/plain'});
    res.end(util.inspect(url.parse(req.url, true)));
}).listen(3000);
console.log('http://127.0.0.1:3000/');
```

3 文件模块

文件模块指 .js 文件、.json 文件或者是 .node 文件。在文件模块中，可以自定义一些内容、方法等，在另一个文件中可通过“require”引入。引入文件模块可能遇到一些情况，具体如下：

①如果按确切的文件名没有找到模块，则 Node.js 会尝试带上 .js、.json 或 .node 拓展名再次加载。

② .js 文件会被解析为 JavaScript 文本文件（以 ASCII 码方式存储的文件），.json 文件会被解析为 JSON 文本文件。.node 文件会被解析为通过 dlopen 加载的编译后的插件模块。

③以“/”为前缀的模块是文件的绝对路径。

④以“./”为前缀的模块是相对于调用 require() 的文件。

⑤当没有以“/”、“./”或“../”开头来表示文件时，这个模块必须是一个核心模块或加载自 node_modules 目录。

⑥如果给定的路径不存在，则 require() 会抛出一个 code 属性为“MODULE_NOT_F-OUND”的 Error 。

使用 require 加载文件模块效果如图 2.9 所示。

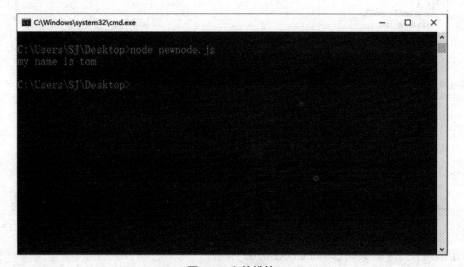

图 2.9 文件模块

为了实现图 2.9 效果，代码如 CORE0206、CORE0207 所示。

代码 CORE0206：hellonode.js

```
function hellonode() {
    var name;
    this.set= function(setname) {
        name = setname;
    };
    this.info = function() {
        console.log('my name is ' + name);
```

```
    };
};
module.exports = hellonode;
```

引入 hellonode 模块。

代码 CORE0207：newnode.js

```
var Hello = require('./hellonode');
hello = new Hello();
hello.set('tom');
hello.info();
```

通过下面十个步骤的操作，实现 TF 物业系统用户管理界面。

第一步：创建 TF 物业系统用户管理项目，目录结构如图 2.10 所示。

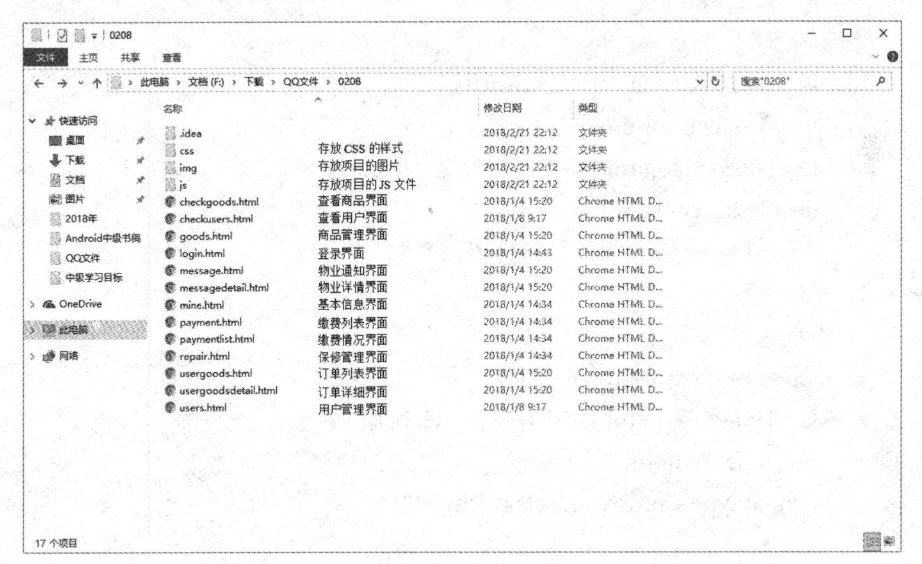

图 2.10　创建项目

第二步：进行登录界面的制作。

登录界面由背景图片和中间的输入区域组成，代码如 CORE0208 所示，效果如图 2.11 所示。

代码 CORE0208：login.html

```
<!DOCTYPE html>
<html lang="en">
```

```
<head>
  <meta charset="utf-8"/>
  <title> 登录 </title>
  <link href="./css/bootstrap.min.css" rel="stylesheet" />
  <link href="./css/bootstrap-responsive.min.css" rel="stylesheet" />
  <link href="./css/login.css" rel="stylesheet" />
<body>
<div class="navbar navbar-fixed-top">
  <div class="navbar-inner">
    <div class="container">
      <a class="brand" href="./">TF</a>
    </div>
  </div>
</div>
<div class="bgimg">
  <div id="login-container">
    <div id="login-header">
      <h3> 登录 </h3>
    </div>
    <div id="login-content" class="clearfix">
      <div class="control-group">
        <label class="control-label"> 用户名 </label>
        <div class="controls">
          <input type="text" class="input"/>
        </div>
      </div>
      <div class="control-group">
        <label class="control-label"> 密码 </label>
        <div class="controls">
          <input type="password" class="input"/>
        </div>
      </div>
      <div id="remember-me" class="pull-left">
      <input type="checkbox" checked="checked" name="remember" id="remember" />
        <label id="remember-label" for="remember"> 记住密码 </label>
      </div>
      <div class="pull-right">
        <button type="submit" class="btn btn-warning btn-large">
```

```
                <a href="users.html"> 登录 </a>
            </button>
            </div>
        </div>
      </div>
    </div>
    <script src="js/login.js"></script>
    </body>
    </html>
```

图 2.11　登录界面

第三步：进行用户管理界面的制作。

用户管理界面由顶部的图标，中部左侧的导航栏，以及中部右侧的用户列表区域组成，代码如 CORE0209 所示，效果如图 2.12 所示。

代码 CORE0209：users.html

```
<!DOCTYPE html>
<html lang="en">
<head>
  <meta charset="utf-8"/>
  <title> 用户管理 </title>
  <link href=”./css/bootstrap.min.css” rel=”stylesheet”/>
  <link href="./css/bootstrap-responsive.min.css" rel="stylesheet"/>
  <link href="./css/menu.css" rel="stylesheet">
    <link href="./css/users.css" rel="stylesheet"/>
</head>
<body style="width: 100%;height: 100%;background: #F2F2F2">
```

```
<div class="navbar navbar-fixed-top">
 <div class="navbar-inner">
  <div class="container">
    <a class="brand" href="#">TF</a>
  </div>
 </div>
</div>
<div id="content">
   <div class="container">
       <div class="row">
           <div class="span3">
               <div class="account-container">
                   <div class="account-avatar">
                       <img src="img/bgimg.jpg" alt="" class="thumbnail"/>
                   </div>
                   <div class="account-details">
                       <span class="account-name"> 张三 </span>
                       <span class="account-role"> 管理员 </span>
                   </div>
               </div>
               <hr/>
               <ul id="main-nav" class="nav nav-tabs nav-stacked">
                   <li class="active">
                       <a href="#">
                           用户管理
                       </a>
                   </li>
                   <li>
                       <a href="./goods.html">
                           商品管理
                       </a>
                   </li>
                   <li>
                      <a href="./usergoods.html">
                           商品订单
                       </a>
                   </li>
                   <li>
```

```
            <a href="./message.html">
                物业通知
            </a>
        </li>
        <li>
            <a href="./payment.html">
                客户缴费
            </a>
        </li>
        <li>
            <a href="./repair.html">
                报修管理
            </a>
        </li>
        <li>
            <a href="mine.html">
                基本信息
            </a>
        </li>
    </ul>
    <hr/>
</div>
<div class="span9">
    <h1 class="page-title">
        用户管理
        <div class="find">
            <select class="select">
                <option value="name"> 姓名 </option>
                <option value="username"> 用户名 </option>
                <option value="peoplenum"> 身份证 </option>
                <option value="phone"> 手机号 </option>
                <option value="floor"> 楼号 </option>
                <option value="unit"> 单元号 </option>
                <option value="doorplate"> 门牌号 </option>
            </select>
            <input id="input" type="text">
            <button id="button">
                    <a href="checkusers.html"> 搜索 </a>
```

```
        </button>
      </div>
    </h1>
    <table id="table">
      <tr class="add">
        <td></td>
        <td></td>
        <td></td>
        <td></td>
        <td></td>
        <td></td>
        <td></td>
        <td colspan="3" style="text-align: right">
          <a class="addpeople"> 添加用户 </a>
        </td>
      </tr>
      <tr class="tr">
        <td style="display: none"></td>
        <td> 姓名 </td>
        <td> 用户名 </td>
        <td> 身份证 </td>
        <td> 手机号 </td>
        <td> 楼号 </td>
        <td> 单元号 </td>
        <td> 门牌号 </td>
        <td> 密码 </td>
        <td> 修改 </td>
        <td> 删除 </td>
      </tr>
      <tr>
        <td>1</td>
        <td>1</td>
        <td>1</td>
        <td>1</td>
        <td>1</td>
        <td>1</td>
        <td>1</td>
        <td>1</td>
```

```
                <td><a class="revise"> 修改 </a></td>
                <td><a class="delete"> 删除 </a></td>
            </tr>
          </table>
        </div>
      </div>
    </div>
  </div>
  <div class="topdiv">
    <div class="bg"></div>
    <div class="addmessage">
      <div class="control-group">
        <label class="control-label"> 姓名：</label>
        <div class="controls">
          <input type="text" class="input-medium" value=""/>
        </div>
        <p class="help-block"></p>
      </div>
      <div class="control-group">
        <label class="control-label"> 用户名：</label>
        <div class="controls">
          <input type="text" class="input-medium"/>
          <p class="help-block"></p>
        </div>
      </div>
      <div class="control-group">
        <label class="control-label"> 身份证：</label>
        <div class="controls">
          <input type="text" class="input-medium"  value=""/>
        </div>
        <p class="help-block"></p>
      </div>
      <div class="control-group">
        <label class="control-label"> 手机号：</label>
        <div class="controls">
          <input type="text" class="input-medium" value=""/>
        </div>
        <p class="help-block"></p>
```

```
</div>
<div class="control-group">
  <label class="control-label"> 楼号:</label>
  <div class="controls">
    <input type="text" class="input-medium" disabled value=""/>
  </div>
  <p class="help-block"></p>
</div>
<div class="control-group">
  <label class="control-label"> 单元号:</label>
  <div class="controls">
    <input type="text" class="input-medium" disabled value=""/>
  </div>
  <p class="help-block"></p>
</div>
<div class="control-group">
  <label class="control-label"> 门牌号:</label>
  <div class="controls">
    <input type="text" class="input-medium" disabled value=""/>
  </div>
  <p class="help-block"></p>
</div>
<div class="control-group">
  <label class="control-label"> 密码:</label>
  <div class="controls">
      <input type="password" class="input-medium" value=""/>
  </div>
  <p class="help-block"></p>
</div>
<div class="control-group">
  <label class="control-label"> 确认密码:</label>
  <div class="controls">
    <input type="password" class="input-medium" value=""/>
  </div>
  <p class="help-block"></p>
</div>
<br/>
<div>
```

```
            <button type="submit" class="btn btn-primary"> 保存 </button>
            <button class="btn cancle"> 取消 </button>
        </div>
    </div>
</div>
<div class="topdiv">
    <div class="bg"></div>
    <div class="addmessage">
        <!-- 内容同上 -->
        <div class="control-group">
            <label class="control-label"> 确认密码: </label>
            <div class="controls">
                <input type="password" class="input-medium" value=""/>
            </div>
            <p class="help-block"></p>
        </div>
        <br/>
        <div>
            <button type="submit" class="btn btn-primary"> 保存 </button>
            <button class="btn cancle"> 取消 </button>
        </div>
    </div>
</div>
</body>
</html>
```

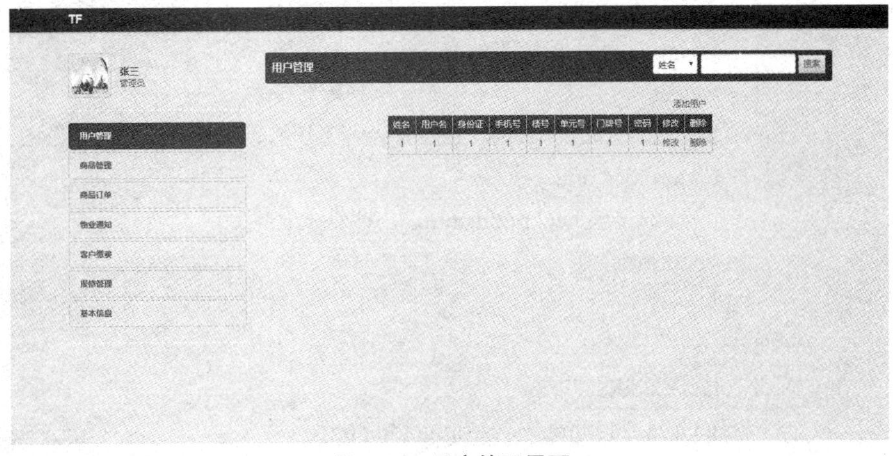

图 2.12　用户管理界面

第五步：进行商品管理界面的制作。

商品管理界面由左侧的导航栏以及右侧的商品列表区域组成，其中商品列表包含商品图片、名称、价格、销售量，代码如 CORE0210 所示，效果如图 2.13 所示。

代码 CORE0210：goods.html

```
<!DOCTYPE html>
<html lang="en">
<head>
  <meta charset="utf-8"/>
  <title> 商品管理 </title>
  <link href="./css/bootstrap.min.css" rel="stylesheet"/>
  <link href="./css/bootstrap-responsive.min.css" rel="stylesheet"/>
  <link href="./css/menu.css" rel="stylesheet">
  <link href="./css/goods.css" rel="stylesheet"/>
</head>
<body style="width: 100%;height: 100%;background: #F2F2F2">
<div class="navbar navbar-fixed-top">
<!-- 部分代码省略 -->
</div>
<div id="content">
  <div class="container">
    <div class="row">
    <!-- 部分代码省略 -->
      <div class="span9">
        <h1 class="page-title">
          商品管理
          <div class="find">
            <select class="select">
              <option> 商品名称 </option>
            </select>
            <input id="name" type="text">
            <button id="find">
              <a href="checkgoods.html"> 搜索 </a>
             </button>
          </div>
        </h1>
        <div class="addcon">
          <img class="addimg" src="img/add.png">
          <p> 添加商品 </p>
```

```
            </div>
            <div id="div">
            </div>
              <dl>
                <dt>
                    <img src="img/bgimg.jpg">
                </dt>
                <dd class="name"> 康师傅矿泉水 </dd>
                <dd class="price"> ￥<span>1</span></dd>
                <dd class="number"> 已售出：100</dd>
                <dd class="handle">
                    <a class="revise"> 修改 </a>
                    <a class="delete"> 删除 </a>
                </dd>
              </dl>
            <!-- 部分代码省略 -->
          </div>
        </div>
      </div>
    </div>
    <div class="topdiv">
      <div class="bg"></div>
      <div class="addmessage">
        <div>
        <form action="http://127.0.0.1:3000/file/uploading" method="post"
                    enctype="multipart/form-data">
            <img id="img">
            <input type="file" id="file" name="fulAvatar">
            <input type="submit">
          </form>
        </div>
        <div class="control-group">
          <label class="control-label"> 名称：</label>
          <div class="controls">
            <input type="text" class="input-medium" value=""/>
          </div>
          <p class="help-block"></p>
        </div>
```

```
        <div class="control-group">
          <label class="control-label"> 价格：</label>
          <div class="controls">
            <input type="text" class="input-medium"/>
            <p class="help-block"></p>
          </div>
        </div>
        <div>
          <button type="submit" class="btn btn-primary"> 保存 </button>
          <button class="btn cancle"> 取消 </button>
        </div>
      </div>
    </div>
    <div class="topdiv">
    <div class="bg"></div>
      <div class="addmessage">
        <div class="control-group">
          <label class="control-label"> 名称：</label>
          <div class="controls">
            <input type="text" class="input-medium" value=""/>
          </div>
          <p class="help-block"></p>
        </div>
        <div class="control-group">
          <label class="control-label"> 价格：</label>
          <div class="controls">
            <input type="text" class="input-medium"/>
            <p class="help-block"></p>
          </div>
        </div>
        <div>
          <button type="submit" class="btn btn-primary"> 保存 </button>
          <button class="btn cancle"> 取消 </button>
        </div>
      </div>
    </div>
    </body>
    </html>
```

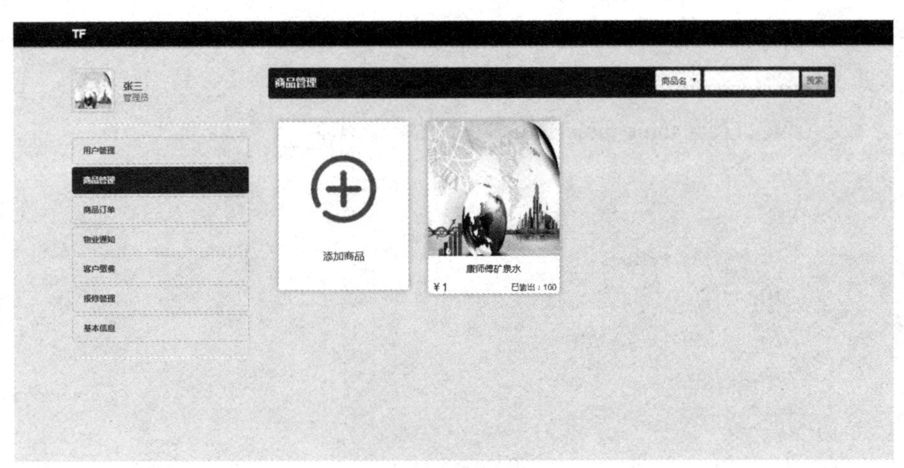

图 2.13　商品管理界面

第七步：进行订单列表界面的制作。

订单列表界面由左侧的导航栏，右侧的订单列表区域组成，其中订单列表包含用户、订单编号，代码如 CORE0211 所示，效果如图 2.14 所示。

代码 CORE0211：usergoods.html

```
<!DOCTYPE html>
<html lang="en">
 <head>
  <meta charset="utf-8" />
  <title> 订单列表 </title>
  <link href="./css/bootstrap.min.css" rel="stylesheet" />
  <link href="./css/bootstrap-responsive.min.css" rel="stylesheet"/>
  <link href="./css/menu.css" rel="stylesheet">
  <link href="./css/usergoods.css" rel="stylesheet" />
</head>
<body style="width: 100%;height: 100%;background: #F2F2F2">
<div class="navbar navbar-fixed-top">
  <!-- 部分代码省略 -->
</div>
<div id="content">
  <div class="container">
  <div class="row">
     <!-- 部分代码省略 -->
     <div class="span9">
        <h1 class="page-title">
          订单列表
```

```
        </h1>
        <div class="div">
        <table class="table table-hover">
          <thead>
          <tr>
            <th> 编号 </th>
            <th> 用户 </th>
            <th> 订单编号 </th>
            <th></th>
          </tr>
          </thead>
          <tbody id="tbody">
           <tr>
            <td>01</td>
            <td> 张三 </td>
            <td>cms3212335951</td>
            <td><a href="usergoodsdetail.html"> 进入 </a></td>
           </tr>
          </tbody>
         </table>
        </div>
      </div>
    </div>
  </div>
</div>
</body>
</html>
```

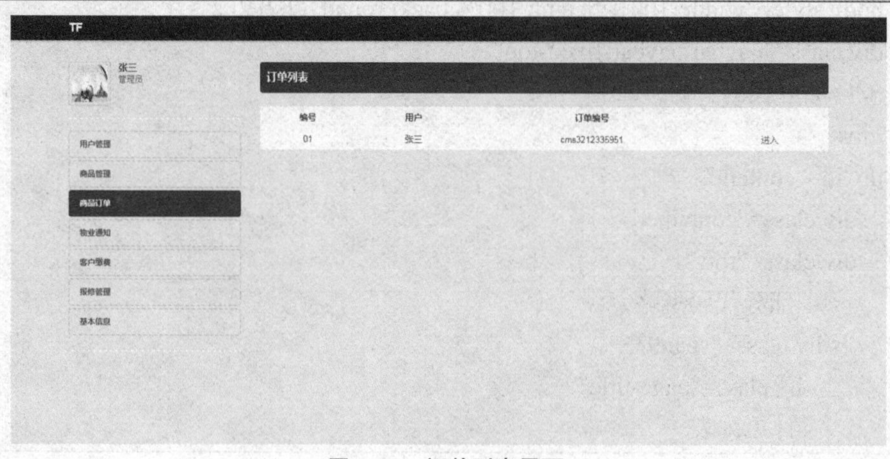

图 2.14　订单列表界面

第八步：进行订单详情界面的制作。

订单详情界面由左侧的导航栏，右侧的商品列表组成，其中商品列表包含商品名称、价格和购买数量，代码如 CORE0212 所示，效果如图 2.15 所示。

代码 CORE0212：usergoodsdetail.html

```
<!DOCTYPE html>
<html lang="en">
 <head>
  <meta charset="utf-8"/>
  <title> 订单详情 </title>
  <link href="./css/bootstrap.min.css" rel="stylesheet" />
  <link href="./css/bootstrap-responsive.min.css" rel="stylesheet"/>
  <link href="./css/menu.css" rel=" stylesheet">
  <link href="./css/usergoodsdetail.css" rel=" stylesheet"  />
</head>
<body style="width: 100%;height: 100%;background: #F2F2F2">
<div class="navbar navbar-fixed-top">
  <!-- 部分代码省略 -->
</div>
<div id="content">
  <div class="container">
    <div class="row">
 <!-- 部分代码省略 -->
      <div class="span9">
        <h1 class="page-title">
          订单详情
        </h1>
        <div id="text">
          <div class="div">
            <table class="table table-hover">
              <tbody id="tbody">
              <tr>
              <td>01</td>
              <td> 康师傅矿泉水 </td>
              <td>1</td>
              <td>4</td>
              </tr>
              </tbody>
```

```
                </table>
              </div>
            </div>
            <button> 返回 </button>
          </div>
        </div>
      </div>
    </div>
    </body>
    </html>
```

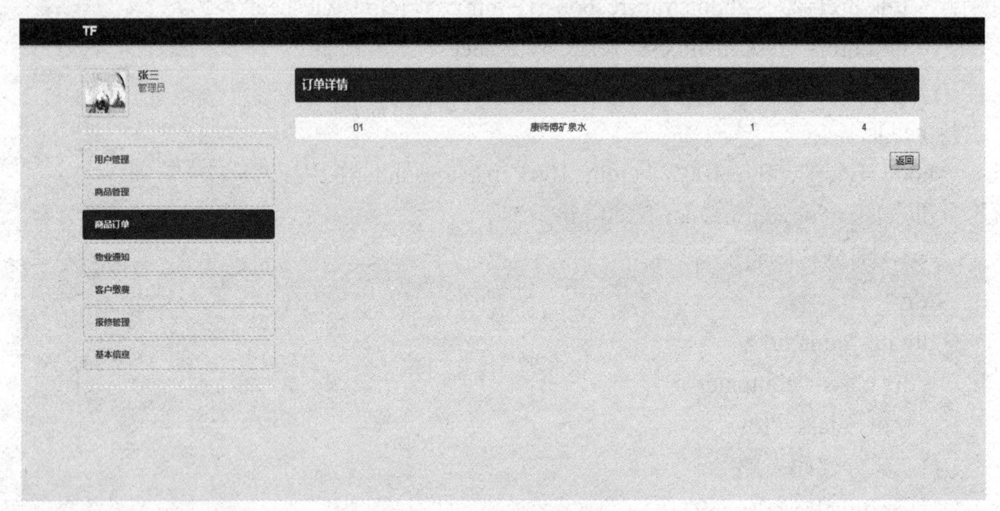

图 2.15　订单详情界面

第九步：进行物业通知界面的制作。

物业通知界面由顶左侧的导航栏，右侧的通知列表区域组成，通知列表包含通知编号、标题、时间。代码如 CORE0213 所示，效果如图 2.16 所示。

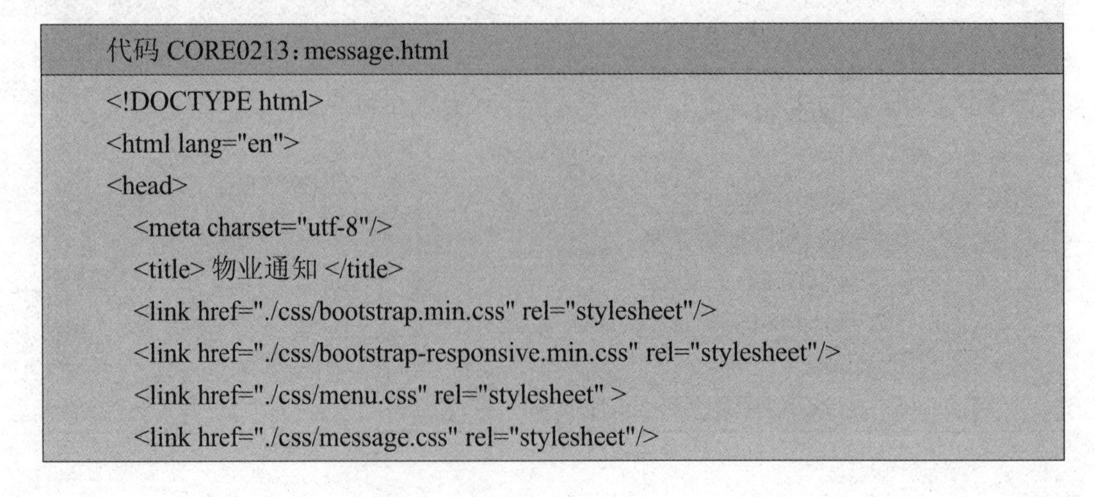

代码 CORE0213：message.html

```
<!DOCTYPE html>
<html lang="en">
<head>
  <meta charset="utf-8"/>
  <title> 物业通知 </title>
  <link href="./css/bootstrap.min.css" rel="stylesheet"/>
  <link href="./css/bootstrap-responsive.min.css" rel="stylesheet"/>
  <link href="./css/menu.css" rel="stylesheet" >
  <link href="./css/message.css" rel="stylesheet"/>
```

```
</head>
<body style="width: 100%;height: 100%;background: #F2F2F2">
<div class="navbar navbar-fixed-top">
    <!-- 部分代码省略 -->
</div>
<div id="content">
    <div class="container">
 <div class="row">
            <!-- 部分代码省略 -->
           <div class="span9">
              <h1 class="page-title">
                 物业通知
                 <img class="addimg" src="img/add1.png">
              </h1>
              <div style="background: #ffffff;padding: 10px">
                 <table class="table table-striped">
                    <thead>
                    <tr>
                       <th style="display: none"></th>
                       <th> 编号 </th>
                       <th> 标题 </th>
                       <th> 时间 </th>
                       <th> 操作 </th>
                    </tr>
                    </thead>
                    <tbody id="tbody">
                    <tr>
                       <td class="messageid" style="display: none"></td>
                       <td>01</td>
                       <td> 缴费 </td>
                       <td>2017-12-24</td>
                        <td><a class="delete"> 删除 </a></td>
                        <td>
                            <a class="read" href="messagedetail.html">
                              查看
                            </a>
                       </td>
                    </tr>
```

```
                    </tbody>
                </table>
              </div>
          </div>
      </div>
      </div>
</div>
<div class="topdiv">
   <span></span>
   <div class="div">
      <p> 编辑 </p>
      <div class="control-group">
         <label class="control-label"> 标题:</label>
         <div class="controls">
            <input type="text" class="input-medium"/>
         </div>
      </div>
      <br>
      <br>
      <div class="control-group">
         <label class="control-label"> 内容:</label>
         <textarea></textarea>
      </div>
      <br/>
      <div class="send">
        <button type="submit" class="btn btn-primary button">
           保存
        </button>
       <button class="btn cancle"> 取消 </button>
      </div>
   </div>
</div>
</body>
</html>
```

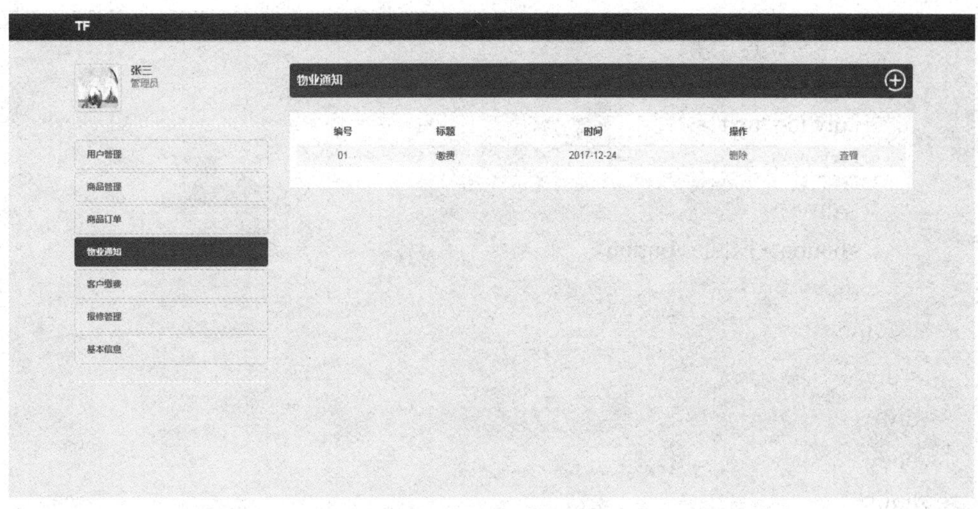

图 2.16　物业通知界面

第十步：进行通知详情界面的制作。

通知详情界面由左侧的导航栏，右侧的通知内容区域组成，代码如 CORE0214 所示，效果如图 2.17 所示。

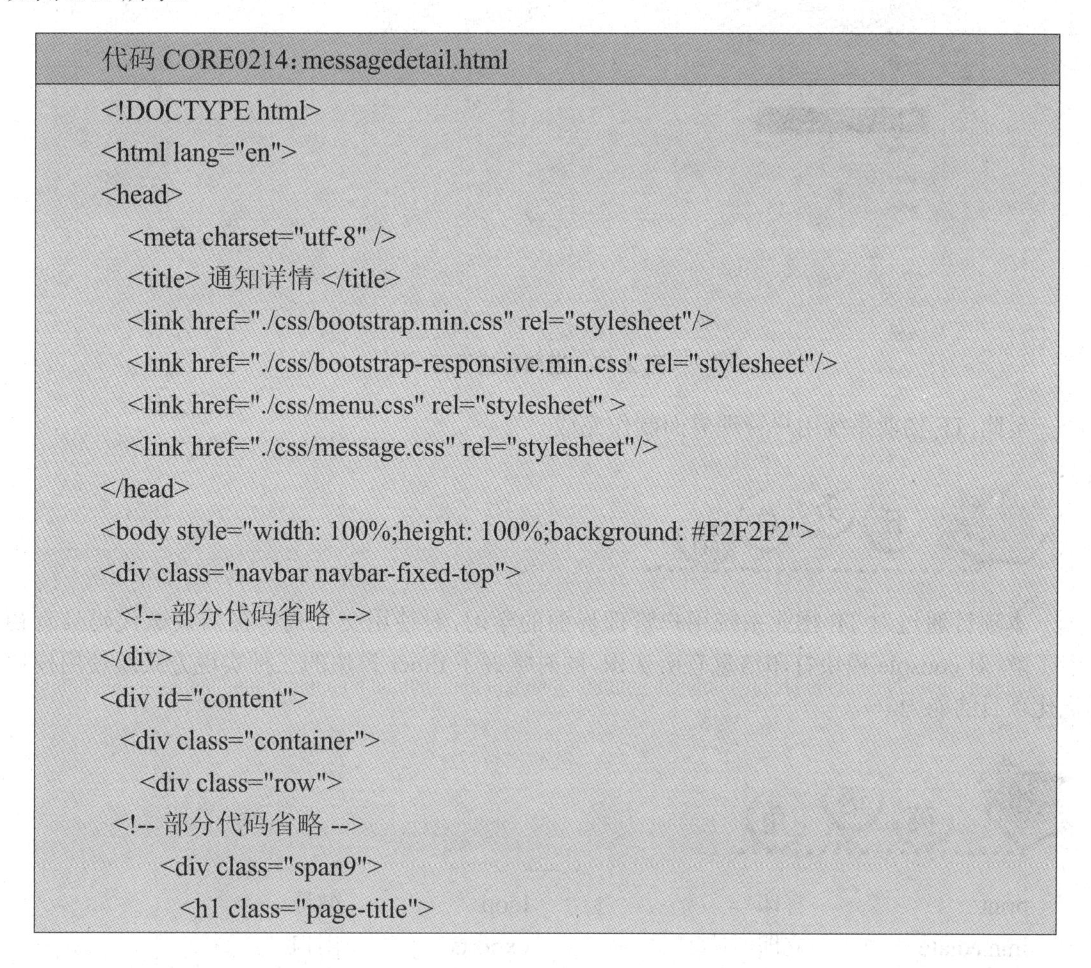

代码 CORE0214：messagedetail.html

```
<!DOCTYPE html>
<html lang="en">
<head>
   <meta charset="utf-8" />
   <title> 通知详情 </title>
   <link href="./css/bootstrap.min.css" rel="stylesheet"/>
   <link href="./css/bootstrap-responsive.min.css" rel="stylesheet"/>
   <link href="./css/menu.css" rel="stylesheet" >
   <link href="./css/message.css" rel="stylesheet"/>
</head>
<body style="width: 100%;height: 100%;background: #F2F2F2">
<div class="navbar navbar-fixed-top">
  <!-- 部分代码省略 -->
</div>
<div id="content">
  <div class="container">
    <div class="row">
 <!-- 部分代码省略 -->
      <div class="span9">
         <h1 class="page-title">
```

```
            通知详情
          </h1>
          <div id="text">
            交水费
          </div>
          <button> 返回 </button>
        </div>
      </div>
    </div>
  </div>
</body>
</html>
```

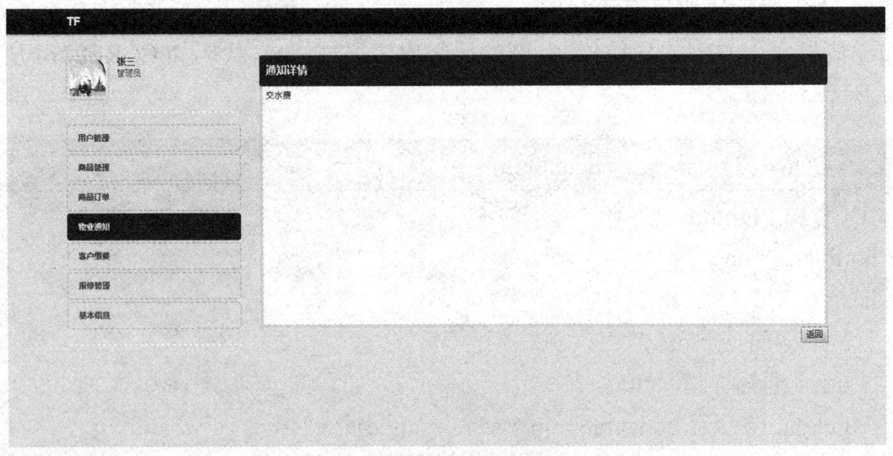

图 2.17　通知详情界面

至此，TF 物业系统用户管理界面制作完成。

本项目通过对 TF 物业系统用户管理界面的学习，对使用交互式解释器调试代码具有初步了解，对 console 模块打印信息有所认识，同时掌握了 timer 模块的三种实现方式及使用模块优化项目的能力。

print	打印	loop	循环
immediate	立即	exports	出口

interactive	交互式	interpreter	解释器
operation	运算	console	控制台

任务习题

一、选择题

1. 以下(　　)不是在 Node.js 中使用交互式解释器可以实现的功能。
(A)读取用户输入，解析输入了 JavaScript 数据结构并存储在内存中
(B)执行输入的数据结构
(C)添加一个图标
(D)输出结果
2. 在终端命令行工具中，连续两次操作 Ctrl + C 代表(　　)。
(A)查看当前命令　(B)退出 REPL
(C)退出当前执行状态　(D)查看输入历史
3. 以下(　　)不是 console 模块包含方法。
(A)log　(B)info　(C)deg　(D)error
4. 在 Node.js 中通过(　　)来加载模块。
(A)require　(B)exports　(C)module　(D)http
5. 核心模块具有最高的加载优先级，主要内容不包括(　　)。
(A)常用工具　(B)全局对象
(C)require　(D)HTTP 服务器与客户端

二、填空题

1. 打开命令窗口，输入 __________ 之后回车，启动交互式解释器。
2. 在终端命令行工具中，Ctrl+D 代表 __________。
3. 使用定时器的三种方式：__________、时间间隔定时器和 __________。虽然它们都可以用于计时，但在业务中的使用还是有差别的。
4. 当给超时定时器函数命名后，可以使用 __________ 销毁超时定时器。
5. 在 Node.js 环境中，一个 .js 文件就称之为一个 __________。

三、上机题

编写符合以下要求的网页，实现如图所示定时调用自定义模块的效果，要求：
1. 使用 Node.js 创建自定义模块。
2. 使用时间间隔定时器完成自定义模块的调用。

```
第一次调用模块[1_modules_custom_counter]
20
30
40
50
第二次调用模块[1_modules_custom_counter]
60
70
[Finished in 0.1s]
```

项目三　TF 物业系统商品管理界面

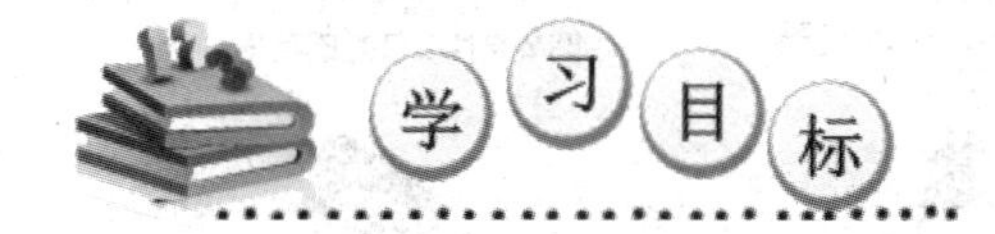

通过 TF 物业系统商品管理界面的实现，了解 Buffer 如何处理二进制数据，学习 util 模块工具的使用方法，掌握 EventEmitter 对象的调用，具有使用 EventEmitter 对象对事件进行操作的能力，在任务实现过程中：

- 了解使用 Buffer 创建存储二进制数据的缓存区。
- 学习 util 模块提供的常用工具。
- 掌握 EventEmitter 对象包含的实例方法的使用。
- 具有使用 EventEmitter 对象对事件进行操作的能力。

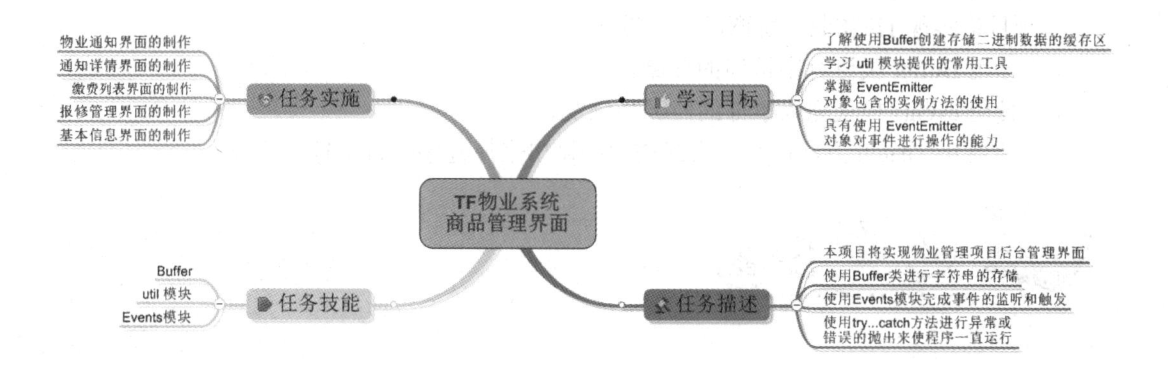

【情境导入】

【功能描述】

本项目将实现 TF 物业系统商品管理界面。

- 使用 Buffer 类进行字符串的存储。
- 使用 events 模块完成事件的监听和触发。
- 使用 try...catch 方法进行异常或错误的抛出来使程序一直运行。

技能点 1 Buffer

众所周知，数据可以分为数值型和非数值型两种，这些数据在计算机中是以二进制形式进行存储的。Node.js 提供一个 Buffer 类，用来创建存储二进制数据的缓存区。在存储二进制数据之前，首先创建缓存区。创建缓存区具有多种方式，如长度创建、数组创建和字符串创建。创建缓存区代码如下所示。

```
// 使用长度创建
var buf = new Buffer(100);
// 使用数组创建
var buf = new Buffer([1, 2, 3]);
// 使用字符串创建
var buf = new Buffer("welcome to use Buffer", "utf-8");
```

注：使用字符串创建缓存区时，需要指定编码格式。支持的编码格式如表 3.1 所示。

表 3.1　编码格式

编码	描述
utf-8	默认编码格式
ascii	转化成 ASCII 码
utf16le	UTF-16 的小端编码，支持大于 U+10000 的四字节字符
ucs2	utf16le 的别名
base64	用于传输 8bit 字节码的编码方式
hex	将每个字节转为两个十六进制字符

Buffer 提供了多种方法，可以对缓冲区进行操作，如在缓存区写入数据、读取数据、将数据转换成 JSON 格式等，具体方法如表 3.2 所示。

表 3.2　缓冲区的操作方法

方法	描述
write (string[, offset[, ength]][, encoding])	写入数据
toString ([encoding[, start[, end]]])	读取数据
toJSON()	将数据转换成 JSON 格式
isBuffer()	接受一个对象作为参数，返回一个布尔值，判断是否为 Buffer 实例
byteLength (string[, encoding])	返回字符串实际占据的字节长度，默认编码方式为 utf8
isEncoding(encoding)	返回一个布尔值，判断 Buffer 实例是否为指定编码
slice([start[, end]])	返回一个修改后的 Buffer 实例。start 和 end 分别为切割的起始位置和终止位置
copy (target[, targetStart[, sourceStart[, sourceEnd]]])	复制一个区域的数据到另一个区域
concat (list[, totalLength])	合并 list 中要合并 Buffer
buf. compare(otherBuffer)	比较，与另一个 Buffer 类比较

（1）写入数据

在 Buffer 类中写入数据，需要用到“write (string[, offset[, length]][, encoding])”方法，其中

string 为要写入的字符串；offset 为开始写入 string 前要跳过的字节数；length 为要写入的字节数；encoding 为 string 的字符编码。write() 方法的返回值类型为“number”类型，表示写入了多少 8 位字节的流。使用 write() 方法的效果如图 3.1 所示。

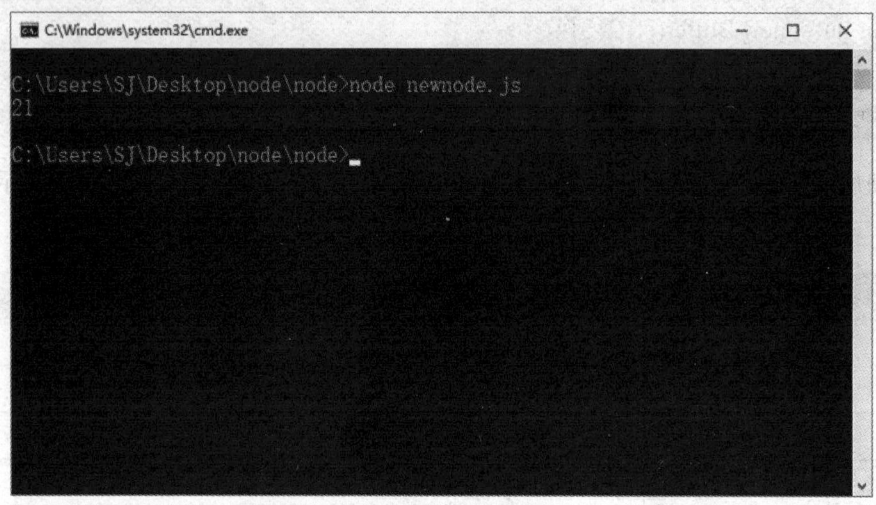

图 3.1 write() 方法

为了实现图 3.1 效果，代码如 CORE0301 所示。

代码 CORE0301：write() 方法

```
var buf = new Buffer(10000);
number = buf.write("welcome to use Buffer");
console.log(number);
```

注：当 Buffer 类的内存不够时，只会写入部分字符串。

（2）读取数据

读取 Buffer 类中的数据采用“toString ([encoding[,start[,end]]])”方法，其中 encoding 为编码格式；start 为开始位置的索引；end 为结束位置索引。使用 toString() 方法的效果如图 3.2 所示。

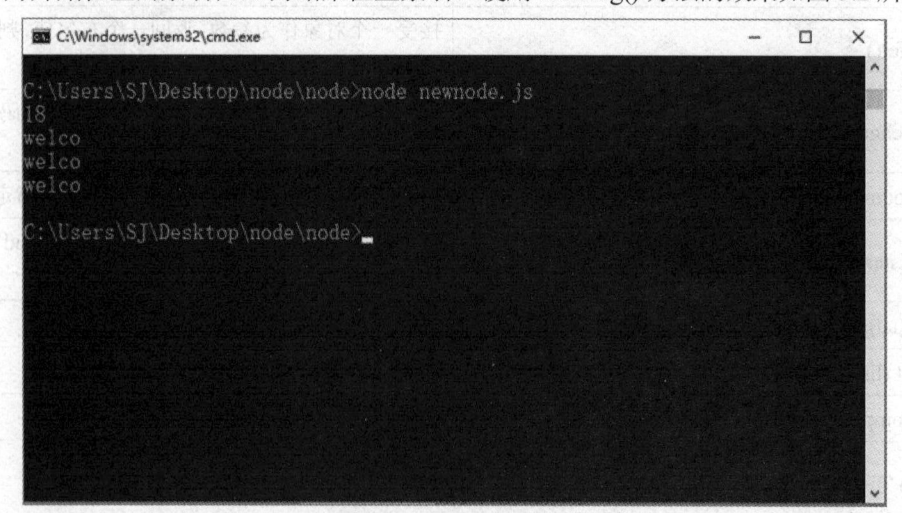

图 3.2 toString() 方法

为了实现图 3.2 效果，代码如 CORE0302 所示。

代码 CORE0302：toString() 方法

```
var buf = new Buffer(10000);
number = buf.write("welcometouseBuffer");
console.log(number);
console.log( buf.toString('ascii',0,5));
console.log( buf.toString('utf8',0,5));
console.log( buf.toString(undefined,0,5));
```

注：读取数据时，默认编码格式为“utf8”，开始位置索引为 0，结束位置索引为 Buffer 数据的末尾。

（3）转换

Buffer 类通过“toJSON()”方法可将数据转换成 JSON 格式，并返回转换后的结果。使用 toJSON() 方法的效果如图 3.3 所示。

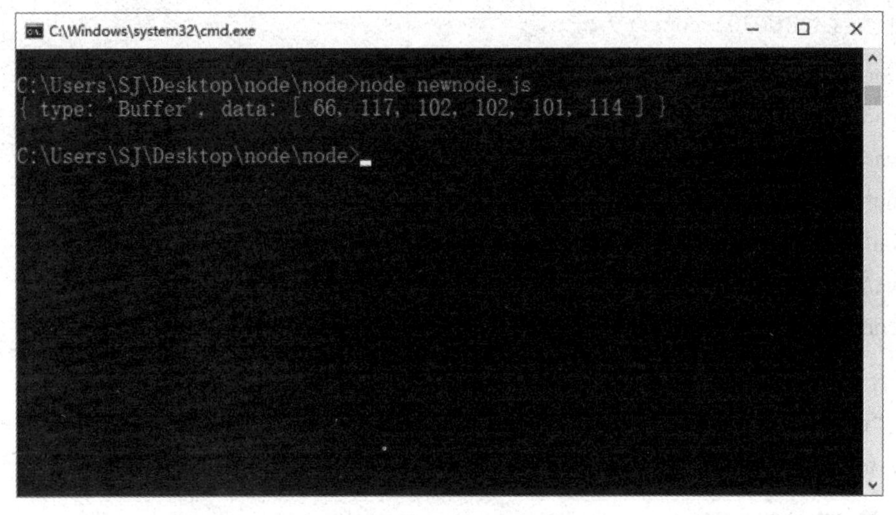

图 3.3　toJSON() 方法

为了实现图 3.3 效果，代码如 CORE0303 所示。

代码 CORE0303：toJSON() 方法

```
var buf = new Buffer(6);
number = buf.write("Buffer");
var json = buf.toJSON();
console.log(json);
```

（4）复制

使用“copy(target[, targetStart[, sourceStart[, sourceEnd]]])”方法实现 Buffer 类的复制，其中 target 为要复制的 Buffer；targetStart 为 target 中开始复制的偏移量；sourceStart 为 buf 中开始复制的偏移量；sourceEnd 为 buf 中结束复制的偏移量，使用 copy() 方法效果如图 3.4 所示。

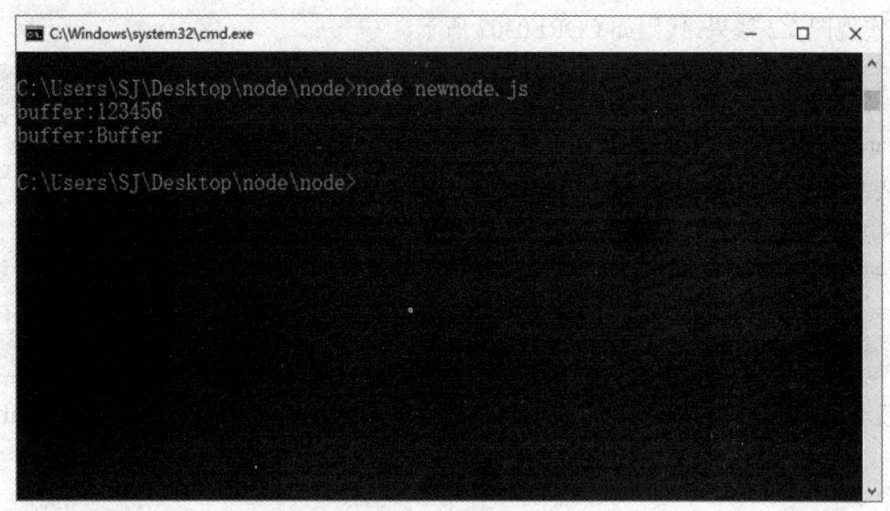

图 3.4 copy() 方法

为了实现图 3.4 效果，代码如 CORE0304 所示。

代码 CORE0304：copy() 方法

```
var buffer= new Buffer("123456");
console.log("buffer:"+buffer.toString())
var buf = new Buffer(6);
number = buf.write("Buffer");
buf.copy(buffer);
var buff=buffer.toString()
console.log("buffer:"+buff);
```

（5）合并

使用“concat(list[,totalLength])”方法实现 Buffer 类之间的合并，其中 list 为要合并的 Buffer 数组列表；totalLength 为合并时 list 中 Buffer 的总长度，使用 concat() 方法效果如图 3.5 所示。

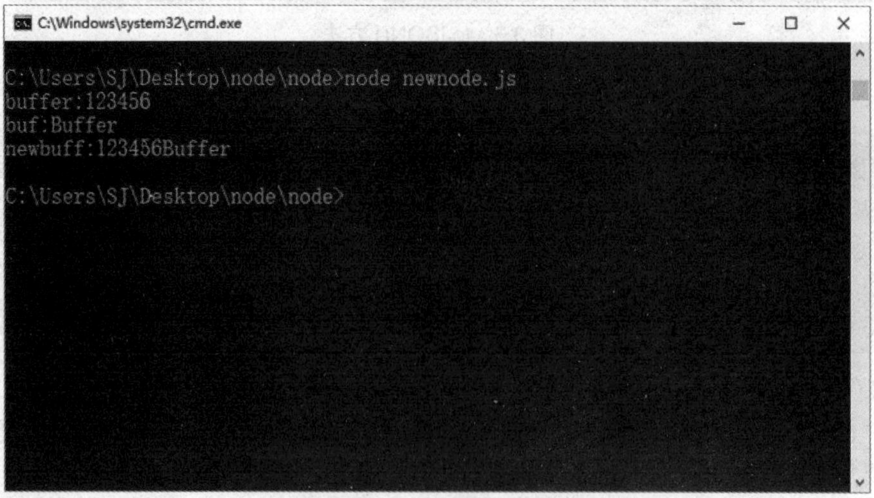

图 3.5 concat() 方法

为了实现图 3.5 效果，代码如 CORE0305 所示。

代码 CORE0305：concat() 方法

```
var buffer= new Buffer("123456");
console.log("buffer:"+buffer.toString());
var buf = new Buffer("Buffer");
console.log("buf:"+buf.toString());
var newbuff=Buffer.concat([buffer, buf])
var buff=newbuff.toString();
console.log("newbuff:"+buff);
```

（6）比较

使用“buf.compare(otherBuffer)”方法可实现 Buffer 类的比较，通常用于 Buffer 类数组的排序，其中 buf 为参照对象，otherBuffer 为与 buf 对象比较的另外一个对象，使用 compare() 方法效果如图 3.6 所示。

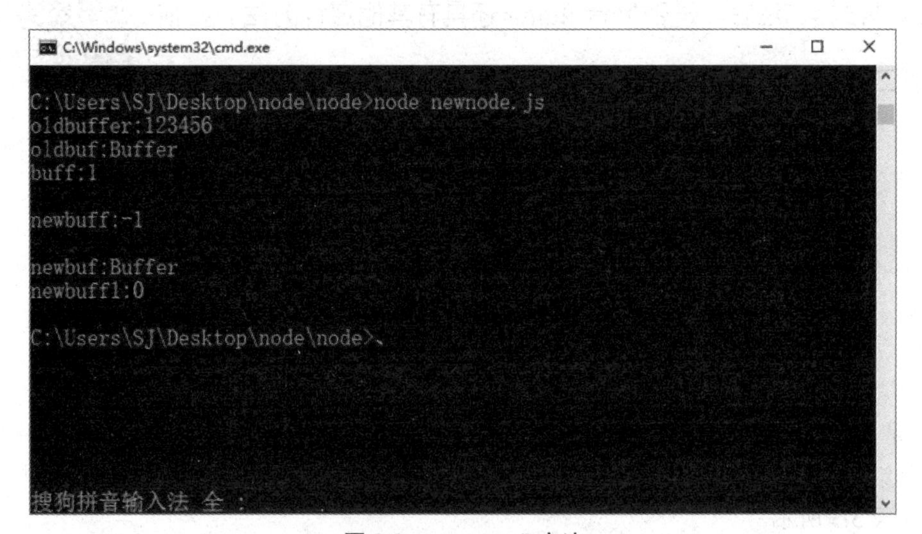

图 3.6　compare() 方法

为了实现图 3.6 效果，代码如 CORE0306 所示。

代码 CORE0306：compare() 方法

```
// 大于 0
var oldbuffer= new Buffer("123456");
console.log("oldbuffer:"+ oldbuffer.toString());
var oldbuf = new Buffer("Buffer");
console.log("oldbuf:"+ oldbuf.toString());
var buff= oldbuf.compare( oldbuffer);
console.log("buff:"+buff.toString()+"\n");
```

```
// 小于 0
var newbuff= oldbuffer.compare(oldbuf);
console.log("newbuff:"+newbuff.toString()+"\n");
// 相同
var newbuf = new Buffer("Buffer");
console.log("newbuf:"+newbuf.toString());
var newbuff1=newbuf.compare(oldbuf);
console.log("newbuff1:"+newbuff1.toString());
```

快来扫一扫！

当我们学会了 Buffer 提供的写入数据、读取数据、将数据转换成 JSON 格式等方法后，是否好奇 Buffer 还具有其他属性方法，扫描右边二维码，使你对 Buffer 对象的属性方法拥有更全面的了解。

技能点 2 util 模块

util 是 Node.js 的工具模块，主要作用是提供常用函数的集合。其提供了多种常用工具，如实现对象继承、将对象格式化为字符串等，可以满足 Node.js 内部 API 的需求。util 模块包含的方法如表 3.3 所示。

表 3.3 util 模块方法

方法	描述
inherits()	对象间原型继承
inspect()	将对象格式化为字符串
isArray()	判断是否为数组
isRegExp()	判断是否为正则表达式
isDate()	判断是否为日期类型

（1）inherits() 方法

inherits() 方法用于实现对象间原型的继承，通过将父类原型链上的属性及方法复制到子类中实现原型的继承。使用 inherits() 方法效果如图 3.7 所示。

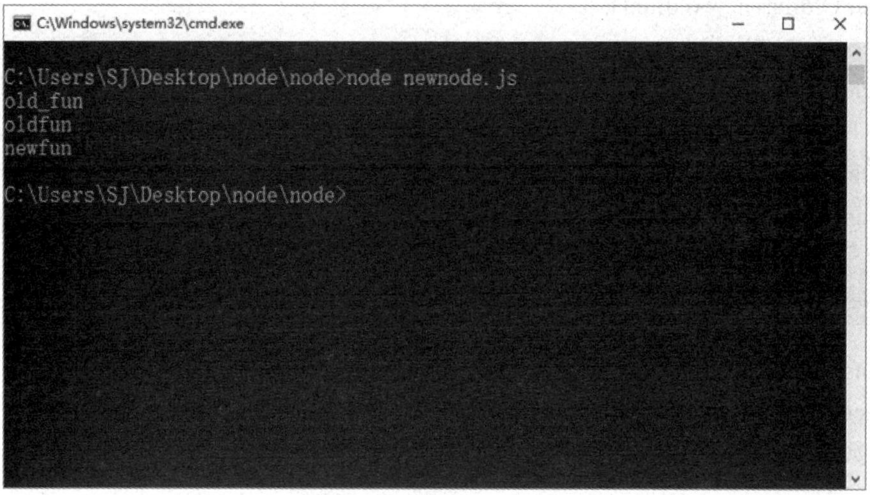

```
C:\Windows\system32\cmd.exe

C:\Users\SJ\Desktop\node\node>node newnode.js
old_fun
oldfun
newfun

C:\Users\SJ\Desktop\node\node>
```

图 3.7 inherits() 方法

为了实现图 3.7 效果，代码如 CORE0307 所示。

代码 CORE0307：inherits() 方法

```
var util=require("util");
// 定义一个父类函数 oldfun
function oldfun() {
// 设置变量 name
  this.name="oldfun";
// 设置 old_fun 原型方法
   this.old_fun=function (a) {
     console.log(a);
   }
}
// 添加 oldfun 原型方法
oldfun.prototype.addfun=function(){
  console.log(this.name);
}
// 定义一个子类函数
function newfun() {
  this.name="newfun"
}
// 子类继承父类方法
util.inherits(newfun,oldfun);
```

```
// 创建实例
var Oldfun=new oldfun();
// 父类中调用 old_fun 方法
Oldfun.old_fun("old_fun");
// 父类中调用 addfun 方法
Oldfun.addfun();
var Newfun=new newfun();
// 子类中调用 addfun 方法
Newfun.addfun();
```

（2）inspect() 方法

inspect() 方法用于将任意对象转换为字符串，通常用于调试和错误输出。该方法至少接收一个参数对象。使用 inspect() 方法效果如图 3.8 所示。

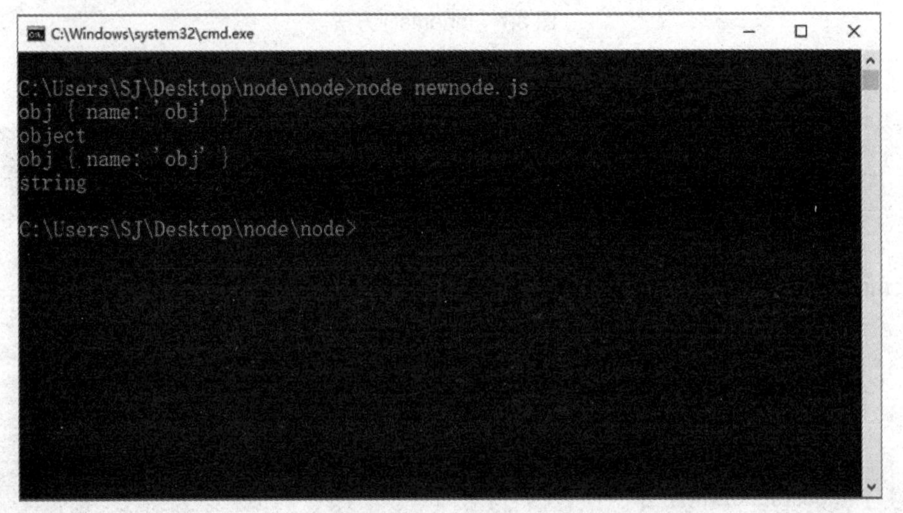

图 3.8 inspect() 方法

为了实现图 3.8 效果，代码如 CORE0308 所示。

代码 CORE0308：inspect() 方法

```
var util = require('util');
function obj() {
  this.name = 'obj';
}
var obj = new obj();
// 结果
console.log(obj)
// 结果类型
```

```
console.log(typeof obj)
// 转化后结果
console.log(util.inspect(obj));
// 结果类型
console.log(typeof util.inspect(obj));
```

（3）isArray()

isArray() 方法用于判断参数是否为一个数组。当该参数是数组时，则返回 true，不是则返回 false。使用 isArray() 方法效果如图 3.9 所示。

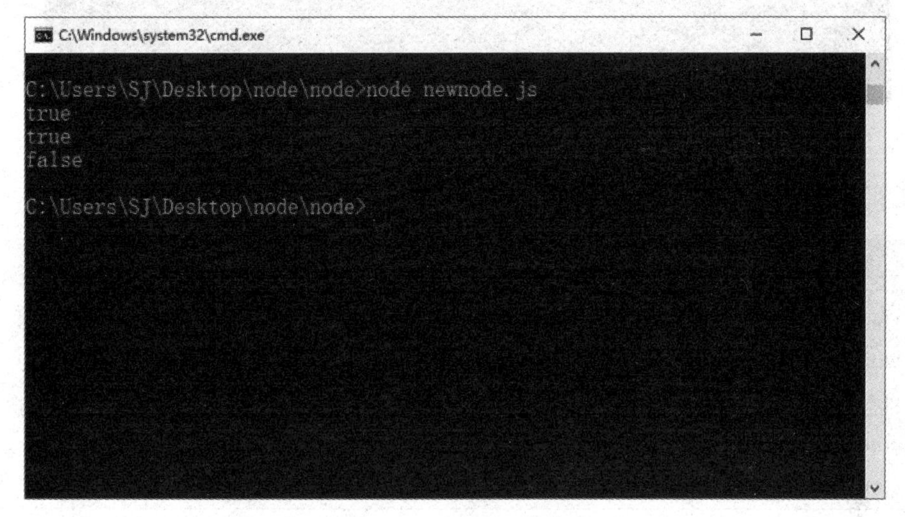

图 3.9 isArray() 方法

为了实现图 3.9 效果，代码如 CORE0309 所示。

代码 CORE0309：isArray() 方法

```
var util = require('util');
var arr=[];
var arr1=new Array();
var arr2="arr";
console.log(util.isArray(arr));
console.log(util.isArray(arr1));
console.log(util.isArray(arr2));
```

（4）isRegExp()

isRegExp() 方法用于判断参数是否为一个正则表达式。当该参数是正则表达式时，则返回 true，不是则返回 false。使用 isRegExp() 方法效果如图 3.10 所示。

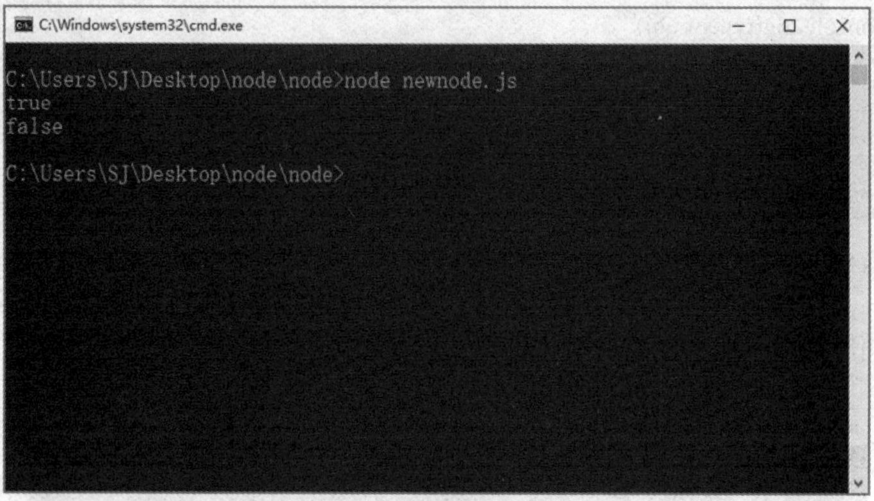

```
C:\Windows\system32\cmd.exe
C:\Users\SJ\Desktop\node\node>node newnode.js
true
false

C:\Users\SJ\Desktop\node\node>
```

图 3.10　isRegExp() 方法

为了实现图 3.10 效果，代码如 CORE0310 所示。

代码 CORE0310：isRegExp() 方法

```
var util = require('util');
var regexp1 =  /(.*)@(.*)@(.*)/;
var regexp2 = "";
console.log(util.isRegExp(regexp1));
console.log(util.isRegExp(regexp2));
```

（5）isDate() 方法

isDate() 方法用于判断参数是否为日期类型。当该参数是日期类型时，则返回 true，不是则返回 false。使用 isDate() 方法效果如图 3.11 所示。

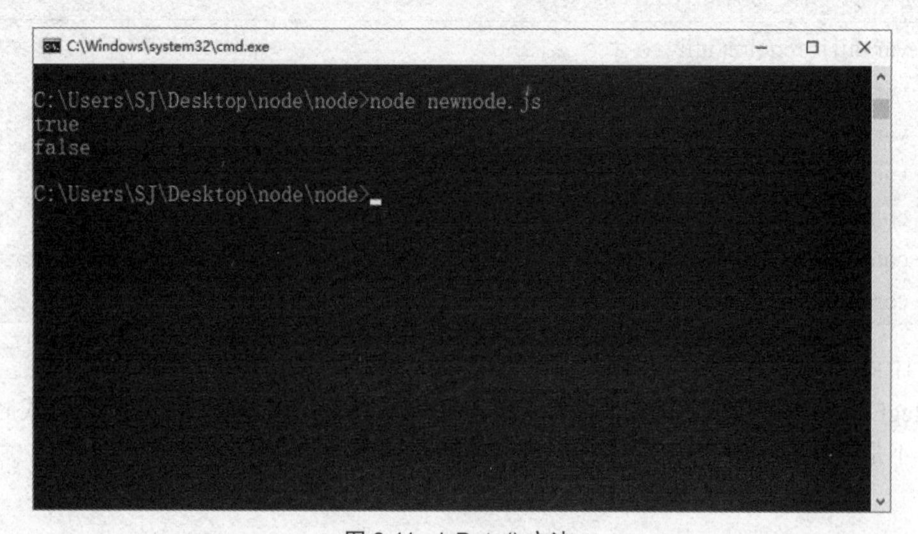

图 3.11　isDate() 方法

为了实现图 3.11 效果，代码如 CORE0311 所示。

代码 CORE0311：isDate() 方法

```
var util = require('util');
var data = new Date();
var data1 = "";
console.log(util.isDate(data));
console.log(util.isDate(data1));
```

技能点 3　events 模块

1　概述

Node.js 中大多数核心 API 都采用异步事件驱动架构，通过集成 events 模块实现一个对象向另一个对象传递消息，其中某些类型的对象（触发器）会周期性地触发命名事件（通常是驼峰式的字符串，但也可以使用任何有效的 JavaScript 属性名）来调用函数对象（监听器）。所有能触发事件的对象都是 EventEmitter 类的实例（events 模块对外只提供了一个 EventEmitter 对象）。

在调用 EventEmitter 对象之前，首先需要加载 events 模块，然后生成 EventEmitter 对象，之后通过 EventEmitter 对象生成对象实例，代码如下所示。

```
// 加载 events 模块
var events= require('events');
// 生成 EventEmitter 对象
var EventEmitter =events.EventEmitter;
// 生成对象实例
var emitter = new EventEmitter();
```

2　EventEmitter 对象

EventEmitter 对象是对事件触发与事件监听功能的封装。当 EventEmitter 对象触发一个事件时，所有绑定在该事件上的函数都被同步调用。监听器的返回值会被丢弃。EventEmitter 对象包含许多实例方法，通过这些方法可以对事件进行操作，EventEmitter 对象包含的实例方法如表 3.4 所示。

表 3.4 实例方法

方法	描述
on(event, listener)	为事件 event 指定监听函数 listener
addListener(event, listener)	监听事件 event，执行回调函数 listener
once(event, listener)	监听事件 event，执行回调函数 listener。只执行一次，之后自动移除
listeners(event)	返回事件 event 所有监听函数
removeListener(event, listener)	移除事件 event 的监听函数 listener
removeAllListeners(event)	移除 event 事件的所有监听函数

（1）使用 on(event, listener) 方法

使用 on(event, listener) 方法进行事件的监听并对该事件指定一个监听函数，效果如图 3.12 所示。

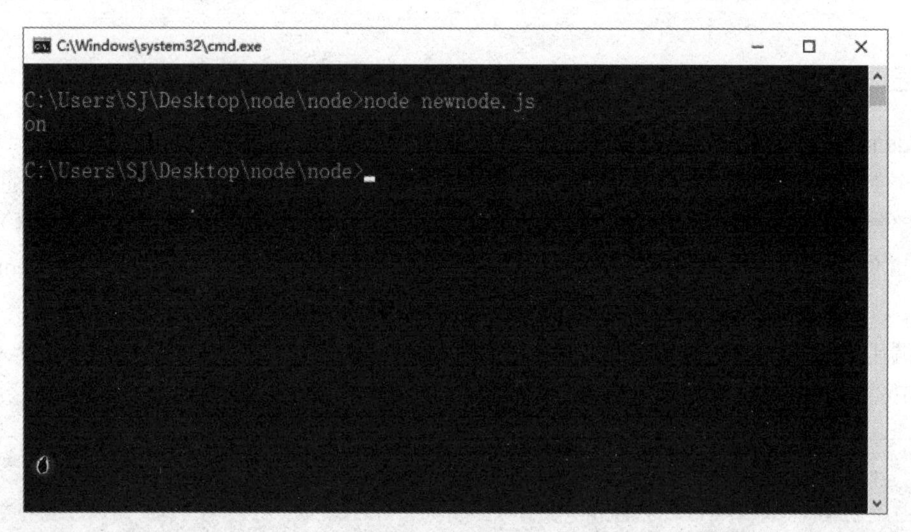

图 3.12 on() 方法

为了实现图 3.12 效果，代码如 CORE0312 所示。

代码 CORE0312：on() 方法

```
var events = require('events')
var EventEmitter =events.EventEmitter;
var myEmitter = new EventEmitter();
//event 函数
var event = function (a) {
    console.log(a);
};
// 监听 event 事件，回调 event 函数
myEmitter.on('event',event);
```

```
// 触发 event 事件
myEmitter.emit('event', "on");
```

（2）addListener(event, listener) 方法

使用 addListener(event, listener) 方法进行事件的监听，当事件被触发后调用回调函数，效果如图 3.13 所示。

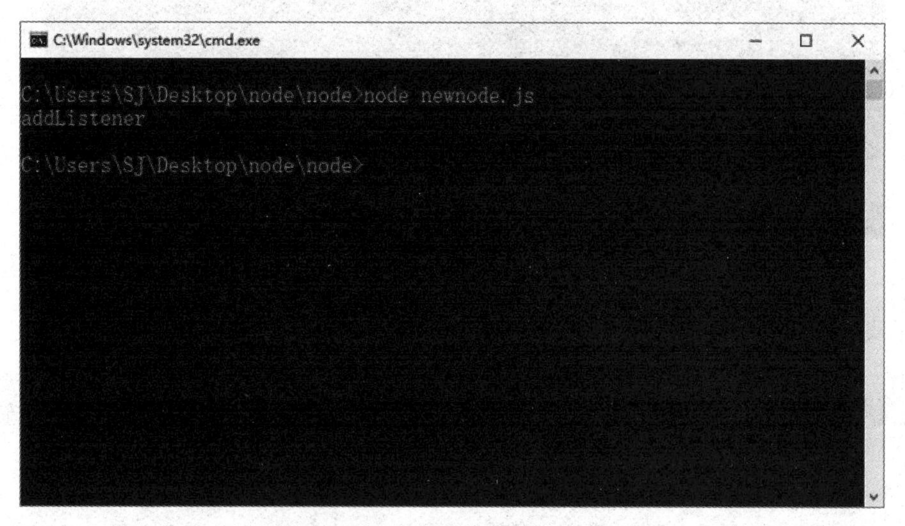

图 3.13　addListener() 方法

为了实现图 3.13 效果，代码如 CORE0313 所示。

代码 CORE0313：addListener() 方法

```
var events = require('events')
var EventEmitter =events.EventEmitter;
var myEmitter = new EventEmitter();
myEmitter.addListener('event',function (a) {
  console.log(a);
});
myEmitter.emit('event', "addListener");
```

（3）once(event, listener) 方法

使用 once(event, listener) 方法进行事件的监听（只监听一次），当事件被触发后调用回调函数，之后监听效果消失，效果如图 3.14 所示。

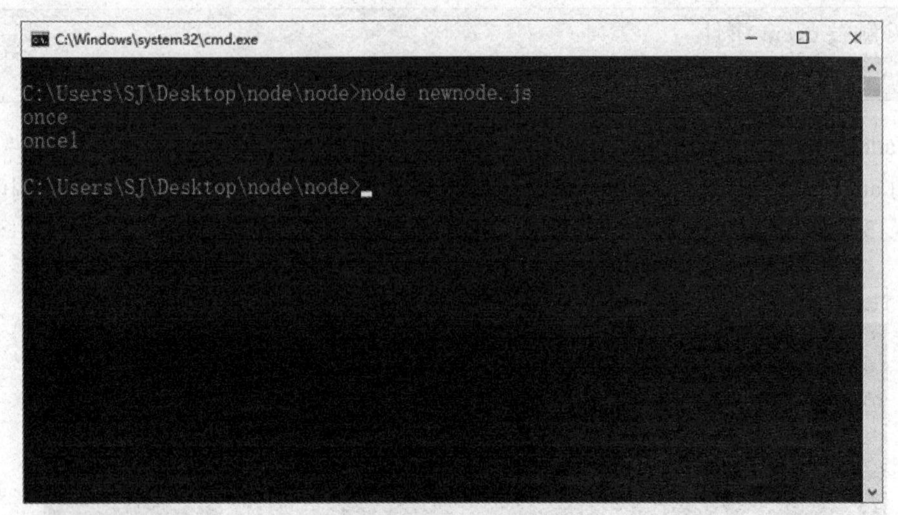

图 3.14 once() 方法

为了实现图 3.14 效果，代码如 CORE0314 所示。

代码 CORE0314：once() 方法

```
var events = require('events')
var EventEmitter =events.EventEmitter;
var myEmitter = new EventEmitter();
myEmitter.once('event',function (a) {
   console.log(a);
});
myEmitter.emit('event', "once");
setTimeout(function () {
   console.log("once1")
   myEmitter.emit('event', "once2");
},2000)
```

（4）listeners(event) 方法

使用 listeners(event) 方法监听事件并返回事件所有监听的函数，效果如图 3.15 所示。

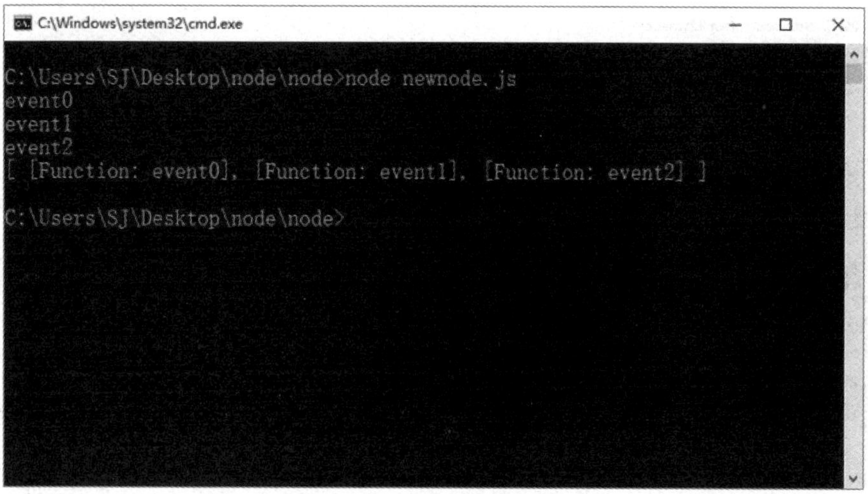

```
C:\Users\SJ\Desktop\node\node>node newnode.js
event0
event1
event2
[ [Function: event0], [Function: event1], [Function: event2] ]

C:\Users\SJ\Desktop\node\node>
```

图 3.15　listeners() 方法

为了实现图 3.15 效果，代码如 CORE0315 所示。

代码 CORE0315：listeners() 方法

```
var events = require('events')
var EventEmitter =events.EventEmitter;
var myEmitter = new EventEmitter();
function event0() {
console.log("event0")
}
function event1() {
    console.log("event1")
}
function event2() {
   console.log("event2")
   console.log(myEmitter.listeners('event'))
}
myEmitter.on("event", event0)
myEmitter.on("event", event1)
myEmitter.on("event", event2)
myEmitter.emit('event');
```

（5）removeListener(event, listener)

使用 removeListener(event, listener) 方法对某一事件的某个监听移除，效果如图 3.16 所示。

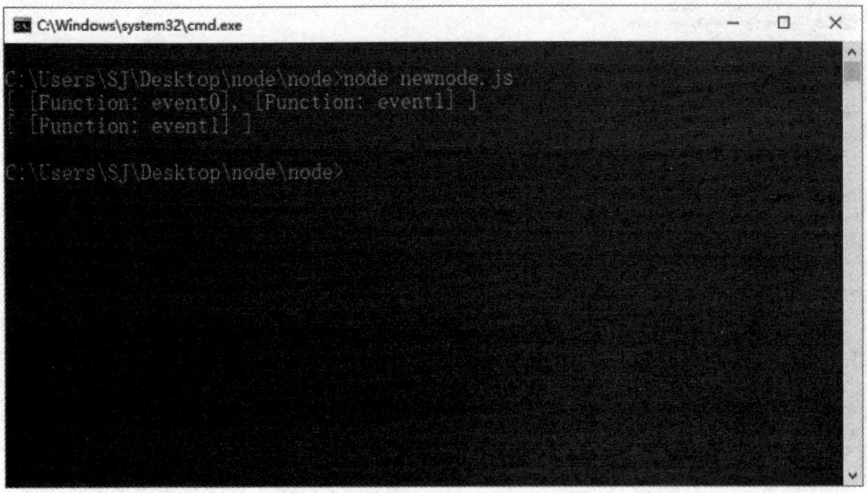

```
C:\Users\SJ\Desktop\node\node>node newnode.js
[ [Function: event0], [Function: event1] ]
[ [Function: event1] ]

C:\Users\SJ\Desktop\node\node>
```

图 3.16　removeListener() 方法

为了实现图 3.16 效果，代码如 CORE0316 所示。

代码 CORE0316：removeListener() 方法

```
var events = require('events')
var EventEmitter =events.EventEmitter;
var myEmitter = new EventEmitter();
function event0() {
  console.log(myEmitter.listeners('event'))
  myEmitter.removeListener("event",event0);
}
function event1() {
  console.log(myEmitter.listeners('event'))
}
myEmitter.on("event", event0)
myEmitter.on("event", event1)
myEmitter.emit('event');
```

（6）removeAllListeners(event) 方法

使用 removeAllListeners(event) 方法进行所有事件的监听移除，如指定事件，则移除该事件的所有监听，效果如图 3.17 所示。

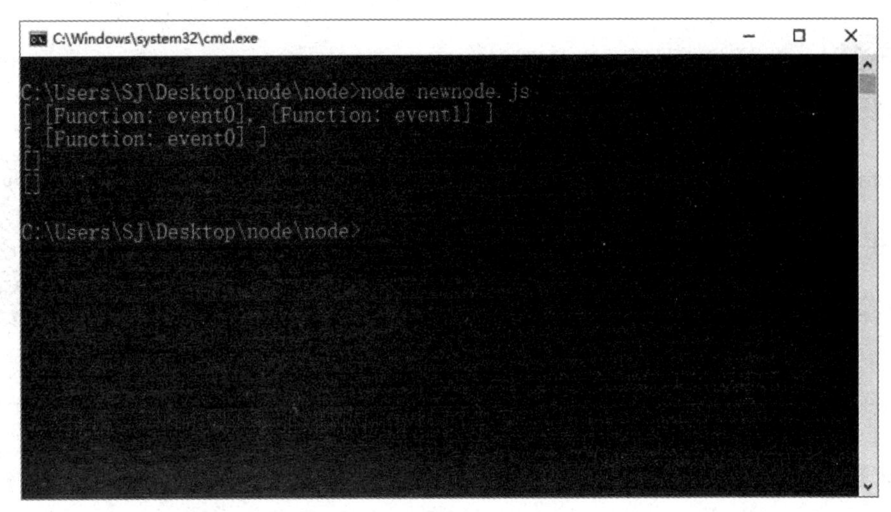

图 3.17　removeAllListeners() 方法

为了实现图 3.17 效果，代码如 CORE0317 所示。

代码 CORE0317：removeAllListeners() 方法

```
var events = require('events')
var EventEmitter =events.EventEmitter;
var myEmitter = new EventEmitter();
function event0() {
  console.log(myEmitter.listeners('event'))
  console.log(myEmitter.listeners('event1'))
  myEmitter.removeAllListeners();
}
function event1() {
  console.log(myEmitter.listeners('event'))
  console.log(myEmitter.listeners('event1'))
}
myEmitter.on("event", event0)
myEmitter.on("event", event1)
myEmitter.on("event1", event0)
myEmitter.emit('event');
```

快来扫一扫!

EventEmitter 对象包含许多实例方法，通过这些方法可以对事件进行操作，扫描右边二维码，了解 EventEmitter 对象提供的 setMaxListeners()方法的使用，快来扫我吧。

3　error 事件

当 EventEmitter 实例出现异常时，会触发一个特殊的“error 事件”，用来承载发生错误的语义。error 事件被触发时，EventEmitter 规定如果监听器没有响应，Node.js 会出现异常，退出程序并输出错误信息。可通过为触发 error 事件的对象设置监听器，在异常发生时阻止异常抛出，效果如图 3.18 所示。

```
C:\Windows\system32\cmd.exe

C:\Users\SJ\Desktop\node\node>node newnode.js
events.js:165
      throw err;
      ^

Error: Uncaught, unspecified "error" event. (undefined)
    at EventEmitter.emit (events.js:163:17)
    at Object.<anonymous> (C:\Users\SJ\Desktop\node\node\newnode.js:288:11
)
    at Module._compile (module.js:541:32)
    at Object.Module._extensions..js (module.js:550:10)
    at Module.load (module.js:458:32)
    at tryModuleLoad (module.js:417:12)
    at Function.Module._load (module.js:409:3)
    at Function.Module.runMain (module.js:575:10)
    at startup (node.js:160:18)
    at node.js:449:3
```

图 3.18　error 事件

为了实现图 3.18 效果，代码如 CORE0318 所示。

代码 CORE0318：error 事件

```
var events = require('events')
var EventEmitter =events.EventEmitter;
var myEmitter = new EventEmitter();
myEmitter.emit('error');
```

4　错误捕获

程序运行时，错误是无法避免的，一旦运行出现错误，将造成程序崩溃，无法继续执行，因此必须对运行时的错误加以处理，处理错误的过程称为错误捕获。在 Node.js 中，可以使用 try...catch 捕获程序中抛出的错误，效果如图 3.19 所示。

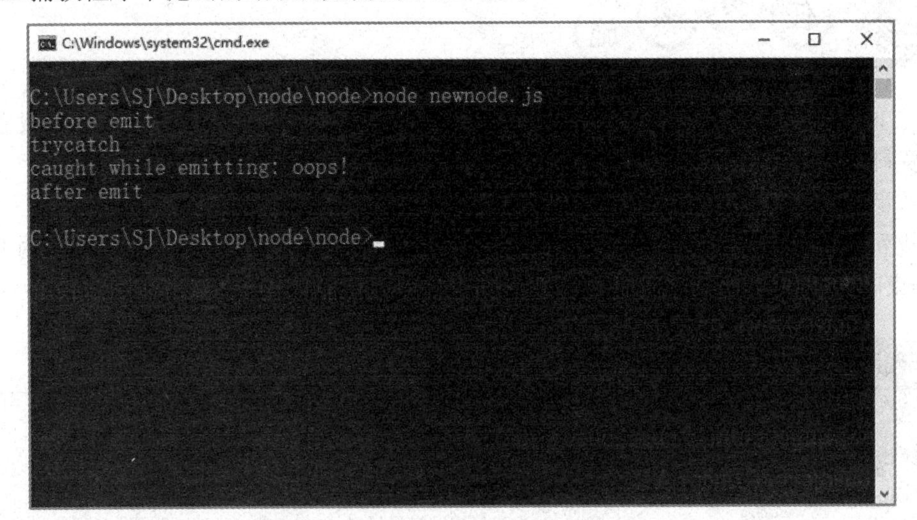

图 3.19　错误捕获

为了实现图 3.19 效果，代码如 CORE0319 所示。

代码 CORE0319：错误捕获

```
var events = require('events')
var EventEmitter =events.EventEmitter;
var myEmitter = new EventEmitter();
myEmitter.on('trycatch', function () {
  console.log('trycatch');
});
myEmitter.on('trycatch', function () {
  throw Error('oops!');
});
myEmitter.on('trycatch', function () {
  console.log('trycatch again');
});
console.log('before emit');
try {
  myEmitter.emit('trycatch');
} catch(err) {
  console.error('caught while emitting:', err.message);
```

```
}
console.log('after emit');
```

通过下面四个步骤的操作，实现 TF 物业系统商品管理界面（本项目所有样式设置省略，详细见资料包）。

第一步：进行缴费列表界面的制作。

缴费列表界面由左侧的导航栏和右侧的缴费列表区域组成，缴费列表包含缴费内容、开始时间、结束时间，代码如 CORE0320 所示，效果如图 3.20 所示。

代码 CORE0320：payment.html

```
<!DOCTYPE html>
<html lang="en">
<head>
<meta charset="utf-8"/>
   <title> 缴费列表 </title>
   <link href="./css/bootstrap.min.css" rel="stylesheet"/>
   <link href="./css/bootstrap-responsive.min.css" rel="stylesheet"/>
   <link rel="stylesheet" href="css/menu.css">
   <link href="css/payment.css" rel="stylesheet"/>
</head>
<body style="width: 100%;height: 100%;background: #F2F2F2">
<div class="navbar navbar-fixed-top">
   <!-- 部分代码省略 -->
</div>
<div id="content">
   <div class="container">
      <div class="row">
         <!-- 部分代码省略 -->
         <div class="span9">
            <h1 class="page-title">
               缴费列表
               <img class="addimg" src="img/add1.png">
            </h1>
            <div class="div">
```

```
                <table class="table table-hover">
                  <thead>
                   <tr>
                    <th style="display: none"></th>
                    <th> 编号 </th>
                    <th> 内容 </th>
                    <th> 开始时间 </th>
                    <th> 截止时间 </th>
                    <th></th>
                  </tr>
                  </thead>
                  <tbody id="tbody">
                  <tr>
                    <td class="paymentid" style="display: none"></td>
                    <td>01</td>
                    <td class="payname"> 水费 </td>
                    <td>2017-12-01</td>
                    <td>2017-12-31</td>
                    <td>
                      <a class="detail" href="paymentlist.html">
                        查看详情
                      </a>
                     </td>
                  </tr>
                  </tbody>
                </table>
              </div>
            </div>
          </div>
        </div>
      </div>
      <div class="topdiv">
        <div class="bg"></div>
        <div class="addmessage">
          <div class="control-group">
          <label class="control-label"> 缴费内容：</label>
            <div class="controls">
              <!--<input type="text" />-->
```

```
            <select class="input-medium">
               <option> 水费 </option>
            <option> 电费 </option>
            <option> 气费 </option>
         </select>
      </div>
      <p class="help-block"></p>
   </div>
   <div class="control-group">
      <label class="control-label"> 开始时间：</label>
      <div class="controls">
         <input type="date" class="input-medium"/>
         <p class="help-block"></p>
      </div>
   </div>
   <div class="control-group">
      <label class="control-label"> 结束时间：</label>
      <div class="controls">
         <input type="date" class="input-medium"/>
      </div>
      <p class="help-block"></p>
   </div>
   <div class="control-group">
      <label class="control-label"> 缴费金额：</label>
      <div class="controls">
         <input type="text" class="input-medium"/>
      </div>
      <p class="help-block"></p>
   </div>
   <br/>
   <div>
      <button type="submit" class="btn btn-primary"> 保存 </button>
      <button class="btn cancle"> 取消 </button>
   </div>
  </div>
</div>
</body>
</html>
```

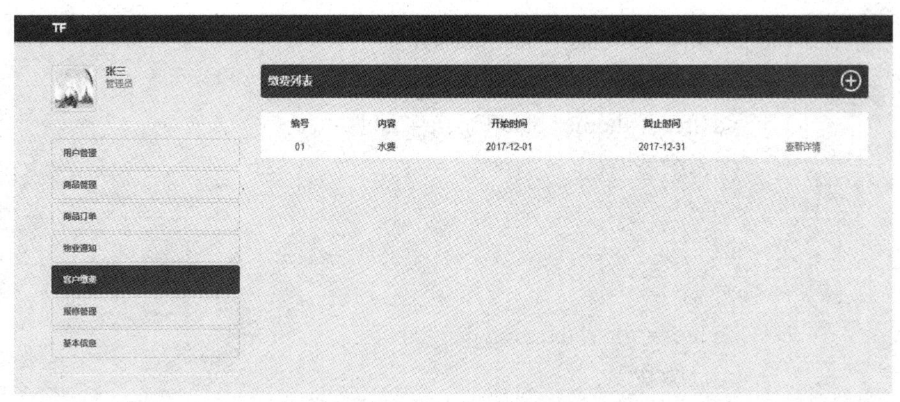

图 3.20　缴费列表界面

第二步：进行缴费情况界面的制作。

缴费情况界面由缴费列表组成，分为两种状态：未缴费、已缴费，代码如 CORE0321 所示，效果如图 3.21 所示。

代码 CORE0321：paymentlist.html

```
<!DOCTYPE html>
<html lang="en">
<head>
  <meta charset="utf-8"/>
  <title> 缴费情况 </title>
  <link href="./css/bootstrap.min.css" rel="stylesheet"/>
  <link href="./css/bootstrap-responsive.min.css" rel="stylesheet"/>
  <link rel="stylesheet" href="css/menu.css">
  <link href="css/paymentlist.css" rel="stylesheet"/>
</head>
<body style="width: 100%;height: 100%;background: #F2F2F2">
<div class="navbar navbar-fixed-top">
  <!-- 部分代码省略 -->
</div>
<div id="content">
  <div class="container">
    <div class="row">
 <!-- 部分代码省略 -->
      <div class="span9">
        <h1 class="page-title">
          缴费情况
        </h1>
```

```
<ul id="myTab" class="nav nav-tabs">
  <li class="active">
    <a href="#home" data-toggle="tab">
      未缴费
    </a>
  </li>
  <li>
    <a href="#ios" data-toggle="tab">
      已缴费
    </a>
  </li>
</ul>
<div id="myTabContent" class="tab-content">
 <div class="tab-pane fade in active" id="home">
  <div style="background: #ffffff;padding: 10px">
   <table class="table table-hover">
    <thead>
      <tr>
      <th> 编号 </th>
      <th> 业主 </th>
      <th> 内容 </th>
      <th> 开始时间 </th>
      <th> 结束时间 </th>
      <th> 金额 </th>
      <th> 操作 </th>
     </tr>
    </thead>
    <tbody id="tbody">
     <tr>
      <td class="userid" style="display: none"></td>
     <td>01</td>
      <td> 张三 </td>
      <td> 水费 </td>
      <td>2017-12-01</td>
      <td>2017-12-31</td>
      <td>121</td>
      <td><a class="title"> 提醒 </a></td>
     </tr>
```

```
                </tbody>
              </table>
            </div>
          </div>
          <div class="tab-pane fade" id="ios">
            <div style="background: #ffffff;padding: 10px">
              <table class="table table-hover">
                <thead>
                  <tr>
                    <th> 编号 </th>
                    <th> 业主 </th>
                    <th> 内容 </th>
                    <th> 开始时间 </th>
                    <th> 结束时间 </th>
                    <th> 金额 </th>
                  </tr>
                </thead>
                <tbody id="tbody1">
                  <tr>
                    <td class="userid" style="display: none"></td>
                    <td>01</td>
                    <td> 张三 </td>
                    <td> 水费 </td>
                    <td>2017-12-01</td>
                    <td>2017-12-31</td>
                    <td>121</td>
                  </tr>
                </tbody>
              </table>
            </div>
          </div>
        </div>
        <button> 返回 </button>
      </div>
    </div>
  </div>
</div>
<script src="./js/jquery-1.7.2.min.js"></script>
```

```
<script src="./js/bootstrap.js"></script>
</body>
</html>
```

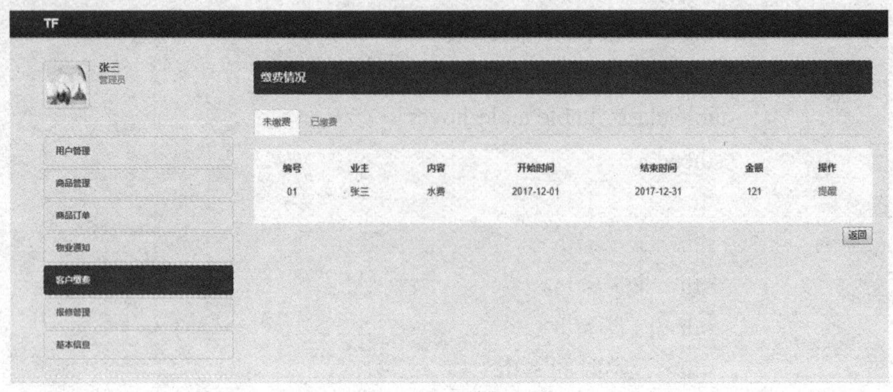

图 3.21 缴费情况界面

第三步：进行报修管理界面的制作。

报修管理界面由报修列表组成，分为三种状态：未接受、未完成、已完成，代码如 CORE0322 所示，效果如图 3.22 所示。

代码 CORE0322：repair.html

```
<!DOCTYPE html>
<html lang="en">
<head>
  <meta charset="utf-8"/>
 <title> 报修管理 </title>
  <link href="./css/bootstrap.min.css" rel="stylesheet"/>
  <link href="./css/bootstrap-responsive.min.css" rel="stylesheet"/>
  <link rel="stylesheet" href="css/menu.css">
  <link href="css/repair.css" rel="stylesheet"/>
</head>
<body style="width: 100%;height: 100%;background: #F2F2F2">
<div class="navbar navbar-fixed-top">
  <!-- 部分代码省略 -->
</div>
<div id="content">
  <div class="container">
    <div class="row">
     <!-- 部分代码省略 -->
      <div class="span9">
```

```
<h1 class="page-title">
  报修管理
</h1>
<ul id="myTab" class="nav nav-tabs">
  <li class="active">
    <a href="#home" data-toggle="tab">
      未受理
    </a>
  </li>
  <li>
    <a href="#ios" data-toggle="tab">
      未完成
    </a>
  </li>
  <li>
    <a href="#jmeter" data-toggle="tab">
      已完成
    </a>
  </li>
</ul>
<div id="myTabContent" class="tab-content">
    <div class="tab-pane fade in active" id="home">
    <div style="background: #ffffff;padding: 10px">
      <table class="table table-striped">
        <thead>
        <tr>
          <th> 编号 </th>
          <th> 业主 </th>
          <th> 时间 </th>
          <th> 位置 </th>
          <th> 状态 </th>
          <th> 操作 </th>
        </tr>
        </thead>
        <tbody id="tbody">
        <tr>
          <td>01</td>
          <td> 张三 </td>
```

```
                <td>2017-12-22</td>
                <td>9 号楼一层地板 </td>
                <td> 未受理 </td>
                <td>
                  <a class="read"data-toggle="modal"data-target="#myModal">
                    接受
                  </a>
                </td>
              </tr>
              </tbody>
            </table>
          </div>
        </div>
        <div class="tab-pane fade" id="ios">
          <div style="background: #ffffff;padding: 10px">
            <table class="table table-striped">
              <thead>
              <tr>
                <th> 编号 </th>
                <th> 业主 </th>
                <th> 时间 </th>
                <th> 位置 </th>
                <th> 状态 </th>
                <th> 操作 </th>
              </tr>
              </thead>
              <tbody  id="tbody1">
              <tr>
                <td>01</td>
                <td> 张三 </td>
                <td>2017-12-22</td>
                <td>9 号楼一层地板 </td>
                <td> 未完成 </td>
                <td><a class="title"> 提醒 </a></td>
              </tr>
              </tbody>
            </table>
          </div>
```

```
                </div>
                <div class="tab-pane fade" id="jmeter">
                  <div style="background: #ffffff;padding: 10px">
                     <table class="table table-striped">
                       <thead>
                       <tr>
                         <th> 编号 </th>
                         <th> 业主 </th>
                         <th> 时间 </th>
                         <th> 位置 </th>
                         <th> 状态 </th>
                       </tr>
                       </thead>
                       <tbody id="tbody2">
                       <tr >
                         <td>01</td>
                         <td> 张三 </td>
                         <td>2017-12-22</td>
                         <td>9 号楼一层地板 </td>
                         <td> 已完成 </td>
                        </tr>
                       </tbody>
                     </table>
                  </div>
                </div>
              </div>
            </div>
          </div>
        </div>
      </div>
      <div class="modal fade" id="myModal" tabindex="-1" role="dialog"
       aria-labelledby="myModalLabel" aria-hidden="true">
        <div class="modal-dialog">
          <div class="modal-content">
            <div class="modal-header">
                     <button type="button" class="close" data-dismiss="modal" aria-hid-
den="true">&times;</button>
              <h4 class="modal-title" id="myModalLabel"></h4>
```

```
            </div>
            <div class="modal-body"> 是否接受报修 </div>
            <div class="modal-footer">
              <button type="button" class="btn btn-default"
data-dismiss="modal"> 关闭 </button>
              <button type="button" class="btn btn-primary"
data-dismiss="modal"> 接受 </button>
            </div>
        </div>
    </div>
</div>
<script src="./js/jquery-1.7.2.min.js"></script>
<script src="./js/bootstrap.js"></script>
</body>
</html>
```

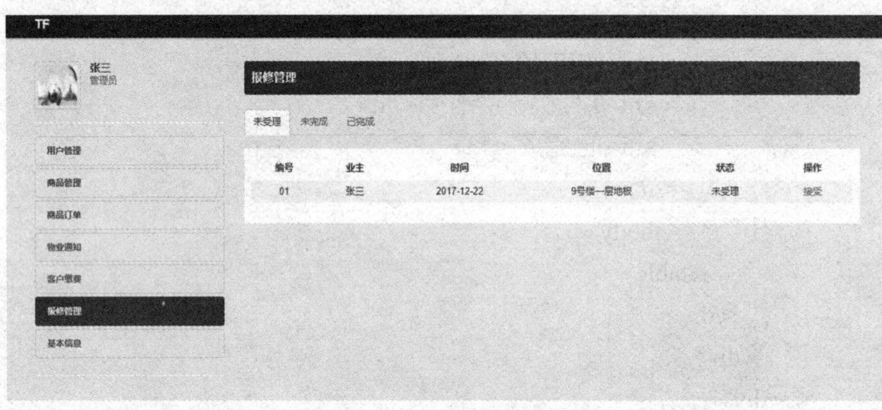

图 3.22　报修管理界面

第四步：进行基本信息界面的制作。

基本信息界面由用户的各种信息组成，可以进行信息的更改，代码如 CORE0323 所示，效果如图 3.23 所示。

代码 CORE0323：mine.html

```
<!DOCTYPE html>
<html lang="en">
<head>
   <meta charset="utf-8"/>
   <title> 基本信息 </title>
   <link href="./css/bootstrap.min.css" rel="stylesheet"/>
```

```
    <link href="./css/bootstrap-responsive.min.css" rel="stylesheet"/>
    <link href="css/menu.css" rel="stylesheet"/>
    <link href="css/mine.css" rel="stylesheet"/>
</head>
<body style="width: 100%;height: 100%;background: #F2F2F2">
<div class="navbar navbar-fixed-top">
    <!-- 部分代码省略 -->
</div>
    <div id="content">
     <div class="container">
      <div class="row">
        <!-- 部分代码省略 -->
        <div class="span9">
          <h1 class="page-title">
            基本信息
          </h1>
          <div class="widget">
           <div class="control-group">
            <label class="control-label"> 用户名:</label>
            <div class="controls">
           <input type="text" value="zhangsan" class="input-medium" disabled="" />
            <p class="help-block">
              用户名是为登录而用,不能修改 .
            </p>
            </div>
           </div>
            <div class="control-group">
              <label class="control-label"> 姓名:</label>
              <div class="controls">
                <input type="text" value=" 张三 " class="input-medium"/>
              </div>
              <p class="help-block"></p>
            </div>
            <div class="control-group">
              <label class="control-label"> 身份证:</label>
              <div class="controls">
             <input type="text" value="120224190012341234" class="input-medium"/>
              </div>
```

```
            <p class="help-block"></p>
          </div>
          <div class="control-group">
           <label class="control-label"> 职位:</label>
           <div class="controls">
            <input type="text" value=" 管理员 " class="input-medium" disabled/>
          </div>
           <p class="help-block"></p>
          </div>
          <br/><br/>
          <div class="control-group">
            <label class="control-label"> 密码:</label>
            <div class="controls">
               <input type="password" value="123456" class="input-medium"/>
            </div>
            <p class="help-block"></p>
          </div>
          <div class="control-group">
            <label class="control-label"> 确认密码:</label>
            <div class="controls">
              <input type="password" class="input-medium"/>
            </div>
            <p class="help-block"></p>
          </div>
          <br/>
          <div class="form-actions">
            <button type="submit" class="btn btn-primary">
                保存
             </button>
            <button class="btn cancle"> 取消 </button>
          </div>
        </div>

      </div>
    </div>
  </div>
</div>
</body>
</html>
```

图 3.23　基本信息界面

至此，TF 物业系统商品管理界面制作完成。

本项目通过对 TF 物业系统商品管理界面的学习，了解 Buffer 处理二进制数据的步骤，掌握 util 模块工具的使用方法，掌握调用 EventEmitter 对象的方法，熟练的使用 EventEmitter 对象对事件进行操作。

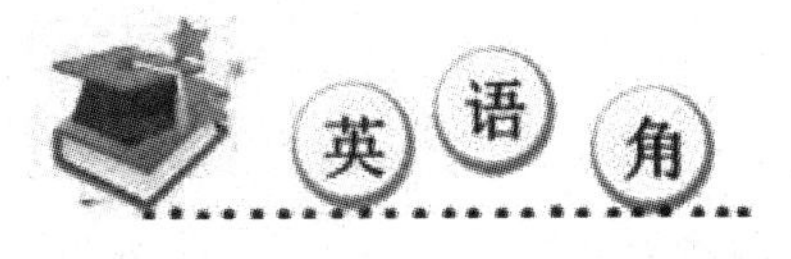

buffer	缓冲	encoding	编码
compare	比较	emitter	发射器
inherit	继承	engine	引擎
slice	片	target	目标

一、选择题

1. Buffer 类除了包含写入、读取、转换的方法，还有许多方法可以操作它。以下（　　）不是 Buffer 类包含的方法。

（A）isBuffer()　　（B）byteLength()　　（C）slice()　　（D）Encoding()

2. Node.js 中可以实现一个对象通过（　　）模块，向另一个对象传递消息。

（A）require　　（B）events　　（C）Buffer　　（D）this

3. EventEmitter 对象包含许多实例方法，使用这些方法可以对事件进行操作，以下不是 EventEmitter 对象包含的实例方法是（　　）。

（A）on()　　（B）in()　　（C）addListener()　　（D）once()

4. 使用（　　）方法监听事件并返回事件的所有监听函数。

（A）listeners()　　（B）once()　　（C）addListener()　　（D）removeListener()

5. 使用（　　）方法进行事件的监听并对该事件指定一个监听函数。

（A）listeners()　　（B）once()　　（C）addListener()　　（D）on()

二、填空题

1. Buffer 对象是 Node.js 处理 __________ 数据的一个接口，是 Node.js 原生提供的全局对象。

2. 想要使用 Buffer 类，首先需要进行 Buffer 类的创建，创建方法分为：__________、数组创建和 __________。

3. 在监听器函数中，__________ 引用的是它添加到的 EventEmitter 对象。可以解决多状态异步操作的响应问题。

4. Node.js 内置模块 __________ 的 inherits() 方法提供了一种继承 EventEmitter 构造函数的方法。

5. Buffer 对象是一个 __________，生成的实例代表了 V8 引擎分配的一段内存，是一个类似数组的对象。

三、上机题

使用 Node.js 的 EventEmitter 对象实现如图效果。要求：

1. 事件主体是：红绿灯；诱发外因是：由红灯变成绿灯。

2. 导致结果是：同向等待的行人马上通行，同向等待的车辆马上通行。

```
zhangzhi@moke:~/code/test$ node event.js
焦急地等待红灯中......
绿灯突然亮起....
绿灯亮起,行人准备通过...
绿灯亮起,车辆准备通过...
```

项目四　TF 物业系统数据库表的建立

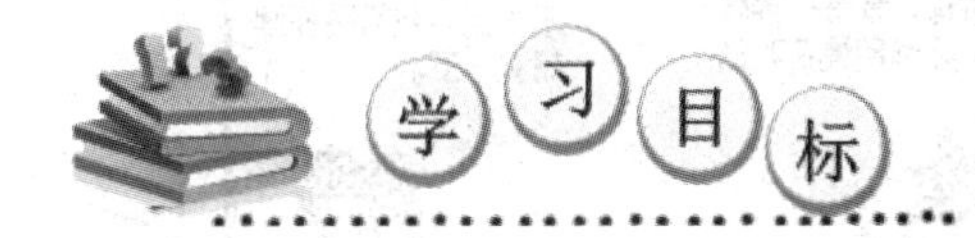

通过 TF 物业系统数据库表的建立的实现，了解 process 的属性与方法，学习 child_process 模块创建子进程，掌握函数的使用方法，具有对子进程进行操作的能力，在任务实现过程中：

- 了解 process 提供的多种属性和方法。
- 学习 child_process 模块启动一个新的进程。
- 掌握常规函数、匿名函数、回调函数的使用方法。
- 具有对子进程进行操作的能力。

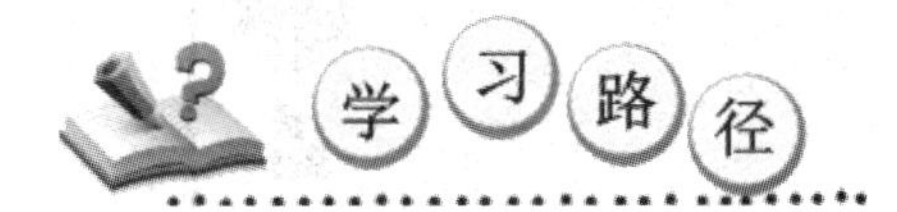

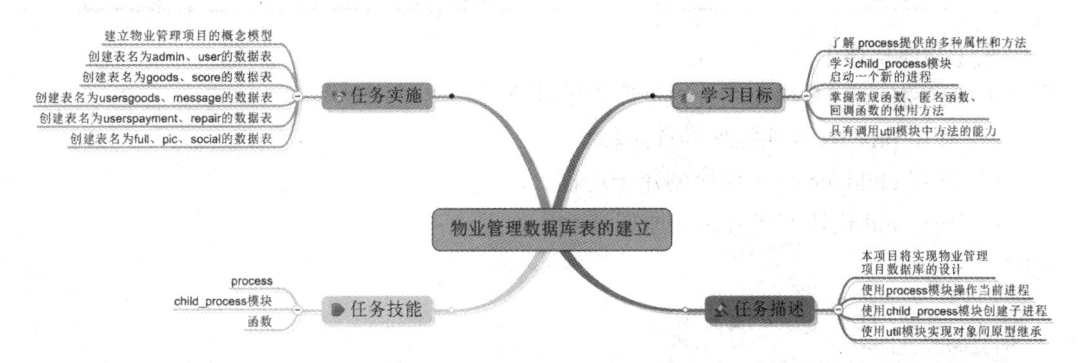

【情境导入】

【功能描述】

本项目将实现 TF 物业系统数据库表的建立。

- 使用 process 模块操作当前进程。
- 使用 child_process 模块创建子进程。
- 使用 util 模块实现对象间原型继承。

技能点 1 process

process 对象是一个 EventEmitter 的实例，其主要作用是与当前进程交互。process 对象提供了多种属性和方法，可获取当前进程的信息，也可修改当前进程，如通过 version 属性获取当前 Node.js 版本号，通过 exit() 方法即可退出当前进程等。

1　属性

process 对象具有多种属性，通过这些属性可以获取当前进程的目录、系统版本、Node.js 版本等信息，其主要属性如表 4.1 所示。

表 4.1　process 包含的属性

属性	描述
pid	获取进程号
version	当前 Node.js 的版本号
argv	当前进程的所有命令行参数
env	当前 Shell 的环境变量
platform	Node.js 运行的操作系统
title	进程名称
stdin	输入信息
stdout	输出信息
stderr	打印错误信息

使用 process 对象获取信息效果如图 4.1 所示。

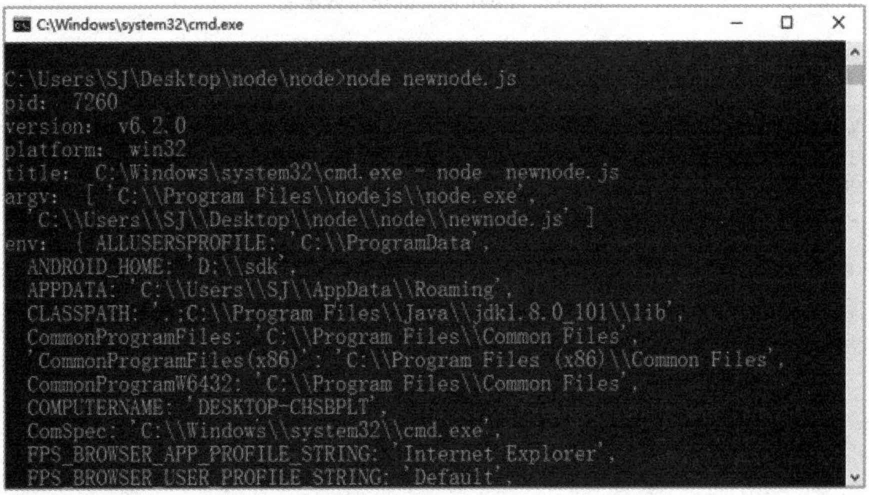

```
C:\Windows\system32\cmd.exe
C:\Users\SJ\Desktop\node\node>node newnode.js
pid:  7260
version:  v6.2.0
platform:  win32
title:  C:\Windows\system32\cmd.exe - node  newnode.js
argv:  [ 'C:\\Program Files\\nodejs\\node.exe',
  'C:\\Users\\SJ\\Desktop\\node\\node\\newnode.js' ]
env:  { ALLUSERSPROFILE: 'C:\\ProgramData',
  ANDROID_HOME: 'D:\\sdk',
  APPDATA: 'C:\\Users\\SJ\\AppData\\Roaming',
  CLASSPATH: '.;C:\\Program Files\\Java\\jdk1.8.0_101\\lib',
  CommonProgramFiles: 'C:\\Program Files\\Common Files',
  'CommonProgramFiles(x86)': 'C:\\Program Files (x86)\\Common Files',
  CommonProgramW6432: 'C:\\Program Files\\Common Files',
  COMPUTERNAME: 'DESKTOP-CHSBPLT',
  ComSpec: 'C:\\Windows\\system32\\cmd.exe',
  FPS_BROWSER_APP_PROFILE_STRING: 'Internet Explorer',
  FPS_BROWSER_USER_PROFILE_STRING: 'Default',
```

图 4.1　获取信息

为了实现图 4.1 效果，代码如 CORE0401 所示。

代码 CORE0401：获取信息

```
console.log("pid: ",process.pid);
console.log("version: ",process.version);
console.log("platform: ",process.platform);
```

```
console.log("title：",process.title);
console.log("argv：",process.argv);
console.log("env：",process.env);
```

除了以上用来获取信息的属性外，process 对象通过 stdin、stdout 等属性可以控制输入、输出信息。使用 stdin、stdout 属性效果如图 4.2 所示：

```
C:\Users\SJ\Desktop\node\node>node newnode.js
猜数字:
5
小了
15
大了
10
恭喜你，猜对了
```

图 4.2 stdin、stdout 属性效果图

为了实现图 4.2 效果，代码如 CORE0402 所示。

代码 CORE0402：stdin、stdout 属性

```
process.stdout.write(" 猜数字 :"+"\n");
var judgment=10;
process.stdin.on('readable', function() {
  var chunk = process.stdin.read();
  if(chunk!=null){
    if(chunk>judgment){
      process.stdout.write(" 大了 "+"\n");
    } else if(chunk<judgment){
      process.stdout.write(" 小了 "+"\n");
    } else {
      process.stdout.write(" 恭喜你，猜对了 ");
    }
  } else {}
});
```

2　方法

process 对象包含了一系列的方法，使用这些方法可以对当前进程进行操作。process 包含的方法如表 4.2 所示。

表 4.2　process 包含的方法

方法	描述
cwd()	返回当前进程的工作目录路径
chdir()	改变工作目录
exit()	退出当前进程
getgid()	查看当前进程的组 ID
getuid()	查看当前进程的用户 ID
nextTick()	进程延迟执行，在当前执行栈的尾部、下一次 Event Loop 之前调用回调函数
on()	监听
setgid()	设置当前进程的组 ID
setuid()	设置当前进程的用户 ID

（1）cwd() 方法

通过 cwd() 方法可实现查看当前工作目录路径，效果如图 4.3 所示。

图 4.3　cwd() 方法

为了实现图 4.3 效果，代码如 CORE0403 所示。

代码 CORE0403：cwd() 方法

```
console.log(process.cwd())
```

（2）chdir() 方法

通过 chdir() 方法可以切换到当前工作目录，效果如图 4.4 所示。

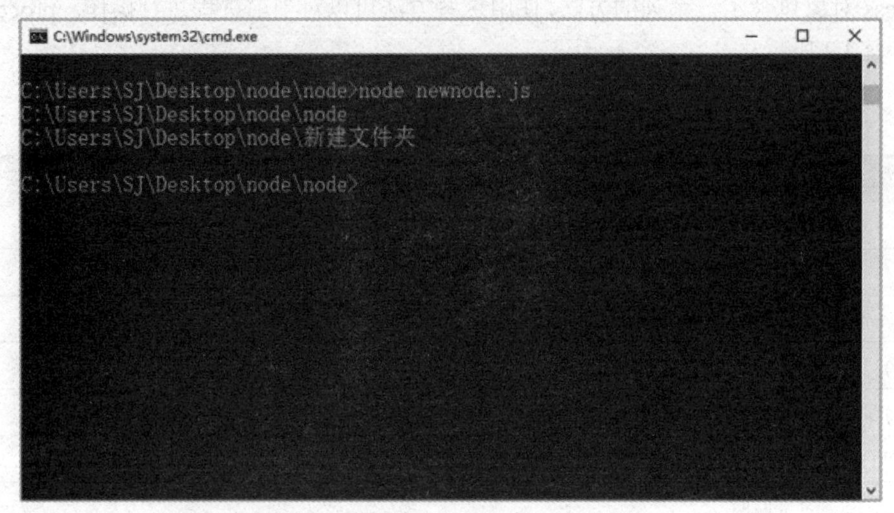

图 4.4 chdir() 方法

为了实现图 4.4 效果，代码如 CORE0404 所示。

代码 CORE0404：chdir() 方法

```
console.log(process.cwd())
//chdir("指定的路径")
process.chdir('C:\\Users\\SJ\\Desktop\\node\\ 新建文件夹 ')
console.log(process.cwd())
```

（3）exit() 方法

通过 exit() 方法退出当前进程，效果如图 4.5 所示。

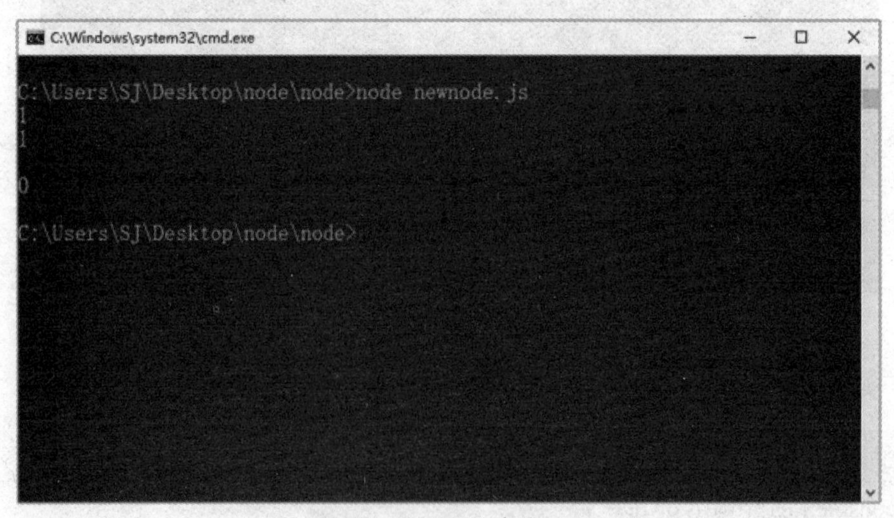

图 4.5 exit() 方法

为了实现图 4.5 效果，代码如 CORE0405 所示。

代码 CORE0405：exit() 方法

```
process.stdin.on('readable', function() {
  var chunk = process.stdin.read();
   if(chunk!=null){
      if (chunk!=0) {
         process.stdout.write(chunk+"\n");
      } else {
         process.exit();
      }
   }
});
```

（4）on() 方法

process 支持多种事件，使用 process 对象的 on() 方法可以对这些事件进行监听，process 包含的事件如表 4.3 所示。

表 4.3　process 包含的事件

事件	描述
uncaughtException	全局事件，只要有错误没有被捕获，这个事件就会被触发
data	数据输入、输出时被触发
SIGINT	接收系统信号时被触发
SIGTERM	系统发出进程终止信号时被触发
exit	进程退出前被触发

使用 on() 方法进行事件监听效果如图 4.6 所示。

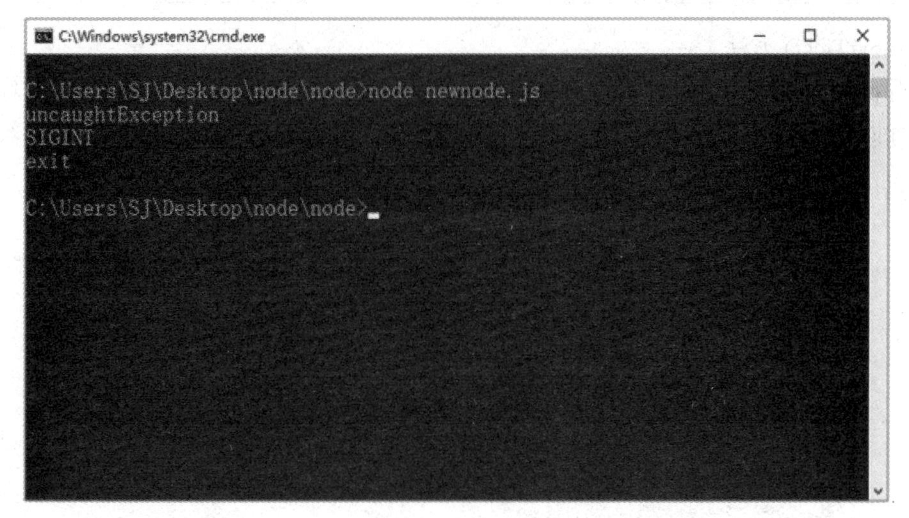

图 4.6　on() 方法

为了实现图 4.6 效果，代码如 CORE0406 所示。

代码 CORE0406：on() 方法

```
process.stdin.on('readable', function() {
  var chunk = process.stdin.read();
});
// 监听 uncaughtException 事件
process.on('uncaughtException', function(err){
  console.log('uncaughtException');
});
// 运行调用一个未定义的函数，之后触发 uncaughtException 事件
setTimeout(function(){
  somefunction();
}, 100);
// 监听 exit 事件
process.on('exit', function() {
  console.log('exit');
});
// 监听 SIGINT 事件
process.on('SIGINT', function() {
  console.log("SIGINT");
  // 触发 exit 事件
  setTimeout(function () {
    process.exit()
  },3000)
});
```

（5）nextTick() 方法

使用 process 对象的 nextTick() 方法可将事件放到当前事件循环的尾部，事件循环完毕后马上执行回调函数。相较于 setTimeout 函数，执行效率更高，使用 nextTick () 方法效果如图 4.7 所示。

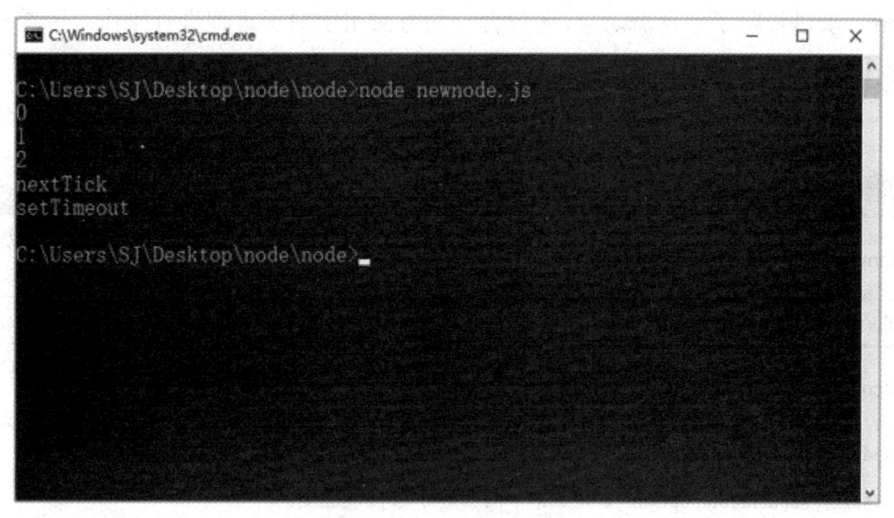

图 4.7　nextTick() 方法

为了实现图 4.7 效果，代码如 CORE0407 所示。

代码 CORE0407：nextTick() 方法

```
setTimeout(function () {
    console.log('setTimeout');
}, 0)
process.nextTick(function () {
    console.log('nextTick');
});
for(var i=0;i<3;i++){
    console.log(i)
}
```

技能点 2　child_process 模块

Node.js 是基于单线程模型架构，其具有驱动性，永不阻塞，并不需要多个线程并发执行等特点。单线程的模式可以高效地利用 CPU（解析计算机指令以及处理计算机软件中的数据），但无法利用多个核心的 CPU，因此，Node.js 定义了 child_process 模块，通过该模块创建多个子进程，可以实现多核 CPU 的利用。

child_process 模块是 Node.js 中重要的模块之一，主要用来启动一个新的进程。该模块创建子进程的运行结果储存在系统缓存之中（最大 200KB），在子进程运行结束后，主进程通过回调函数读取子进程的运行结果。子进程包含三个流对象：child.stdin、child.stdout 和

child.stderr。子进程除了包含流对象,还包含一些方法用于对子进程进行操作。子进程包含的方法如表 4.4 所示。

表 4.4 子进程方法

方法	描述
exec(command, options, callback)	返回最大的缓冲区,并等待进程结束,一次性返回缓冲区的内容
execFile(file, args, options, callback)	用于执行一个外部应用,应用退出后会返回 callback
spawn(command, args, options)	spawn() 方法会在新的进程执行外部应用,返回 I/O 的一个流接口
fork(modulePath, args, options)	创建子进程,执行 Node.js 脚本
send(message, sendHandle, options, callback)	向新建子进程发送消息

(1)exec() 方法

通过 exec(command, options, callback) 方法缓存子进程的输出,并将子进程的输出以回调函数参数的形式一次性返回,最终返回一个完整的 buffer,其中 command 为要运行的命令;options 为对象;callback 为回调函数(参数为 error、stdout 和 stderr)。使用 exec() 方法效果如图 4.8 所示。

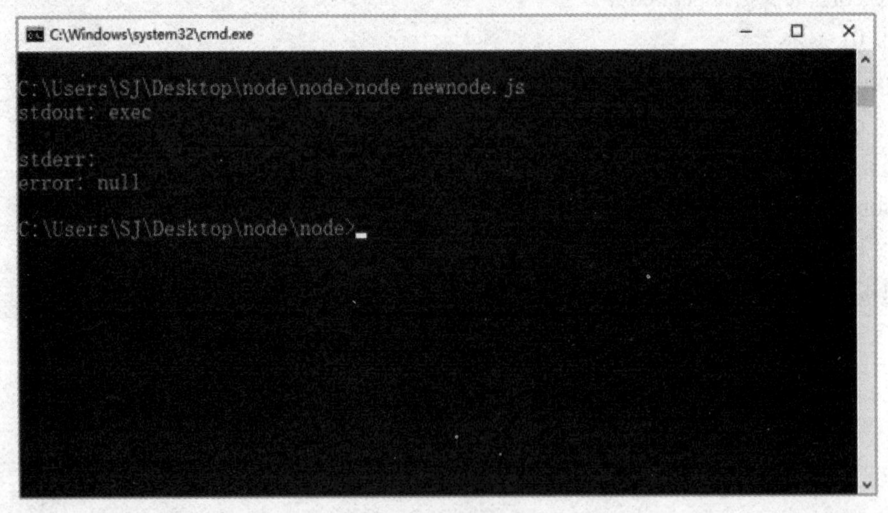

图 4.8 exec() 方法

为了实现图 4.8 效果,代码如 CORE0408、CORE0409 所示。

代码 CORE0408:exec() 方法

```
var child_process = require('child_process');
var exec = child_process.exec;
exec('node new.js', function(error, stdout, stderr) {
// 结果
```

```
console.log('stdout: ' + stdout);
// 标准错误
console.log('stderr: ' + stderr);
// 发生的错误
console.log('error: ' + error);
});
```

代码 CORE0409：new.js

```
console.log("exec")
```

（2）execFile()

在 execFile(file, args, options, callback) 方法中，file 为要运行的可执行文件的名称或路径；args 为字符串参数列表；options 为对象；callback 为回调函数（参数为 error、stdout 和 stderr）。主要用于执行特定的程序。使用 execFile() 方法效果如图 4.9 所示。

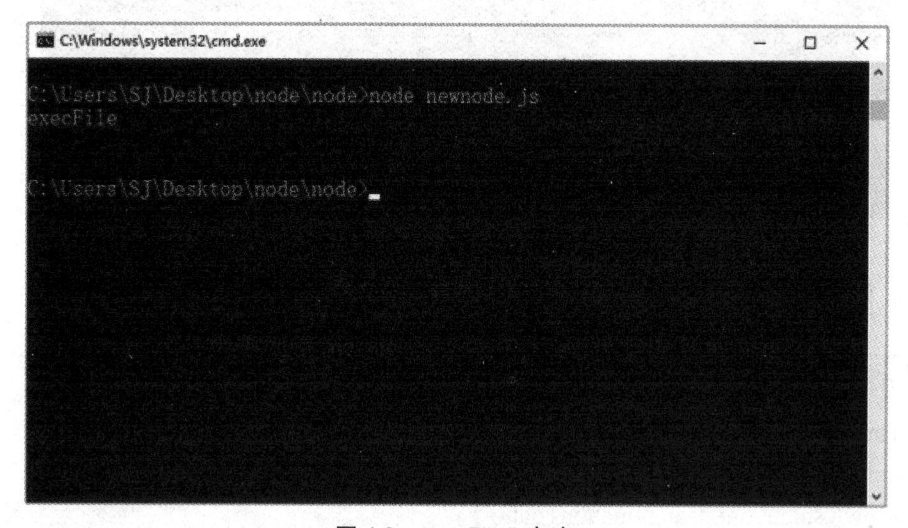

图 4.9　execFile() 方法

为了实现图 4.9 效果，代码如 CORE0410、CORE0411 所示。

代码 CORE0410：execFile()

```
var child_process = require('child_process');
var execFile = child_process.execFile;
execFile('node', ['new.js'], function(error, stdout, stderr){
  if (error) {
    throw error;
  }
  console.log(stdout);
});
```

代码 CORE0411：new.js

```
console.log("execFile")
```

（3）spawn() 方法

spawn(command, args, options) 方法用于创建一个子进程来执行特定命令，与 execFile() 方法类似，但没有回调函数，需要通过监听事件获取结果。其中 command 为要运行的命令；args 为字符串参数列表；options 为对象。使用 spawn() 方法效果如图 4.10 所示。

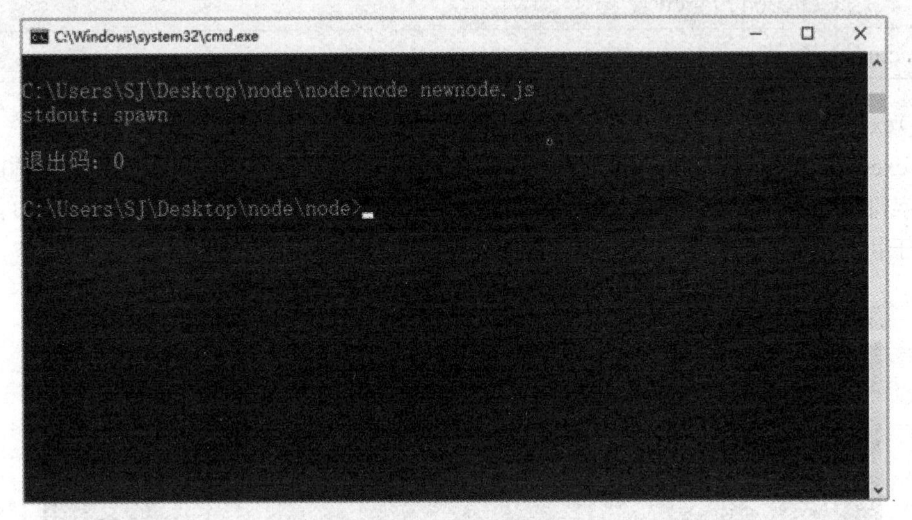

图 4.10 spawn() 方法

为了实现图 4.10 效果，代码如 CORE0412、CORE0413 所示。

代码 CORE0412：spawn() 方法

```
const child_process = require('child_process');
var spawn = child_process.spawn('node', ['new.js']);
spawn.stdout.on('data', function (data) {
    console.log('stdout：' + data);
  });
spawn.stderr.on('data', function (data) {
    console.log('stderr：' + data);
  });
spawn.on('close', function (code) {
    console.log(" 退出码："+code);
  });
```

代码 CORE0413：new.js

```
console.log("spawn")
```

（4）fork() 方法

fork(modulePath, args, options) 方法通常被用来创建新的进程，执行 Node.js 脚本，其中 modulePath 为要在子进程中运行的模块；args 为字符串参数列表；options 为对象。使用 fork() 方法效果如图 4.11 所示。

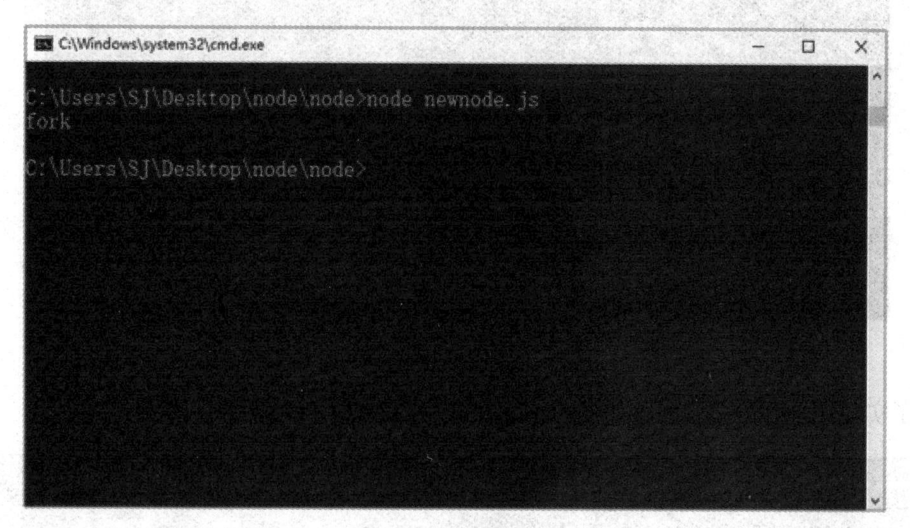

图 4.11　fork() 方法

为了实现图 4.11 效果，代码如 CORE0414、CORE0415 所示。

代码 CORE0414：fork() 方法

```
var child_process = require('child_process');
child_process.fork('./new.js');
```

代码 CORE0415：new.js

```
console.log("fork")
```

（5）send() 方法

send(message, sendHandle, options, callback) 方法用于向子进程发送消息，子进程通过监听 message 事件获取消息，其中 message 为对象；sendHandle 为传入的参数；options 为对象；callback 为回调函数。使用 send() 方法效果如图 4.12 所示。

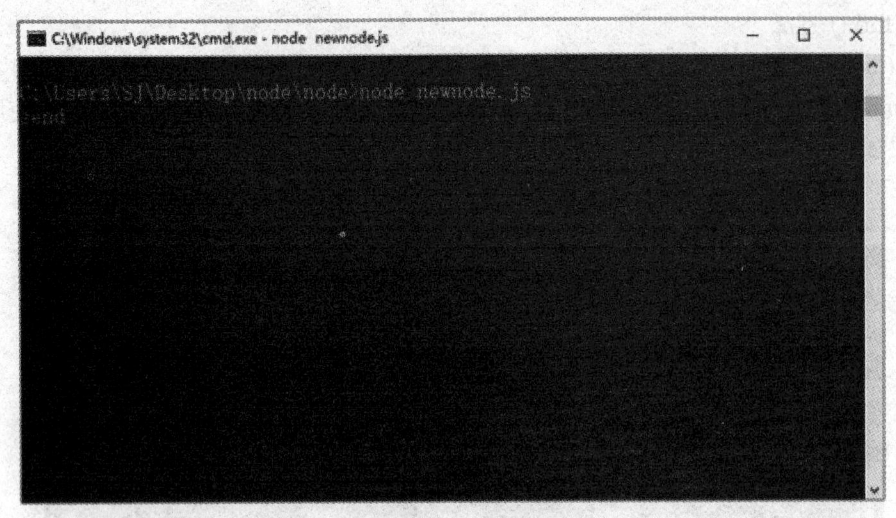

图 4.12 send() 方法

为了实现图 4.12 效果，代码如 CORE0416、CORE0417 所示。

代码 CORE0416：send() 方法

```
var child_process = require('child_process');
var fork=child_process.fork('./new.js');
fork.send("send");
```

代码 CORE0417：new.js

```
process.on('message', function(a) {
  console.log(a);
});
```

快来扫一扫！

提示：当对 node 有一定了解后，你是否打算放弃本门课程的学习呢?扫描右边二维码，你的想法是否有所改变呢？

技能点 3 函数

函数是由事件驱动或当它被调用时执行的可重复使用的代码块。使用函数可以实现代码的复用，减少代码量，提高效率。当函数被调用时，函数中的代码将被执行。Node.js 中函数可分为常规函数、匿名函数、回调函数。

1 常规函数

直接定义函数名称的函数称之为常规函数。通过“函数名称 ()”可直接调用该函数，之后运行函数中的代码即可输出结果。使用常规函数效果如图 4.13 所示。

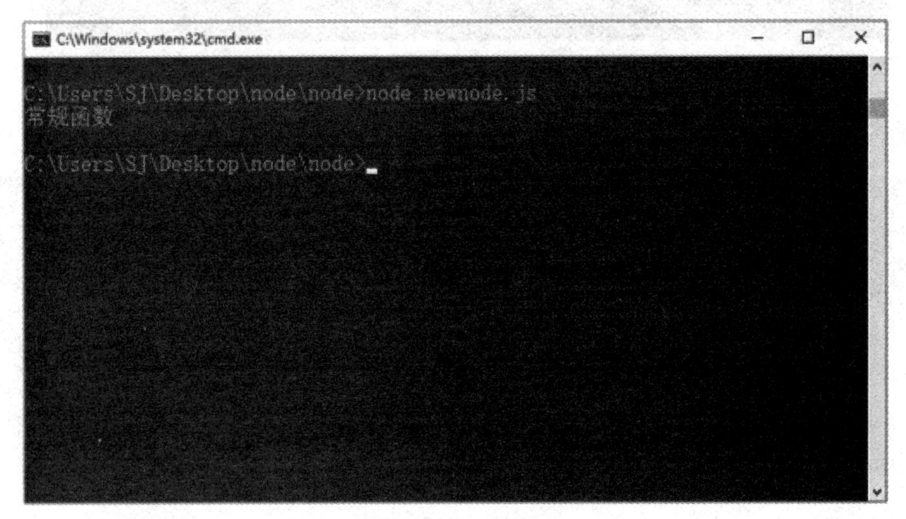

图 4.13 常规函数

为了实现图 4.13 效果，代码如 CORE0418 所示。

代码 CORE0418：常规函数

```
// 定义常规函数 usual
function usual() {
  console.log(" 常规函数 ")
}
// 调用函数 usual
usual()
```

2 匿名函数

没有函数名称的函数为匿名函数。不用提前定义，在另一个函数中直接定义即可被调用。

使用匿名函数效果如图 4.14 所示。

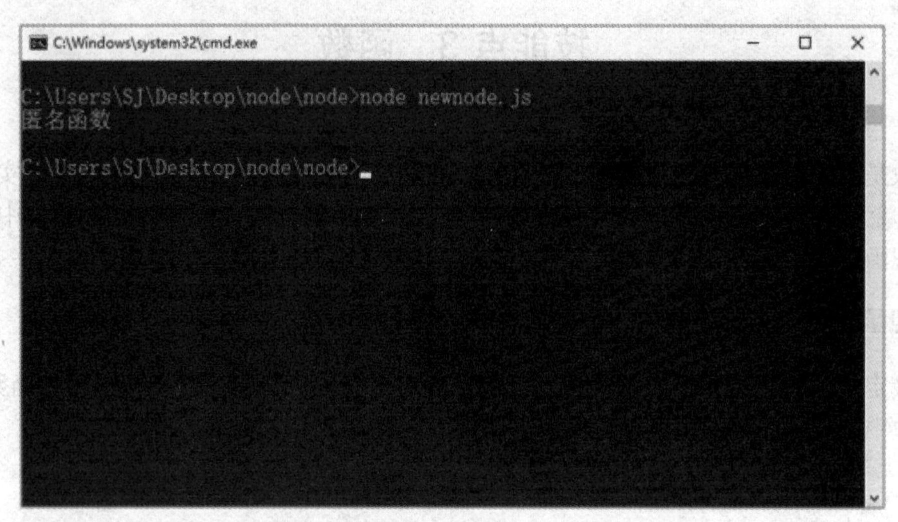

图 4.14 匿名函数

为了实现图 4.14 效果，代码如 CORE0419 所示。

代码 CORE0419：匿名函数

```
// 定义一个含参数的常规函数 usual
function usual(someFunction, value) {
   someFunction(value);
}
// 调用函数 usual，其中第一个参数就是匿名函数，它没有函数名称
usual(function(a){ console.log(a) }, " 匿名函数 ");
```

3 回调函数

Node.js 异步编程的直接体现就是回调，回调函数在完成任务后就会被调用。一般在事件方法中使用。使用回调函数效果如图 4.15 所示。

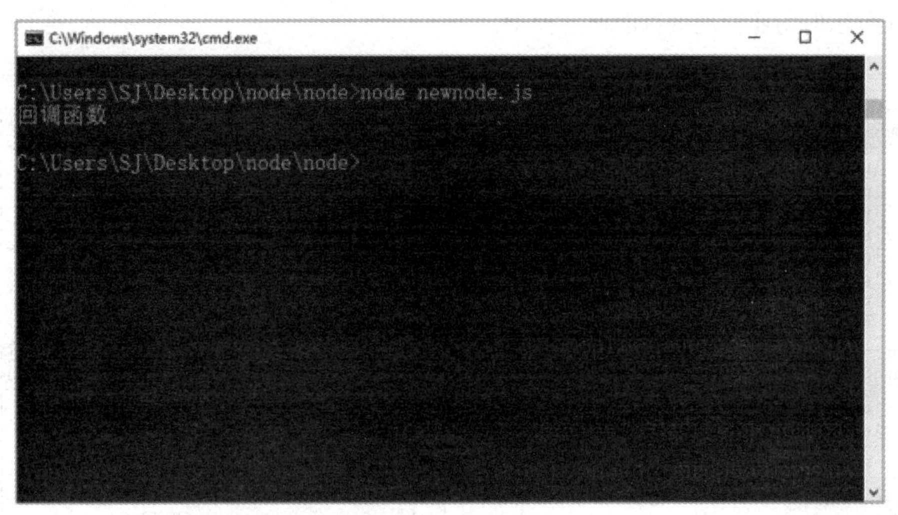

图 4.15　回调函数

为了实现图 4.15 效果，代码如 CORE0420 所示。

代码 CORE0420：回调函数

```
// setTimeout 方法触发后调用回调函数，输出结果
setTimeout(function () {
  console.log(" 回调函数 ")
},1000)
```

快来扫一扫！

提示：在 Node.js 中进程间通信使用的是信号机制。扫描右边二维码，了解 Node.js 信号事件的更多信息，快来扫我吧！！

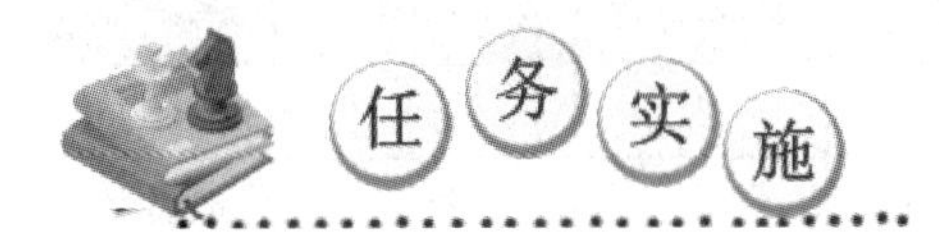

通过下面十二个步骤的操作，实现 TF 物业系统数据库表的建立。

第一步：建立概念模型。

根据系统需要的信息，采用实体关系方法，确定各个实体以及实体之间的关系，可以建立

如图 4.16 所示的物业管理项目的概念模型。

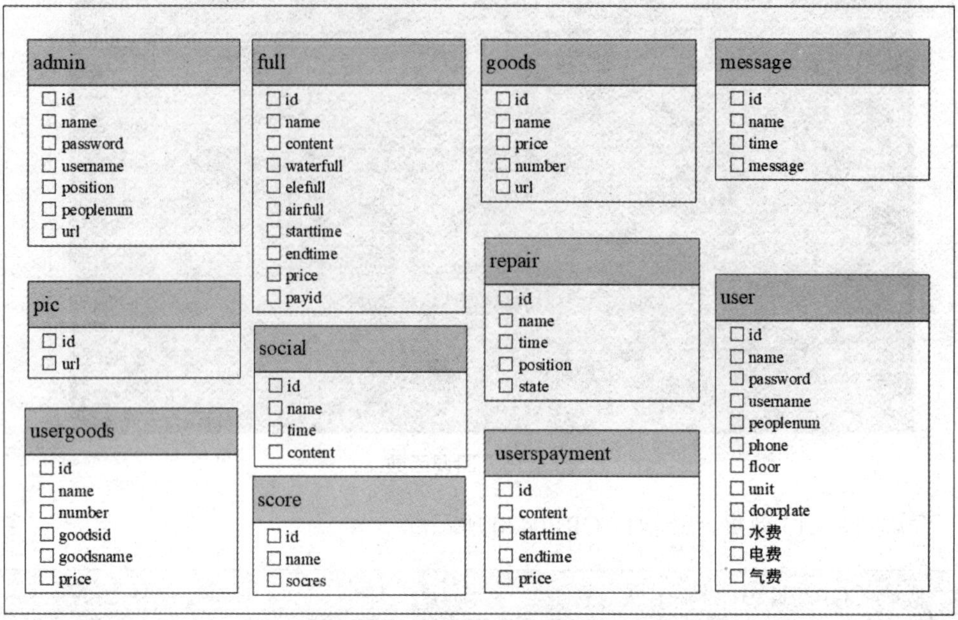

图 4.16　物业管理项目的概念模型

第二步：建立管理员表。

管理员实体如图 4.17 所示。

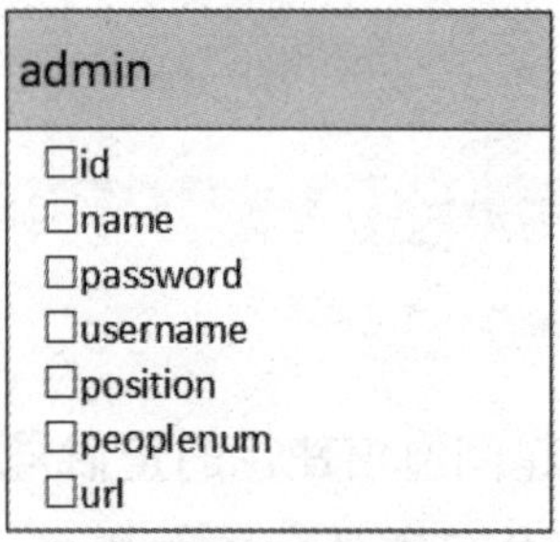

图 4.17　管理员实体

管理员表由管理员实体转换而来，创建表名为 admin 的数据表，表结构如表 4.5 所示。

表 4.5　admin(管理员表)

序号	列名	数据类型	数据来源	是否为空	是否主键	备注
1	id	int	从数据库添加	否	是	管理员编号
2	name	varchar	从数据库添加	否	否	管理员名
3	password	varchar	从数据库添加	否	否	密码
4	username	varchar	从数据库添加	否	否	账号
5	position	varchar	从数据库添加	否	否	职位

续表

序号	列名	数据类型	数据来源	是否为空	是否主键	备注
6	peoplenum	varchar	从数据库添加	否	否	身份证号
7	url	varchar	从数据库添加	否	否	管理员头像

第三步：建立用户表。

用户实体如图 4.18 所示。

user
☐id
☐name
☐password
☐username
☐peoplenum
☐phone
☐floor
☐unit
☐doorplate
☐水费
☐电费
☐气费

图 4.18　用户实体

用户表由用户实体转换而来，创建表名为 user 的数据表，表结构如表 4.6 所示。

表 4.6　user(用户表)

序号	列名	数据类型	数据来源	是否为空	是否主键	备注
1	id	int	管理员输入	否	是	用户编号
2	name	varchar	管理员输入	否	否	用户名
3	password	varchar	管理员输入	否	否	密码
4	username	varchar	管理员输入	否	否	账号
5	peoplenum	varchar	管理员输入	否	否	身份证号
6	phone	varchar	管理员输入	否	否	手机号
7	floor	varchar	管理员输入	否	否	楼号
8	unit	varchar	管理员输入	否	否	单元号
9	doorplate	varchar	管理员输入	否	否	门牌号
10	水费	varchar	管理员输入	否	否	水费
11	电费	varchar	管理员输入	否	否	电费
12	气费	varchar	管理员输入	否	否	气费

第四步：建立商品表。

商品实体如图 4.19 所示。

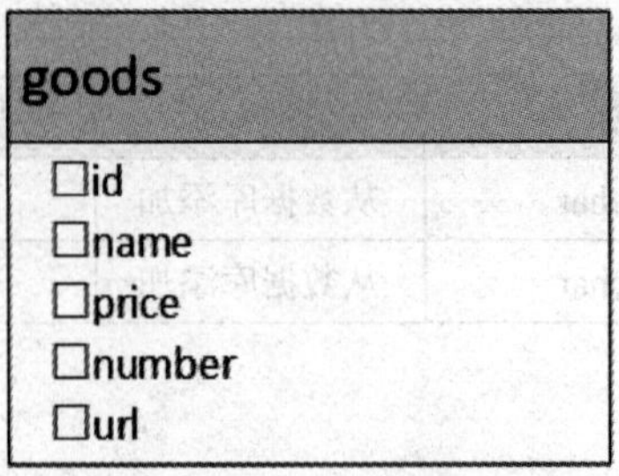

goods
□id
□name
□price
□number
□url

图 4.19　商品实体

商品表由商品实体转换而来，创建表名为 goods 的数据表，表结构如表 4.7 所示。

表 4.7　goods(商品表)

序号	列名	数据类型	数据来源	是否为空	是否主键	备注
1	id	int	管理员输入	否	是	商品编号
2	name	varchar	管理员输入	否	否	商品名称
3	price	varchar	管理员输入	否	否	价格
4	number	varchar	管理员输入	否	否	已售数量
5	url	varchar	管理员输入	否	否	图片路径

第五步：建立商品订单表。

商品订单实体如图 4.20 所示。

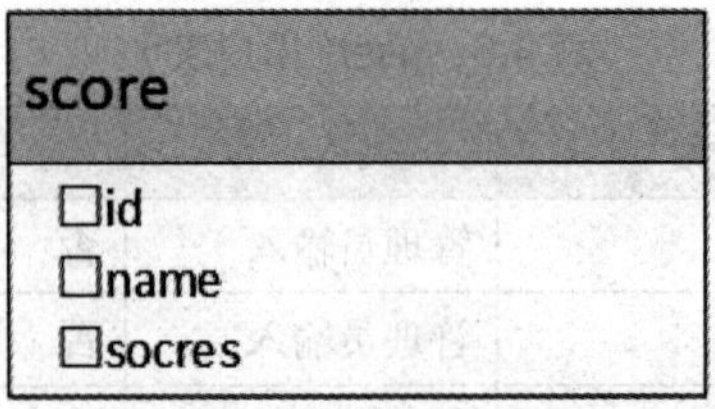

score
□id
□name
□socres

图 4.20　商品订单实体

商品订单表由商品订单实体转换而来，创建表名为 score 的数据表，表结构如表 4.8 所示。

表 4.8　score(商品订单表)

序号	列名	数据类型	数据来源	是否为空	是否主键	备注
1	id	int	管理员输入	否	是	订单编号
2	name	varchar	管理员输入	否	否	用户名
3	socres	varchar	管理员输入	否	否	订单号

第六步：建立订单商品表。

订单商品实体如图 4.21 所示。

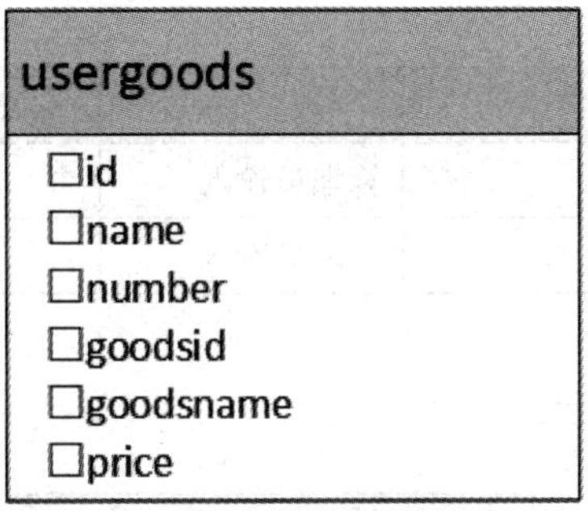

usergoods

□id
□name
□number
□goodsid
□goodsname
□price

图 4.21　订单商品实体

订单商品表由订单商品实体转换而来，创建表名为 usersgoods 的数据表，表结构如表 4.9 所示。

表 4.9　usersgoods(订单商品表)

序号	列名	数据类型	数据来源	是否为空	是否主键	备注
1	id	int	管理员输入	否	是	订单商品编号
2	name	varchar	管理员输入	否	否	用户名
3	number	varchar	管理员输入	否	否	商品数量
4	goodsid	varchar	管理员输入	否	否	商品编号
5	goodsname	varchar	管理员输入	否	否	商品名称
6	price	varchar	管理员输入	否	否	商品总价

第七步：建立物业通知信息表。

物业通知信息实体如图 4.22 所示。

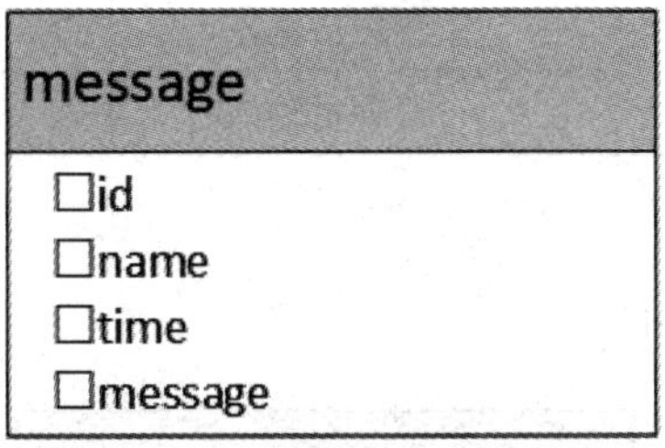

message

□id
□name
□time
□message

图 4.22　物业通知信息实体

物业通知信息表由物业通知信息实体转换而来，创建表名为 message 的数据表，表结构如表 4.10 所示。

表 4.10　message(物业通知信息表)

序号	列名	数据类型	数据来源	是否为空	是否主键	备注
1	id	int	管理员输入	否	是	信息编号
2	name	varchar	管理员输入	否	否	通知标题

续表

序号	列名	数据类型	数据来源	是否为空	是否主键	备注
3	time	varchar	管理员输入	否	否	通知时间
4	message	varchar	管理员输入	否	否	通知内容

第八步:建立缴费信息表。

缴费信息实体如图 4.23 所示。

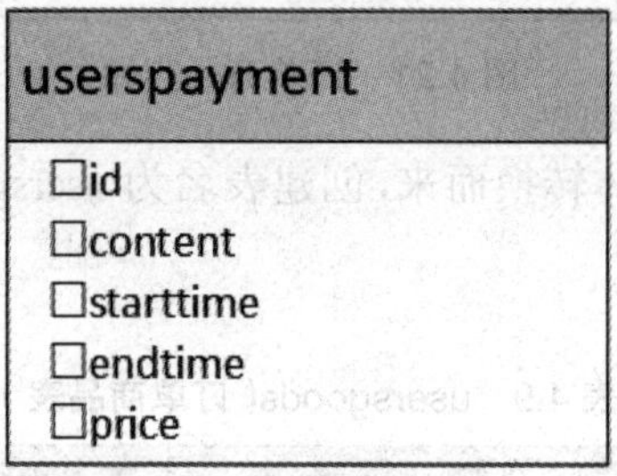

userspayment

☐id
☐content
☐starttime
☐endtime
☐price

图 4.23 缴费信息实体

缴费信息表由缴费信息实体转换而来,创建表名为 userspayment 的数据表,表结构如表 4.11 所示。

表 4.11 userspayment(缴费信息表)

序号	列名	数据类型	数据来源	是否为空	是否主键	备注
1	id	int	管理员输入	否	是	信息编号
2	content	varchar	管理员输入	否	否	缴费类别
3	starttime	varchar	管理员输入	否	否	开始时间
4	endtime	varchar	管理员输入	否	否	结束时间
5	price	varchar	管理员输入	否	否	缴费金额

第九步:建立报修信息表。

报修信息实体如图 4.24 所示。

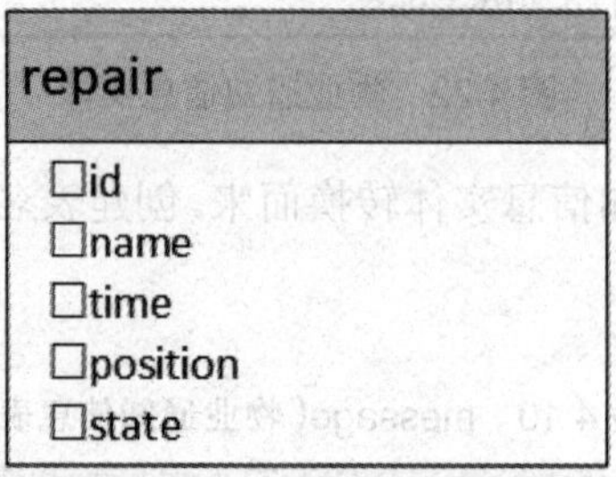

repair

☐id
☐name
☐time
☐position
☐state

图 4.24 报修信息实体

报修信息表由报修信息实体转换而来,创建表名为 repair 的数据表,表结构如表 4.12 所示。

表 4.12 repair(报修信息表)

序号	列名	数据类型	数据来源	是否为空	是否主键	备注
1	id	int	管理员输入	否	是	信息编号
2	name	varchar	管理员输入	否	否	用户名
3	time	varchar	管理员输入	否	否	报修时间
4	position	varchar	管理员输入	否	否	损坏位置
5	state	varchar	管理员输入	否	否	维修状态

第十步：建立用户缴费信息表。

用户缴费信息实体如图 4.25 所示。

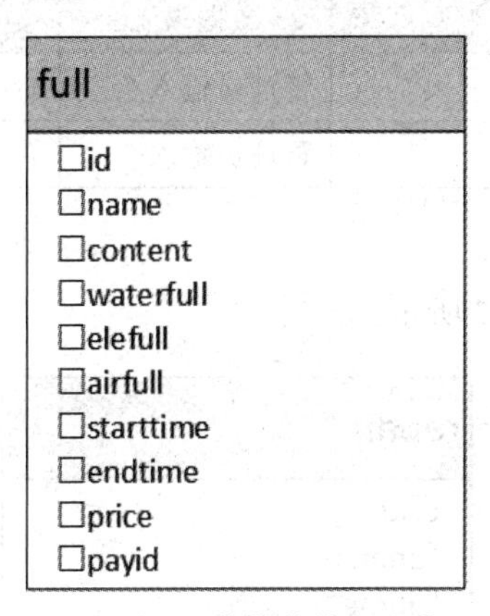

图 4.25 用户缴费信息实体

用户缴费信息表由用户实体转换而来，创建表名为 full 的数据表，表结构如表 4.13 所示。

表 4.13 full(用户缴费信息表)

序号	列名	数据类型	数据来源	是否为空	是否主键	备注
1	id	int	管理员输入	否	是	用户编号
2	name	varchar	管理员输入	否	否	用户名
3	content	varchar	管理员输入	否	否	缴费类别
4	waterfull	varchar	管理员输入	否	否	是否缴水费
5	elefull	varchar	管理员输入	否	否	是否缴电费
6	airfull	varchar	管理员输入	否	否	是否缴气费
7	starttime	varchar	管理员输入	否	否	开始时间
8	endtime	varchar	管理员输入	否	否	结束时间
9	price	varchar	管理员输入	否	否	缴费金额
10	payid	varchar	管理员输入	否	否	缴费信息编号

第十一步：建立轮播图表。

轮播图实体如图 4.26 所示。

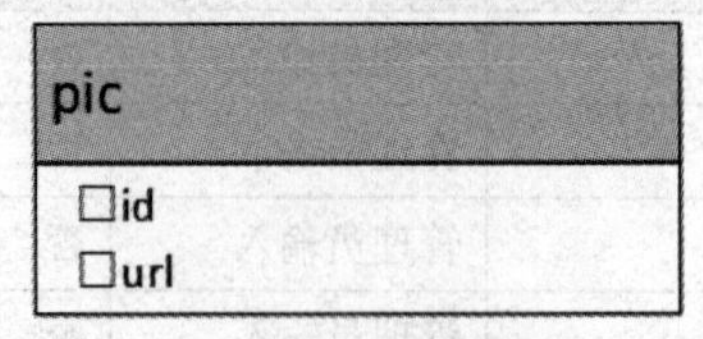

图 4.26　轮播图实体

轮播图表由轮播图实体转换而来，创建表名为 pic 的数据表，表结构如表 4.14 所示。

表 4.14　pic(轮播图表)

序号	列名	数据类型	数据来源	是否为空	是否主键	备注
1	id	int	管理员输入	否	是	图片编号
2	url	varchar	管理员输入	否	否	图片路径

第十二步：建立用户信息表。

用户发布信息实体如图 4.27 所示。

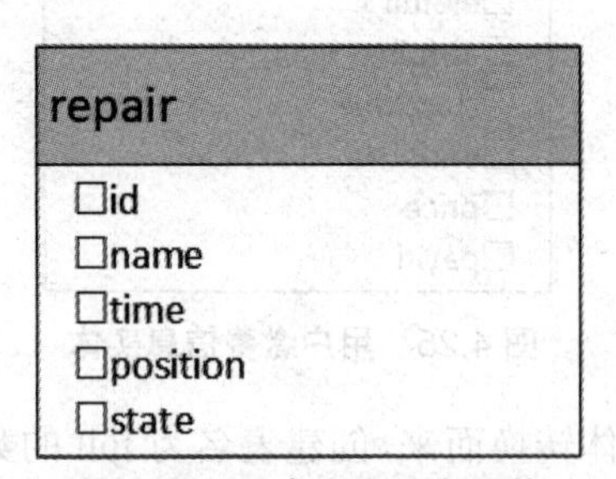

图 4.27　用户发布信息实体

用户发布信息表由用户发布信息实体转换而来，创建表名为 social 的数据表，表结构如表 4.15 所示。

表 4.15　social(用户发布信息表)

序号	列名	数据类型	数据来源	是否为空	是否主键	备注
1	id	int	管理员输入	否	是	信息编号
2	name	varchar	管理员输入	否	否	用户名
3	time	varchar	管理员输入	否	否	发布时间
4	content	varchar	管理员输入	否	否	发布内容

至此，TF 物业系统数据库表的建立完成。

本项目通过对 TF 物业系统数据库表的建立学习，对 process 模块、child_process 模块、util

模块等相关知识具有初步的了解，掌握调用模块中方法对进程进行操作，掌握三种函数的使用方法，实现代码的复用。

version	版本	exception	例外
platform	平台	signal	信号
chunk	块	inspect	检查
judgment	判断	exit	退出

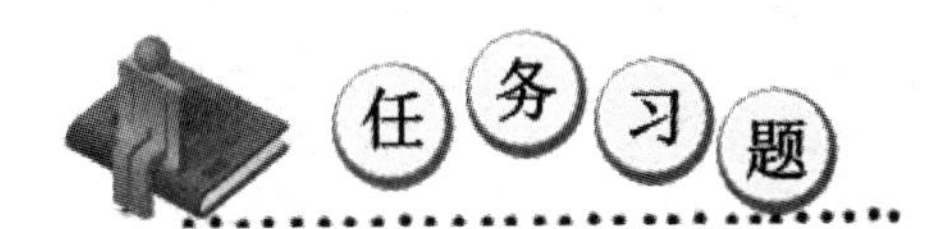

一、选择题

1. process 对象的 argv 属性是用来（　　）。

（A）获取进程号　　（B）当前进程的所有命令行参数

（C）当前 Shell 的环境变量　　（D）Node.js 运行的操作系统

2. process 对象的 on() 方法意思是（　　）。

（A）查看当前进程的工作目录路径　　（B）退出当前进程

（C）进程延迟执行　　（D）监听

3. 子进程包含一些方法用于对子进程进行操作，其中创建子进程，执行 Node.js 脚本的方法是（　　）。

（A）send()　　（B）fork()　　（C）spawn()　　（D）exec()

4. util 模块中的 inspect 方法是用来（　　）。

（A）对象间原型继承　　（B）将对象格式化为字符串

（C）判断是否是数组　　（D）判断是否是正则表达式

5. 在 Node.js 中可以通过（　　）模块创建多个子进程，子进程的运行结果储存在系统缓存之中，等到子进程运行结束以后，主进程再用回调函数读取子进程的运行结果。

（A）child_process　　（B）ViewChild　　（C）process　　（D）argv

二、填空题

1. __________ 用来与当前进程互动，提供当前 Node.js 进程的信息，并可以修改当前 Node.js 进程的设置。

2. process 还是一个 __________ 对象的实例。

3. Node.js 是以 __________ 的模式运行的，不能像 Java 那样可以创建多线程来并发执行。

4. 在 Node 中可以通过 child_process 模块创建多个子进程，子进程包含三个流对象：child.stdin、__________ 和 child.stderr。

5. Node.js 中函数可分为：常规函数、匿名函数、__________。

三、上机题

使用 util 模块的 inherits 属性实现以下效果。

要求：

1. 定义一个 Person 类，一个 Student 的子类。
2. 使用原型的方式为 Person 类添加一个 showName 的函数，通过 util.inherits 实现继承。

项目五　服务端用户管理功能

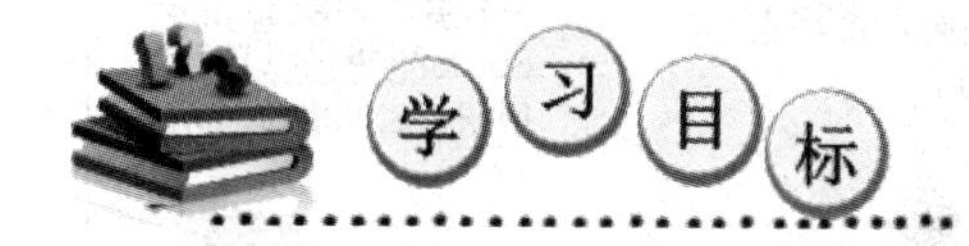

通过 TF 物业服务端用户管理功能的实现，了解 fs 模块处理文件，学习 Stream 数据流的使用，掌握 Path 模块处理路径字符串的方法，具有使用 url 模块对 http 地址进行解析、处理等操作的能力，在任务实现过程中：

- 了解 fs 模块处理文件的读写、复制等操作。
- 学习 Stream 包含的四种基本流类型。
- 掌握 Path 模块整理、转换、合并路径字符串的方法。
- 具有使用 url 模块对 http 地址进行解析、处理等操作的能力。

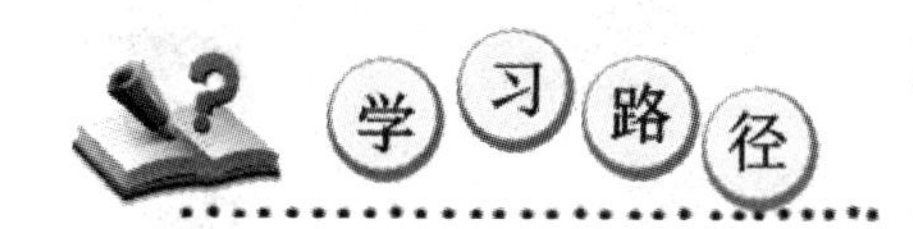

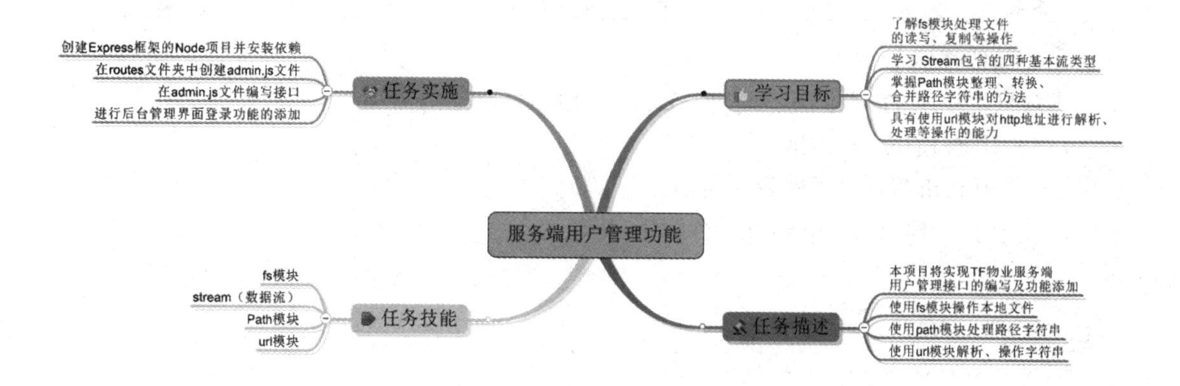

【情境导入】

【功能描述】

本项目将实现 TF 物业服务端用户管理接口的编写及功能添加。

- 使用 fs 模块操作本地文件。
- 使用 Path 模块处理路径字符串。
- 使用 url 模块对 http 地址进行解析、处理。

技能点 1　fs 模块

fs 模块是 Node.js 的核心模块之一，是一个文件管理模块，主要用于处理文件的读写、复制、删除、重命名等操作。fs 模块对文件的操作分为同步（每次只执行一个操作，在一个操作完成之前代码的执行会被阻塞，无法进行下一个操作）和异步（不用等待某个操作的结果而可以继续进行），相比于同步操作，异步操作速度更快、性能更高，通常使用异步操作。使用 fs 模块前需要先引入（var fs= require("fs")，并且 fs 模块包含许多方法，具体方法如表 5.1 所示。

表 5.1　fs 模块包含的方法

方法	描述
readFile()	异步读取文件
readFileSync()	同步读取文件
writeFile()	异步写入文件
writeFileSync()	同步写入文件
exists()	异步判断路径是否存在
watchfile()	监听文件变化
unwatchfile()	解除文件监听
stat()	异步获取文件信息
mkdir()	异步新建文件夹
mkdirSync()	同步新建文件夹
readdir()	异步读取文件夹
readdirSync()	同步读取文件夹
createReadStream()	创建读取流
createWriteStream()	创建写入流

（1）readFile()、readFileSync() 方法

使用 readFile()、readFileSync() 方法进行文件的读取，其中，异步 readFile() 方法共有三个参数，语法格式如下所示。

```
fs.readFile(filename, [encoding ],[callback(err,data)])
```

同步 readFileSync() 方法共有二个参数，语法格式如下所示。

```
fs.readFileSync(filename, [encoding])
```

readFile()、readFileSync() 方法的参数如表 5.2 所示。

表 5.2　readFile()、readFileSync() 方法的参数

参数	描述
filename	读取的文件名
encoding	文件的字符编码类型，该项可选
callback(err,data)	回调函数，提供两个参数 err 和 data，err 表示错误发生，data 是文件内容

使用 readFile()、readFileSync() 方法的效果如图 5.1 所示。

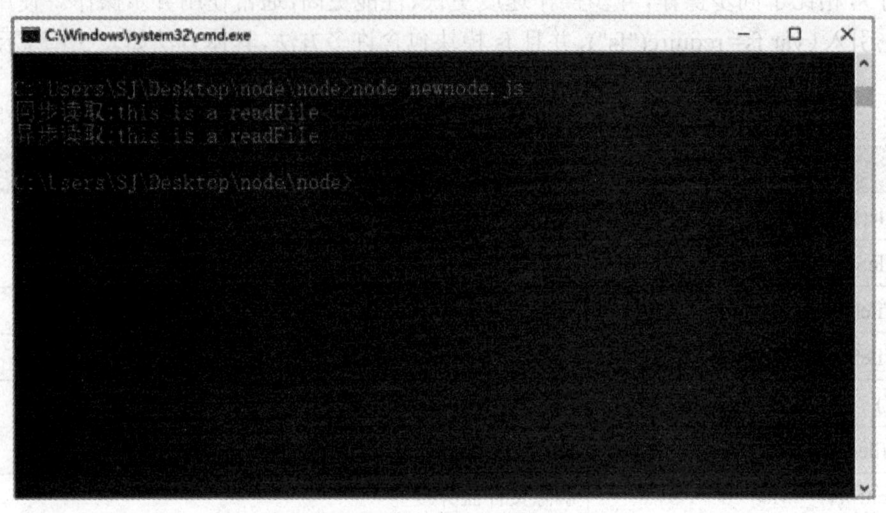

图 5.1 文件的读取

为了实现图 5.1 效果，代码如 CORE0501 所示。

代码 CORE0501：文件读取

```
var fs = require("fs");
// 异步读取
// 路径可以为绝对路径或相对路径，回调函数提供两个参数 err 和 data，
// err 表示有、没有错误发生，data 是文件内容
fs.readFile('readFile.txt', function (err, data) {
  if (err) {
    return console.error(err);
  }
  console.log(" 异步读取 :"+data.toString());
});
// 同步读取
// 路径可以为绝对路径或相对路径
var data = fs.readFileSync('readFile.txt');
console.log(" 同步读取 :"+data.toString());
```

要读取的 readFile.txt 文件内容如下。

```
this is a readFile
```

（2）writeFile()、writeFileSync() 方法

使用 writeFile()、writeFileSync() 方法进行文件的写入，其中，异步 writeFile () 方法共有四个参数，语法格式如下所示。

```
fs.writeFile(filename, data, [options], [callback(err)])
```

同步 writeFileSync () 方法共有三个参数，语法格式如下所示。

```
fs.writeFileSync(filename, data, [options])
```

writeFile()、writeFileSync() 方法的参数如表 5.3 所示。

表 5.3　writeFile()、writeFileSync() 方法的参数

参数	描述
filename	读取的文件名
data	将要写入的内容
options	option 数组对象，包含 encoding、mode、flag
encoding	可选值，默认 'utf8'
mode	文件读写权限，默认值 438
flags	用什么模式打开文件，默认值 'w' 代表写，'r' 代表读
callback(err,data)	回调函数，提供 err 参数

使用 writeFile()、writeFileSync() 方法的效果如图 5.2 所示。

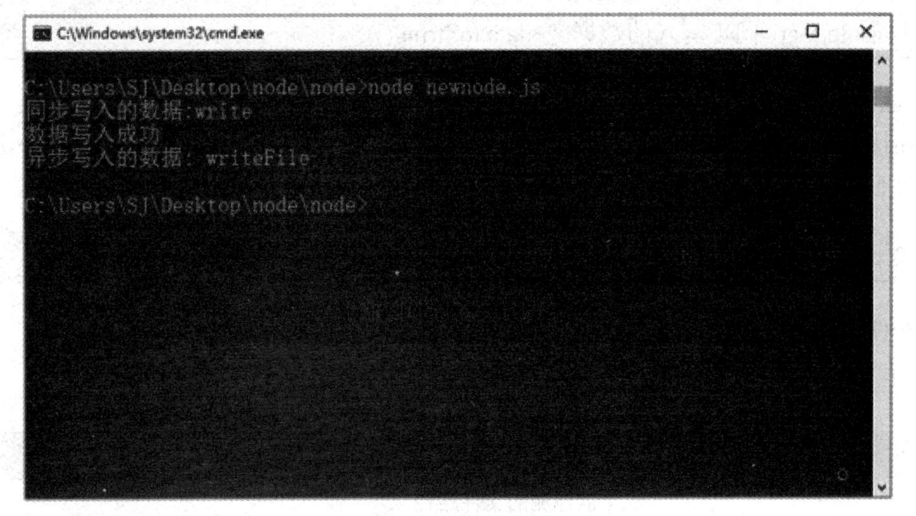

图 5.2　文件的写入

为了实现图 5.2 效果，代码如 CORE0502 所示。

代码 CORE0502：文件写入

```
var fs = require("fs");
// writeFile 为写入的数据
fs.writeFile('readFile.txt', 'writeFile',  function(err) {
   if (err) {
      return console.error(err);
   }
   console.log(" 数据写入成功 ");
 // 读取写入的数据
   fs.readFile('readFile.txt', function (err, data) {
      if (err) {
         return console.error(err);
      }
      console.log(" 异步写入的数据 : " + data.toString());
   });
});
// 写入数据
fs.writeFileSync('readFile.txt', 'write');
var data = fs.readFileSync('readFile.txt');
console.log(" 同步写入的数据 :"+data.toString());
```

（3）exists() 方法

exists() 方法使用 exists() 方法可以判断某个路径下的文件是否存在。其接收两个参数，语法格式如下所示。

```
fs.exists(path, callback)
```

exists() 方法的参数如表 5.4 所示。

表 5.4　exists() 方法的参数

参数	描述
path	欲检测的文件路径
callback()	回调函数

使用 exists() 方法的效果如图 5.3 所示。

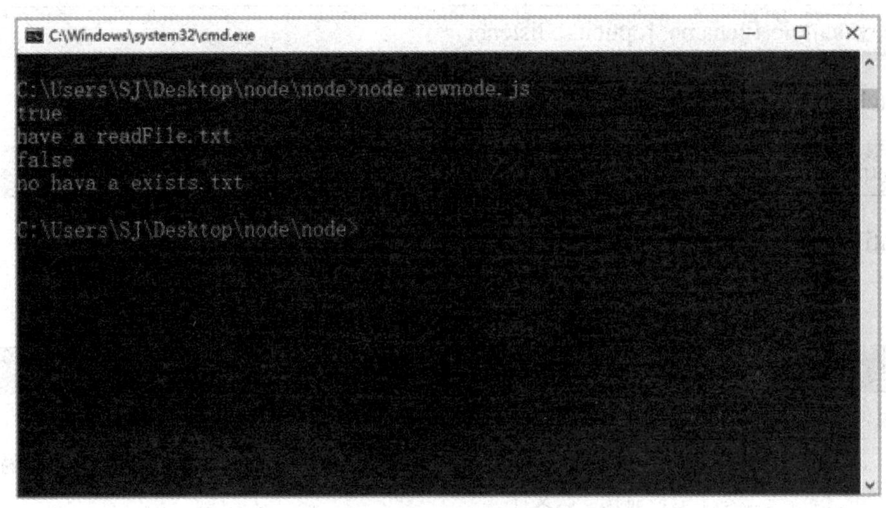

图 5.3　判断文件是否存在

为了实现图 5.3 效果，代码如 CORE0503 所示。

代码 CORE0503：判断文件是否存在

```
var fs = require("fs");
// 文件存在
fs.exists('./readFile.txt', function (exists) {
  console.log(exists);
  if(exists){
    console.log("hava a readFile.txt")
  } else {
    console.log("no hava a readFile.txt")
  }
});
// 文件不存在
fs.exists('./exists.txt', function (exists) {
  console.log(exists);
  if(exists){
    console.log("have a exists.txt")
  } else {
    console.log("no hava a exists.txt")
  }
});
```

（4）watchfile()、unwatchfile() 方法

watchfile()、unwatchfile() 是一对方法，watchfile() 方法主要用于监听文件的变化，当文件发生变化，调用 watchfile() 方法的回调函数。watchfile() 方法语法格式如下所示。

```
fs.watchFile(filename, [options], listener)
```

unwatchfile() 方法用于解除对文件的监听，语法格式如下所示。

```
fs.unwatchFile(filename, [listener])
```

watchfile()、unwatchfile() 方法的参数如表 5.5 所示。

表 5.5 watchfile()、unwatchfile() 方法的参数

参数	描述
filename	监听的完整路径及文件名
options	persistent true 表示持续监视，不退出程序；interval 单位毫秒，表示每隔多少毫秒监视一次文件
listener	文件发生变化时调用，有两个参数：curr（被修改后文件）、prev（修改前对象），均为 fs.Stat 对象

其使用 watchfile()、unwatchfile() 方法的效果如图 5.4 所示。

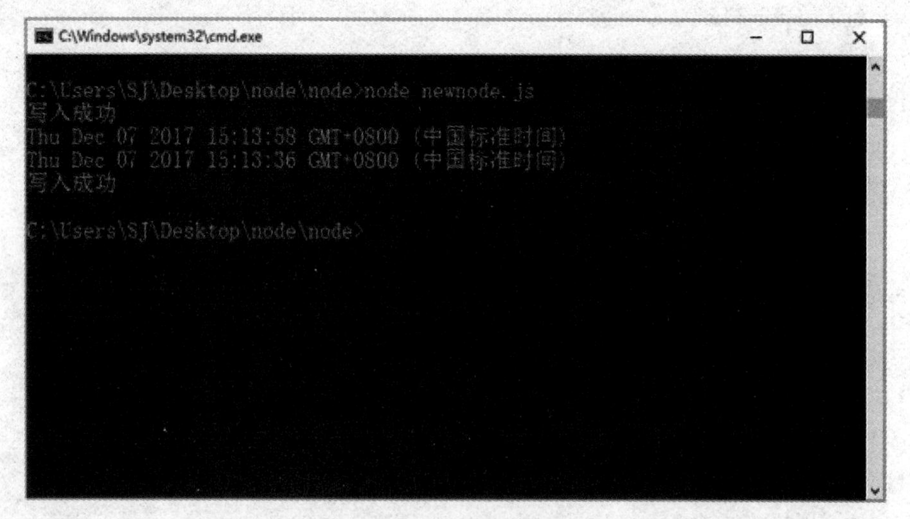

图 5.4 文件监听

为了实现图 5.4 效果，代码如 CORE0504 所示。

代码 CORE0504：文件监听

```
var fs = require('fs');
// 回调函数有两个参数：curr 为一个 fs.Stat 对象，被修改后文件，
// prev, 一个 fs.Stat 对象，表示修改前对象
fs.watchFile('./readFile.txt', function (curr, prev) {
    console.log('' + curr.mtime);
```

```
        console.log('' + prev.mtime);
        fs.unwatchFile('./readFile.txt');
    // readFile 为写入的内容
        fs.writeFile('./readFile.txt', "readFile", function (err) {
            if (err) throw err;
            console.log(" 写入成功 ");
        });
    });
    // changed 为写入的内容
    fs.writeFile('./readFile.txt', "changed", function (err) {
        if (err) throw err;
        console.log(" 写入成功 ");
    });
```

（5）stat() 方法

stat() 方法主要用来获取文件信息。其接收两个参数，stat() 方法语法格式如下所示。

```
fs.stat(path, [callback(err, stats)])
```

path 文件路径和 callback 回调函数。回调函数传递两个参数，异常参数 err，文件信息数组 stats。stats 所包含的方法如表 5.6 所示。

图 5.6 stats 所包含的方法

方法	描述
isFile()	判断是否是文件
isDirectory()	判断是否是目录
isBlockDevice()	判断是否是块
isCharacterDevice()	判断是否是字符串
isSymbolicLink()	判断是否是软链接
isFIFO()	判断是否是 FIFO
isSocket()	判断是否是 socket

使用 stat() 方法的效果如图 5.5 所示。

```
C:\Users\SJ\Desktop\node\node>node newnode.js
{ dev: -1509327391,
  mode: 33206,
  nlink: 1,
  uid: 0,
  gid: 0,
  rdev: 0,
  blksize: undefined,
  ino: 30680772461683870,
  size: 10,
  blocks: undefined,
  atime: 2017-12-07T06:23:04.052Z,
  mtime: 2017-12-07T07:14:03.868Z,
  ctime: 2017-12-07T07:14:03.868Z,
  birthtime: 2017-12-07T06:01:11.165Z }
是否为文件:true
是否为目录:false
```

图 5.5 stat() 方法

为了实现图 5.5 效果，代码如 CORE0505 所示。

代码 CORE0505：stat() 方法

```
var fs = require("fs");
fs.stat('readFile.txt', function (err, stats) {
    if (err) {
        return console.error(err);
    }
    console.log(stats);
    // 检测文件类型
    console.log(" 是否为文件 :" + stats.isFile());
    console.log(" 是否为目录 :" + stats.isDirectory());
});
```

（6）mkdir()、mkdirSync() 方法

使用 mkdir()、mkdirSync() 方法可以创建文件夹，其中，异步 mkdir() 方法语法格式如下所示。

```
fs.mkdir(path, [mode], [callback(err)])
```

同步 mkdirSync() 方法语法格式如下所示。

```
fs.mkdirSync(path, [mode])
```

mkdir()、mkdirSync() 方法的参数如表 5.7 所示。

表 5.7　mkdir()、mkdirSync() 方法的参数

参数	描述
path	文件夹的路径
mode	目录权限（读写权限），默认 0777
callback(err)	回调函数，传递异常参数 err

使用 mkdir()、mkdirSync() 方法的效果如图 5.6、5.7 所示。

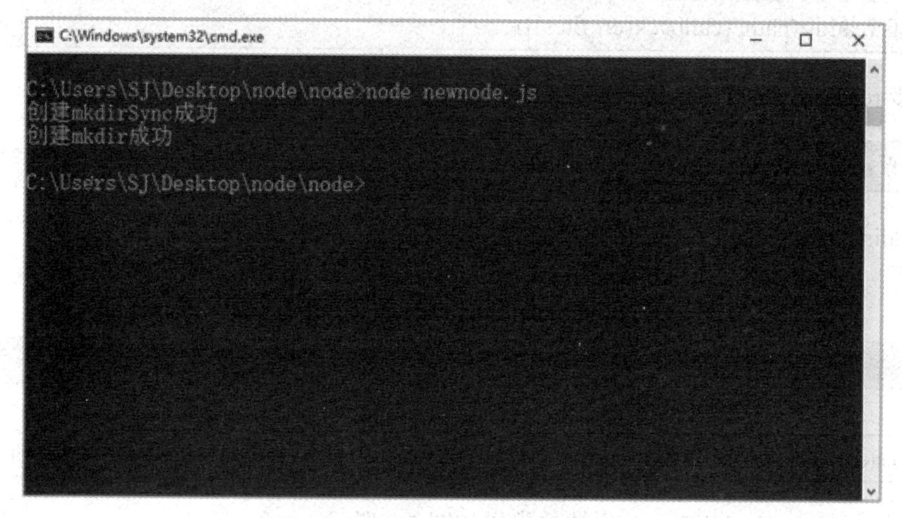

图 5.6　mkdir()、mkdirSync() 方法

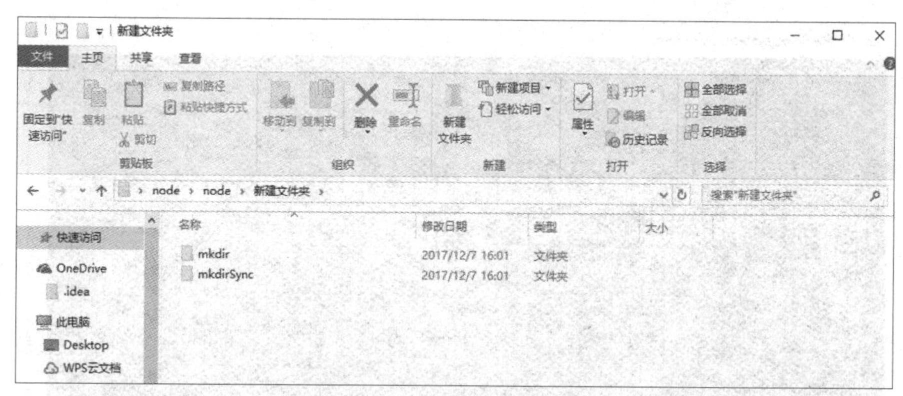

图 5.7　创建的文件夹

为了实现图 5.6、5.7 效果，代码如 CORE0506 所示。

代码 CORE0506：创建文件夹

```
var fs = require('fs');
fs.mkdir('./ 新建文件夹 /mkdir',function (err) {
    if (err) throw err;
    console.log(" 创建 mkdir 成功 ")
```

```
});
fs.mkdirSync('./ 新建文件夹 /mkdirSync');
console.log(" 创建 mkdirSync 成功 ")
```

（7）readdir()、readdirSync() 方法

readdir()、readdirSync() 方法可以进行文件目录的读取，返回值为数组格式，其中，异步 readdir () 方法语法格式如下所示。

```
fs.readdir(path, [callback(err,files)])
```

同步 readdirSync () 方法语法格式如下所示。

```
fs.readdirSync(path)
```

readdir()、readdirSync() 方法的参数如表 5.8 所示。

表 5.8 readdir()、readdirSync() 方法的参数

参数	描述
path	文件夹的路径
callback(err,files)	回调函数，传递异常参数 err，files 是一个包含“指定目录下所有文件名称的”数组

使用 readdir()、readdirSync() 方法的效果如图 5.8 所示。

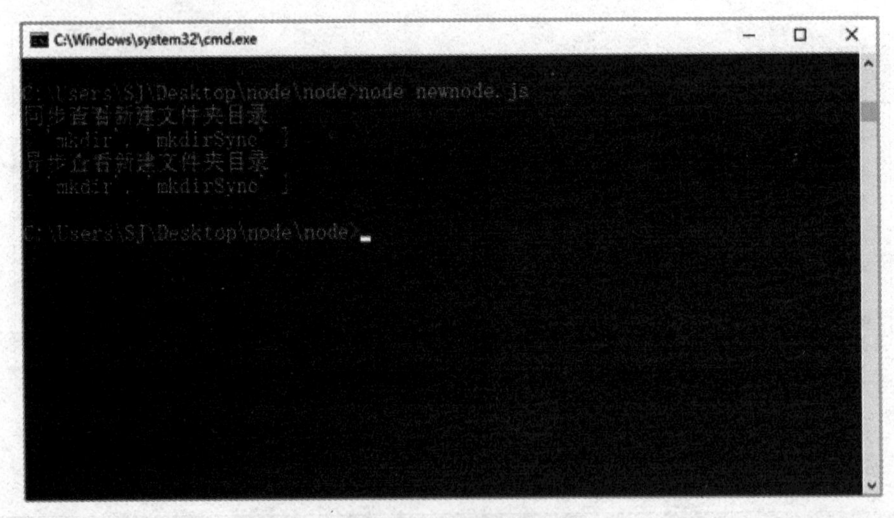

图 5.8 读取文件

为了实现图 5.8 效果，代码如 CORE0507 所示。

代码 CORE0507：文件目录的读取

```
var fs = require("fs");
fs.readdir("./ 新建文件夹 ",function(err, files){
  if (err) {
    return console.error(err);
  }
  console.log(" 异步查看新建文件夹目录 ");
  console.log(files);
});
var readdirSync=fs.readdirSync("./ 新建文件夹 ");
console.log(" 同步查看新建文件夹目录 ");
console.log(readdirSync
```

（9）createReadStream() 方法

createReadStream() 方法可以创建一个可读取的数据流。其语法格式如下所示。

```
fs.createReadStream(path[, options])
```

path 参数指定文件的路径，可选的 options 是一个数组对象，可以指定一些参数（可选）。其指定的参数具体如表 5.10 所示。

表 5.10　createReadStream() 方法的参数

参数	描述
encoding	可选值，默认 ‘utf8’
mode	文件读写权限，默认值 438
flags	打开文件的模式，默认值 ‘w’ 代表写，‘r’ 代表读
fd	默认为 null，当指定这个属性时，createReadableStream() 方法会根据传入的 fd 创建一个流
autoClose	默认为 true，当发生错误或文件读取结束时会自动关闭文件
start	指定起始的字节偏移
end	指定结束的字节偏移

使用 createReadStream() 方法的效果如图 5.9 所示。

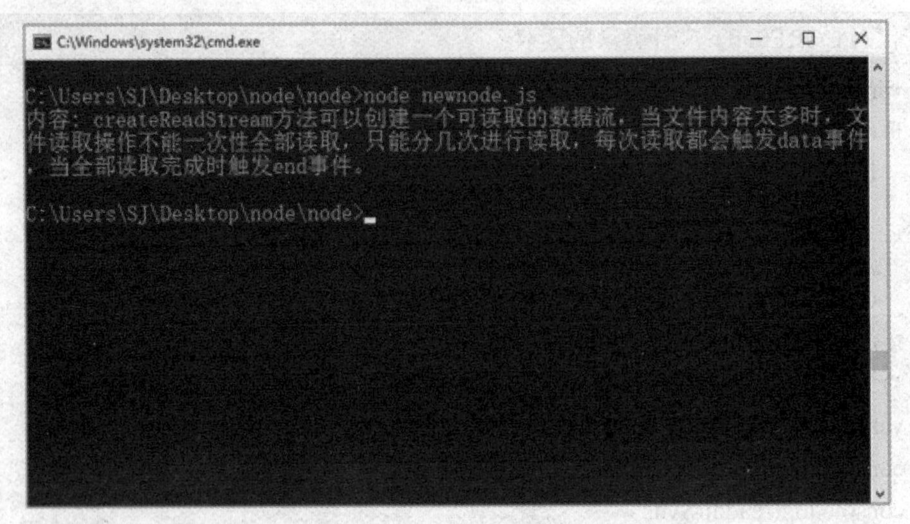

图 5.9 createReadStream() 方法

为了实现图 5.9 效果，代码如 CORE0508 所示。

代码 CORE0508：创建可读取的数据流

```
var fs = require('fs');
function readinformation(input) {
    var information = "";
    input.on('data', function(data) {
        information += data;
    });
// 处理流事件
    input.on('end', function() {
        if (information.length > 0) {
            console.log(' 内容 : ' + information);
        }
    });
}
// 创建可读流
var createReadStream = fs.createReadStream('readFile.txt');
readinformation(createReadStream);
```

创建 readFile.tx 文件，内容如下。

```
createReadStream 方法可以创建一个可读取的数据流，当文件内容太多时，文件读取操作不能一次性全部读取，只能分几次进行读取，每次读取都会触发 data 事件，当全部读取完成时触发 end 事件。
```

（10）createWriteStream() 方法

createWriteStream() 方法可以创建一个可写入的数据流对象，对象的 write() 方法用于写入数据，end() 方法用于结束写入操作。使用 createWriteStream() 方法的效果如图 5.10 所示。

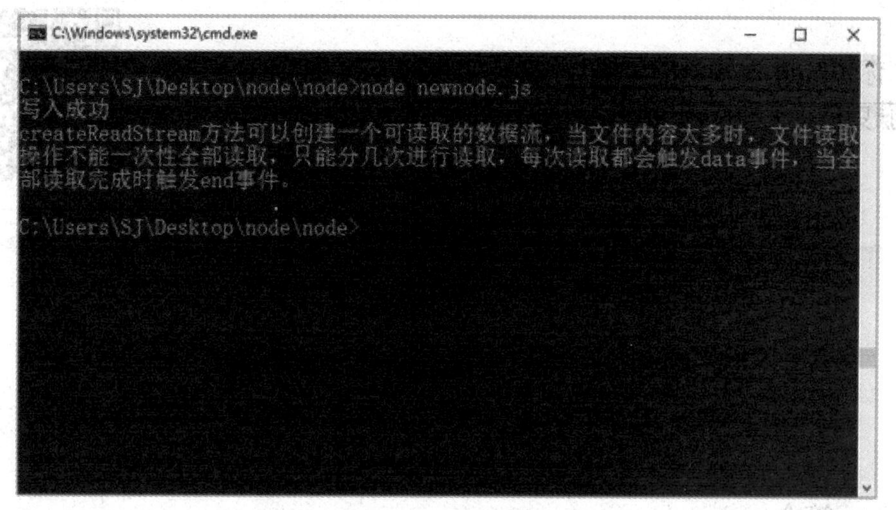

图 5.10　createWriteStream() 方法

为了实现图 5.10 效果，代码如 CORE0509 所示。

代码 CORE0509：creatwritestream() 方法

```
var fs = require('fs');
function readinformation(input) {
  var output = fs.createWriteStream('writeFile.txt');
  var information = "";
  input.on('data', function(data) {
    information += data;
    output.write(data)
  });
  input.on('end', function() {
    console.log(" 写入成功 ")
    output.end();
    console.log(fs.readFileSync('writeFile.txt').toString())
  });
}
```

你想知道 fs 模块的更多方法吗？扫描右边二维码，你将会收获更多，心动不如行动，快来扫我吧!!

技能点 2　Stream(数据流)

1　Stream 简介

Stream 是 Node.js 中非常重要的一个模块，其具备可读、可写或既可读又可写能力，通过 Stream 可以实现数据从一个地方流动到另一个地方的效果。在 Node.js 中，包含了四种基本的流类型，具体如下所示。

- Readable（可读流，例如：fs.createReadStream()）。
- Writeable（可写流，例如：fs.createWriteStream()）。
- Duplex（可读写流）。
- Transform（可被修改和变换数据的 Duplex 流）。

数据流接口最大特点就是通过事件通信，既可以读取数据，也可以写入数据。读写数据时，每读入一段数据，就会触发一次 data 事件，全部读取完毕，触发 end 事件。如果发生错误，则触发 error 事件。常用事件如表 5.9 所示。

表 5.9　Stream 对象常用事件

事件	描述
data	当有数据可读时触发
end	没有更多的数据可读时触发
error	在接收和写入过程中发生错误时触发
finish	所有数据已被写入到底层系统时触发

2　Stream 的使用

（1）可读流

可读流提供了一种将外部来源（比如文件、文字等）的数据读入到应用程序的机制。可读流的一些常见实例如下。

- 客户端的 HTTP 响应。
- 服务端的 HTTP 请求。
- fs 模块读取流。
- 子进程的 stdout（标准输出流）和 stderr（标准错误流）。
- process.stdin（标准输入流）。

示例见代码 CORE0508 创建 fs 模块读取流。

（2）可写流

可写流提供了一种将数据写入到目的设备（或内存）中的机制。可写流的一些常见实例如下。

- 客户端的 HTTP 请求。
- 服务器的 HTTP 响应。
- fs 模块写入流。
- 子进程的 stdin（标准输入流）。
- process.stdout（标准输出流）和 process.stderr（标准错误流）。

示例见代码 CORE0509 创建 fs 模块写入流。

（3）Duplex 流

使用 Duplex 流可以实现流的管道效果，效果如图 5.11 所示。

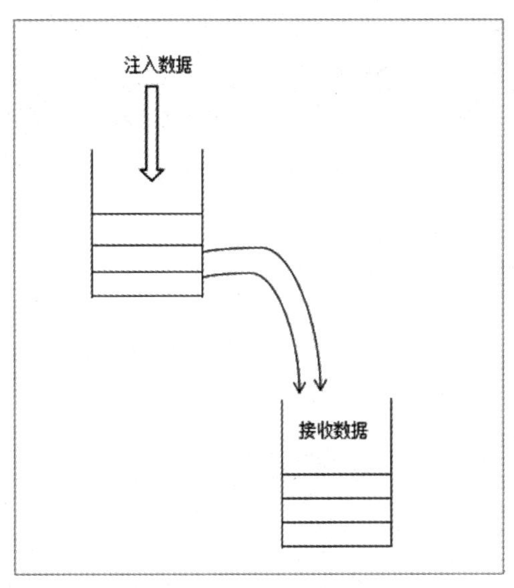

图 5.11　Duplex 流管道效果

如图 5.11 所示，上面是盛放总数据的一个桶，之后通过管道一点一点的进入下面的桶，即从总数据中通过管道的方式，读取一部分数据就接收一部分，这样一直保持数据的流动，直到数据被完全复制，这就是 Duplex 流，也可以叫做管道流。

使用 Duplex 流效果如图 5.12 所示。

图 5.12　Duplex 流

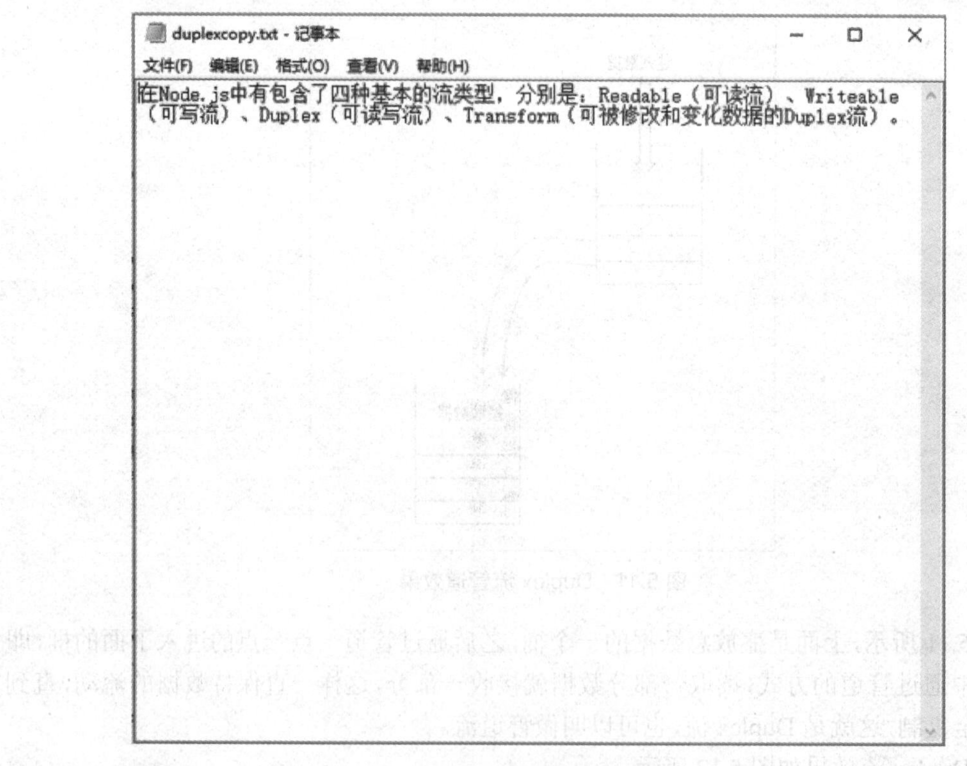

图 5.13　复制的文件

为了实现图 5.13 效果，代码如 CORE0510 所示。

代码 CORE0510：Duplex 流

```
var fs = require("fs");
// 可读流
var readerStream = fs.createReadStream('Duplex.txt');
// 可写流
var writerStream = fs.createWriteStream('duplexcopy.txt');
// 管道读写操作
// 读取 Duplex.txt 内容，并将内容写入到 duplexcopy.txt 文件
readerStream.pipe(writerStream);
console.log(" 文件复制成功 ");
```

创建 Duplex.tx 文件，内容如下：

```
在 Node.js 中有包含了四种基本的流类型，分别是：Readable（可读流）、Writeable（可写流）、Duplex（可读写流）、Transform（可被修改和变换数据的 Duplex 流）。
```

（4）Transform 流

当数据从一个文件被复制到另一个文件时，使用 Transform 流可以对流进行修改和变换，最常见的是压缩、解压缩文件。使用 Transform 流效果如图 5.14 所示。

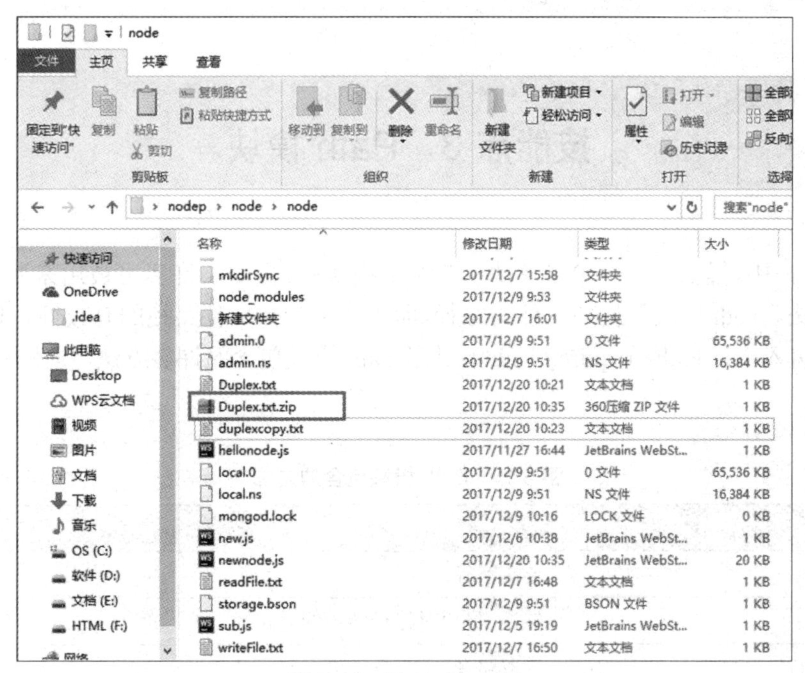

图 5.14 Transform 流

为了实现图 5.14 效果，代码如 CORE0511 所示。

代码 CORE0511：tramform 流

```
var fs = require("fs");
var zlib = require('zlib');
// 压缩 Duplex.txt
fs.createReadStream('Duplex.txt')
    .pipe(zlib.createGzip())
    .pipe(fs.createWriteStream('Duplex.txt.zip'));
// 给压缩文件命名
console.log(" 文件压缩完成。");
```

快来扫一扫！

当对数据流有所了解之后，知道了数据流的分类，是否想更详细地了解数据流分类中的可读流，扫描右边二维码，还你一个全面的可读流！

技能点 3　Path 模块

在 Node.js 中，提供了一个 Path 模块，在这个模块中，提供了许多可被用来整理、转换、合并路径的方法。Path 模块只处理文件的路径，而不会去验证文件路径的有效性。使用 Path 模块前需要先引入（var Path= require("Path")，并且 Path 模块包含的许多方法，具体方法如表 5.11 所示。

图 5.11　Path 模块包含的方法

方法	描述
join()	连接路径
resolve()	转换，将相对路径转为绝对路径
accessSync()	读取路径
relative()	返回相对路径
parse()	返回路径的信息

（1）join() 方法

join() 方法可以用于连接路径字符串，并返回一个结合而成的路径。join() 方法语法格式如下所示，其参数值为一个路径字符串。

```
path.join([path1], [path2], [...])
```

使用 join() 方法的效果如图 5.15 所示。

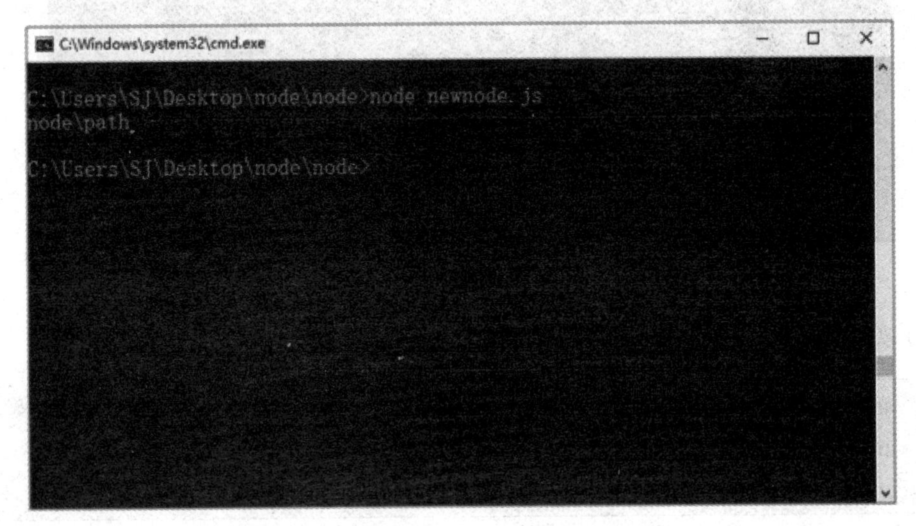

图 5.15　join() 方法

为了实现图 5.15 效果，代码如 CORE0512 所示。

代码 CORE0512：连接路径字符串

```
var path = require('path');
var url=path.join("node", "path");
console.log(url);
```

（2）resolve() 方法

resolve() 方法用于将相对路径转为绝对路径，接受多个参数，依次表示所要进入的路径，直到将最后一个参数转为绝对路径。resolve () 方法语法格式如下所示。

```
path.resolve([from ...], to)
```

其使用 resolve() 方法的参数如表 5.12 所示。

表 5.12　resolve() 方法的参数

参数	描述
from	源路径
to	将被解析到绝对路径的字符串

使用 resolve() 方法的效果如图 5.16 所示。

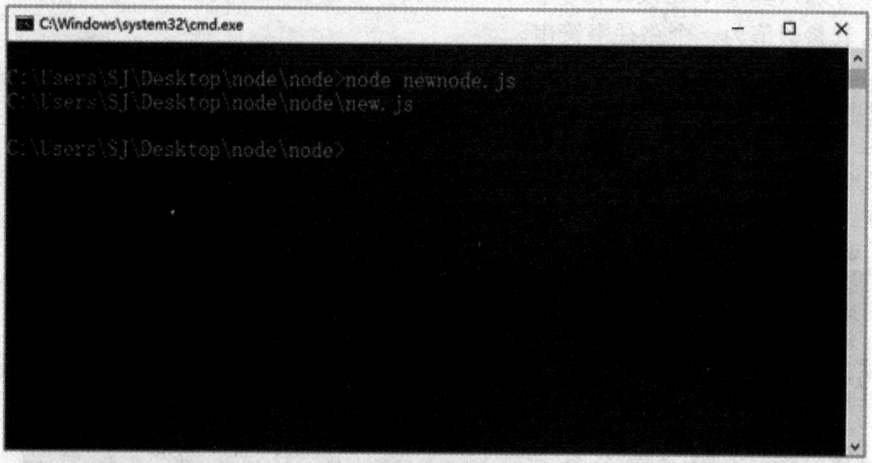

```
C:\Users\SJ\Desktop\node\node>node newnode.js
C:\Users\SJ\Desktop\node\node\new.js

C:\Users\SJ\Desktop\node\node>
```

图 5.16 resolve() 方法

为了实现图 5.16 效果，代码如下所示。

```
var path = require('path');
var url=path.resolve('new.js')
console.log(url);
```

（3）parse() 方法

parse() 方法主要用来对路径进行解析，将 URL 字符串转换成对象并返回。使用 parse() 方法的效果如图 5.17 所示。

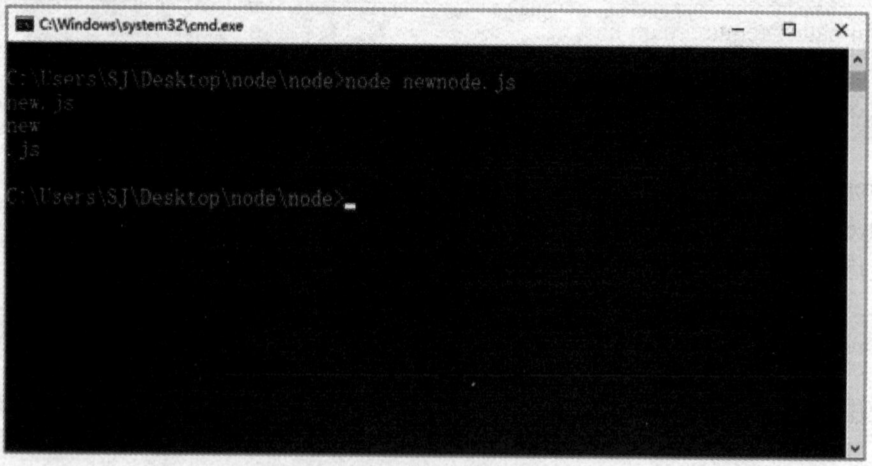

```
C:\Users\SJ\Desktop\node\node>node newnode.js
new.js
new
.js

C:\Users\SJ\Desktop\node\node>
```

图 5.17 parse() 方法

为了实现图 5.17 效果，代码如 CORE0513 所示。

代码 CORE0513：parse() 方法

```
var path = require('path');
var myFilePath = 'C://Users/SJ/Desktop/node/node/new.js';
var res=path.parse(myFilePath).base; // 文件名
console.log(res);
var res1=path.parse(myFilePath).name; // 文件名称，不含扩展名
console.log(res1);
var res2=path.parse(myFilePath).ext; // 文件扩展名
console.log(res2);
```

技能点 4　url 模块

url 模块用于对地址进行解析、处理等操作。使用 url 模块前需要先引入（var url= require("url")，并且 url 模块包含许多方法：url.parse()、url.format()、url.resolve()，作用分别是解析、生成、拼接 URL。

1　url.parse()

url.parse() 方法可以将一个 URL 的字符串解析并返回一个 URL 对象。其接收三个参数，parse () 方法语法格式如下所示。

```
url.parse(urlStr, boolean1, boolean2)
```

parse() 方法所包含的参数如表 5.13 所示。

图 5.13　parse() 方法的参数

参数	描述
urlStr	url 字符串
boolean1	默认为 false，为 true 时，可以将返回的 URL 对象转换成一个对象
boolean2	默认为 false，为 true 时，可以解析不带协议头的 http 地址，如：//xx/yy 字符串将被解释成 { host:'xx', pathname: '/yy'}

使用 url.parse() 方法的效果如图 5.18 所示。

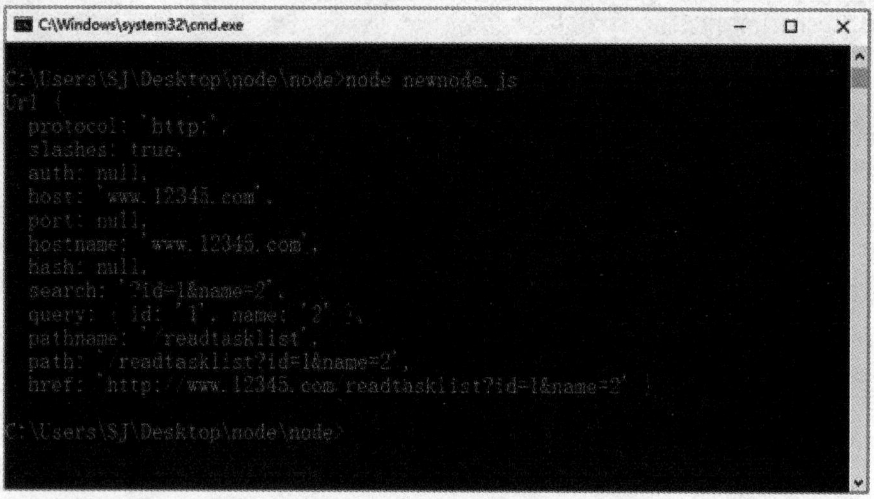

```
C:\Users\SJ\Desktop\node\node>node newnode.js
Url {
  protocol: 'http:',
  slashes: true,
  auth: null,
  host: 'www.12345.com',
  port: null,
  hostname: 'www.12345.com',
  hash: null,
  search: '?id=1&name=2',
  query: { id: '1', name: '2' },
  pathname: '/readtasklist',
  path: '/readtasklist?id=1&name=2',
  href: 'http://www.12345.com/readtasklist?id=1&name=2' }

C:\Users\SJ\Desktop\node\node>
```

图 5.18 url.parse() 方法

为了实现图 5.18 效果，代码如 CORE0514 所示。

代码 CORE0514：url.parse() 方法

```
var url=require("url");
var path="http://www.12345.com/readtasklist?id=1&name=2"
var result=url.parse(path,true,true);
console.log(result)
```

2 url.format()

url.format() 方法与 url.parse() 方法相反，可将传入的 URL 对象生成 URL 字符串并返回。其 URL 对象接收的参数如表 5.19 所示。

表 5.19 URL 对象接收的参数

参数	描述
protocolis	协议（如 http://）
hostname	主机名
port	端口
host	主机（主机名 + 端口）
pathname	路径名称
query	参数列表
hash	哈希值
href	完整路径
search	加上“？”的参数列表

使用 url.format() 方法的效果如图 5.19 所示。

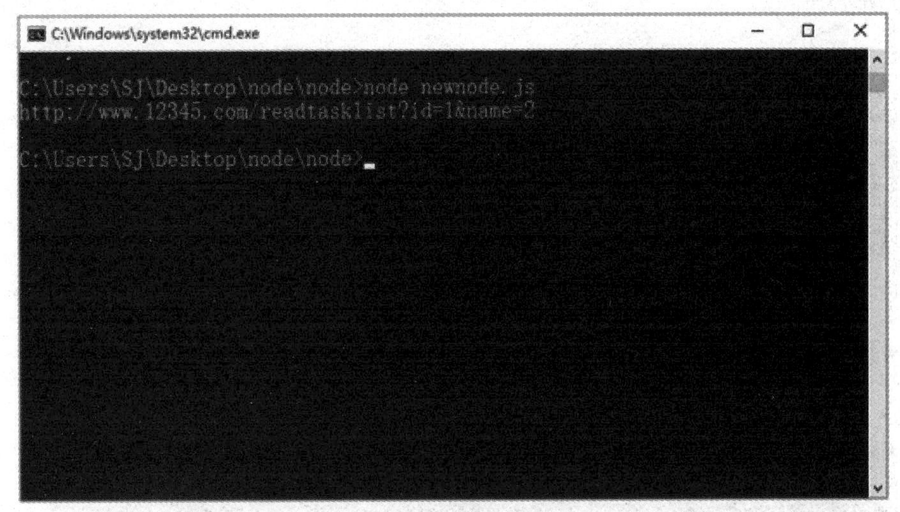

图 5.19　url.format() 方法

为了实现图 5.19 效果，代码如 CORE0515 所示。

代码 CORE0515：url.format() 方法

```
var url=require("url");
var obj= {
  protocol: 'http:',
  slashes: true,
  auth: null,
  host: 'www.12345.com',
  port: null,
  hostname: 'www.12345.com',
  hash: null,
  search: '?id=1&name=2',
  query: { id: '1', name: '2' },
  pathname: '/readtasklist',
  path: '/readtasklist?id=1&name=2',
  href: 'http://www.12345.com/readtasklist?id=1&name=2'
}
var result=url.format(obj);
console.log(result)
```

3　url.resolve()

url.resolve() 方法用于拼接 URL，将传入的 URL 拼接成新的 URL 并返回。其中

url.resolve() 方法接收两个参数，参数之间用“/”符号进行拼接。使用 url.resolve() 方法的效果如图 5.20 所示。

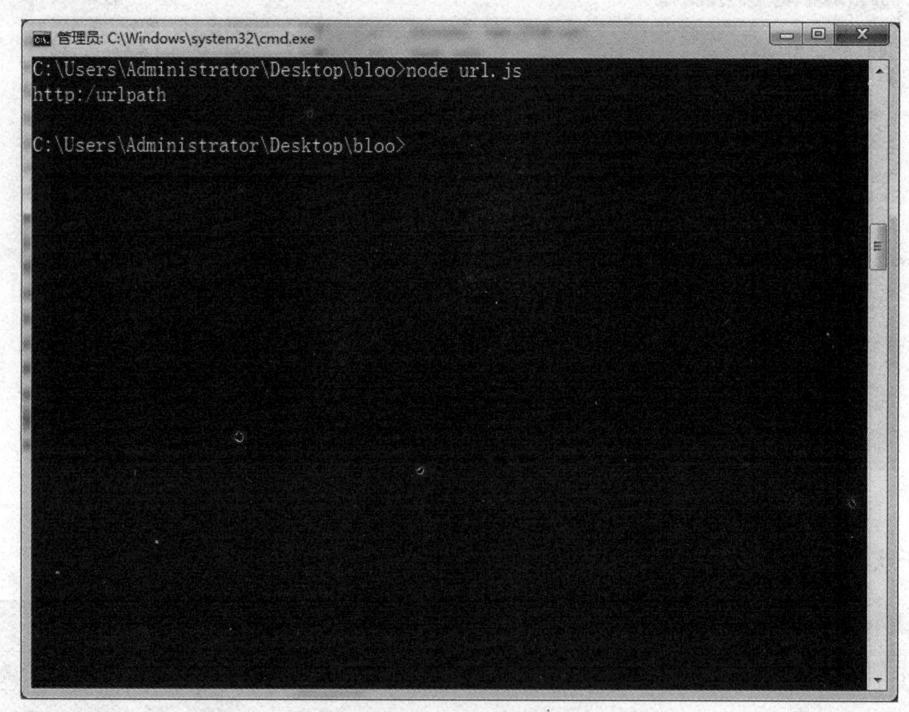

图 5.20 url.resolve() 方法

为了实现图 5.20 效果，代码如 CORE0516 所示。

代码 CORE0516：url.resolve() 方法

```
var url=require("url");
var result=url.resolve("http:/12345.com","urlpath");
console.log(result);
```

现在，TF 物业项目的页面和数据库已经全部编写完成，通过下面六个步骤的操作，实现 TF 物业服务端用户管理接口的编写及功能添加。

第一步：创建 Express 框架的 Node.js 项目并安装依赖。

第二步：在 routes 文件夹中创建 admin.js 文件。

第三步：在 app.js 中进行 admin.js 文件的配置，代码如 CORE0517 所示。

代码 CORE0517：app.js

```
var express = require('express');
var path = require('path');
var favicon = require('serve-favicon');
var logger = require('morgan');
var cookieParser = require('cookie-parser');
var bodyParser = require('body-parser');
var index = require('./routes/index');
// 引入文件，相对路径
var admin = require('./routes/admin');
var app = express();
app.set('views', path.join(__dirname, 'views'));
app.set('view engine', 'jade');
app.use(logger('dev'));
app.use(bodyParser.json());
app.use(bodyParser.urlencoded({ extended: false }));
app.use(cookieParser());
app.use(express.static(path.join(__dirname, 'public')));
app.use('/', index);
// 上面定义的名称
app.use('/', admin);
app.use(function(req, res, next) {
  var err = new Error('Not Found');
  err.status = 404;
  next(err);
});
app.use(function(err, req, res, next) {
  res.locals.message = err.message;
  res.locals.error = req.app.get('env') === 'development' ? err : {};
  res.status(err.status || 500);
  res.render('error');
});
module.exports = app;
```

第四步：在 admin.js 文件编写接口。

admin.js 文件中存放管理员功能的相关接口，包含管理员登录接口，查看管理员信息接口和管理员信息修改接口。代码如 CORE0518 所示。

代码 CORE0518：admin.js

```
var express = require('express');
var router = express.Router();
var mysql  = require('mysql');
// 管理员登录接口
router.get('/admin', function(req, res, next) {
// 创建数据库连接
var connection = mysql.createConnection({
 host     : 'localhost',
   user     : 'root',
   password : '123456',
   port: '3306',
   database: 'test'
 });
// 连接数据库
 connection.connect();
// 获取账号
 var username=req.query.username;
// 获取密码
 var password=req.query.password;
// 通过查询语句从 admin 表查询账号和密码是否存在
 var  sql = 'SELECT * FROM admin
            WHERE username='+username+' AND password='+password;
 connection.query(sql,function (err, result) {
   if(err){
    console.log('[SELECT ERROR] - ',err.message);
    return;
   }
   console.log(result);
// 判断查询的结果是否存在数据
   if(result.length!=0){
  var id=result[0].id;
    console.log(id)
// 返回数据给页面
    res.jsonp({data:true,id:id})
   } else {
    res.jsonp({data:false})
   }
```

```
    });
    connection.end();
});
// 查询管理员信息接口
router.get('/admindetail', function(req, res, next) {
  var connection = mysql.createConnection({
    host     : 'localhost',
    user     : 'root',
    password : '123456',
    port: '3306',
    database: 'test'
  });
  connection.connect();
// 获取登录后的管理员 id
  var id=req.query.id;
// 查询管理员信息
  var  sql = 'SELECT * FROM admin WHERE id='+id;
  connection.query(sql,function (err, result) {
    if(err){
      console.log('[SELECT ERROR] - ',err.message);
      return;
    }
    console.log(result);
      res.jsonp(result)
  });
  connection.end();
});
// 更改替换管理员信息
router.get('/readmindetail', function(req, res, next) {
  var connection = mysql.createConnection({
    host     : 'localhost',
    user     : 'root',
    password : '123456',
    port: '3306',
    database: 'test'
  });
  connection.connect();
// 获取管理员 id
```

```
  var id=req.query.id;
// 获取管理员姓名
  var name=req.query.name;
// 获取管理员登录密码
  var peoplenum=req.query.peoplenum;
// 获取管理员登录密码
  var password=req.query.password;
// 通过 id 从 admin 表进行查找并替换相应数据
  var modSql = 'UPDATE admin SET name = ?,password = ?,peoplenum=?
            WHERE id='+id;
  var modSqlParams = [name, password,peoplenum];
  connection.query(modSql,modSqlParams,function (err, result) {
    if(err){
      console.log('[UPDATE ERROR] - ',err.message);
      return;
    }
    console.log(result.affectedRows);
    if(result.affectedRows==1){
      res.jsonp({data:true})
    }else {
      res.jsonp({data:false})
    }
  });
  connection.end();
});
module.exports = router;
```

第五步：进行后台管理界面登录功能的添加。

登录功能的实现需要获取登录时输入的账号和密码，通过 jQuery 封装好的 AJAX 进行账号和密码的提交，接口判断并返回数据，代码如 CORE0519 所示，效果如图 5.21 所示。

代码 CORE0519：login.js

```
var btn=document.querySelectorAll(“.btn”)[0];
btn.onclick=function(){
  var inp=document.querySelectorAll(“.input”)
  var name=inp[0].value;
  var password=inp[1].value;
  console.log(name)
```

```
    console.log(password)
    var remember=document.querySelector("#remember");
   if(remember.checked){
      localStorage.setItem("name",name);
      localStorage.setItem("password",password);
  }else {
      localStorage.setItem("name"," ");
      localStorage.setItem("password"," ");
    }
    $.ajax({
      url:'http://127.0.0.1:3000/admin',
      type:'GET',
      data:{
         username:"'"+name+"'",
         password:password
      },
      dataType:'jsonp',
      success:function(data){
         console.log(data.id);
         if(data.data==true){
            window.localStorage.setItem("id",data.id)
            window.location.href="users.html"
         }else {
            alert(" 用户名或密码错误 ")
         }
      },
      error:function(err){
         console.log(err);
      }
    })
  }
```

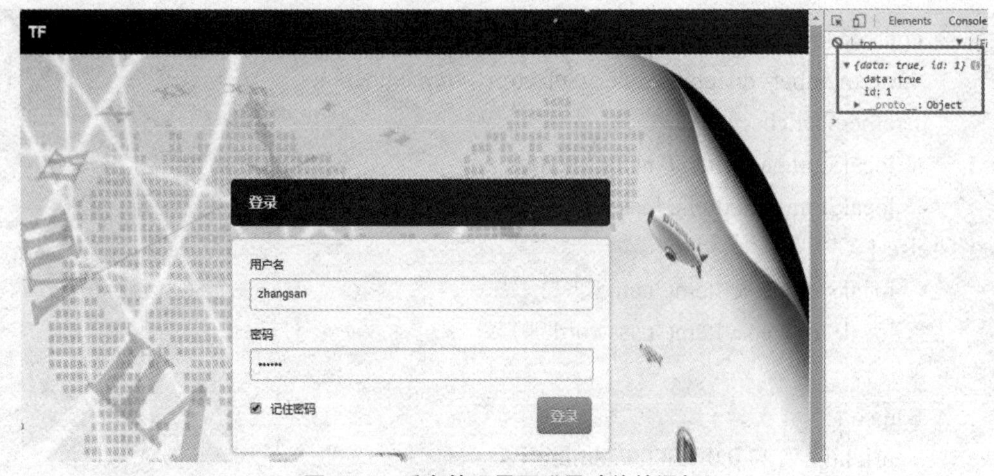

图 5.21 后台管理界面登录功能的添加

第六步：进行后台管理界面管理员头像信息的获取。

功能的实现需要将登录时返回的管理员 id 保存，在之后的界面中获取管理员 id，通过接口传入 id，接口判断并返回管理员数据，代码如 CORE0520 所示，效果如图 5.22 所示。

代码 CORE0520：name.js

```
window.onload=function(){
  var id =window.localStorage.getItem("id");// 存 = 号后面的内容
  var accountname=document.querySelectorAll(".account-name")[0];
  var accountrole=document.querySelectorAll(".account-role")[0];
  var name=document.querySelectorAll(".name")[0];
  var thumbnail=document.querySelectorAll(".thumbnail")[0];
 $.ajax({
    url:'http://127.0.0.1:3000/admindetail',
    type:'GET',
    data:{
      id:id
    },
    dataType:'jsonp',
    success:function(data){
      console.log(data);
      accountname.innerHTML=data[0].name;
      accountrole.innerHTML=data[0].position;
      name.innerHTML=data[0].name;
      thumbnail.src=data[0].url;
    },
    error:function(err){
```

```
            console.log(err);
        }
    })
}
```

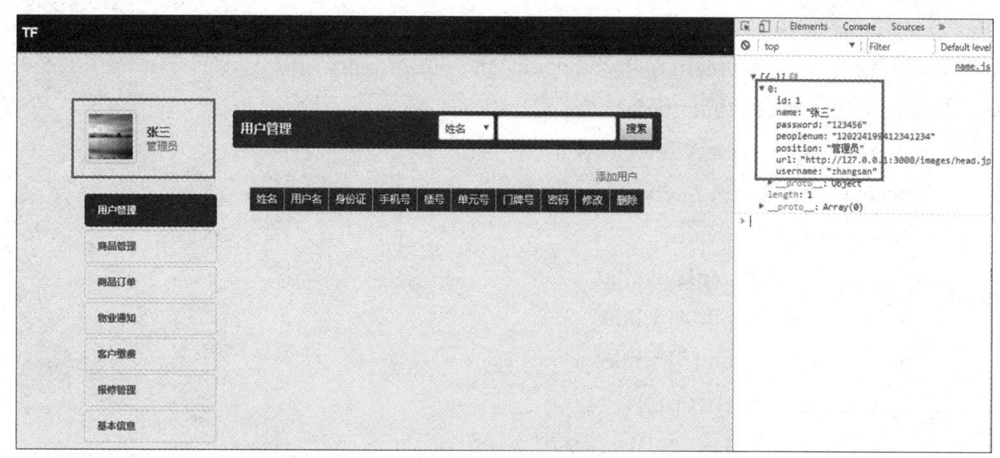

图 5.22　后台管理界面管理员头像信息的获取

第七步：进行后台管理基本信息界面数据的获取及保存。

功能的实现需要将登录时返回的管理员 id 保存，在基本信息界面中获取管理员 id，通过接口传入 id，接口判断并返回管理员数据，之后想要更改管理员信息，需获取更改后的信息并通过更改接口进行提交保存。代码如 CORE0521 所示，效果如图 5.23 所示。

代码 CORE0521：mine.js

```
var id =window.localStorage.getItem("id");
$.ajax({
  url:'http://127.0.0.1:3000/admindetail',
  type:'GET',
  data:{
    id:id
},
  dataType:'jsonp',
  success:function(data){
    console.log(data);
    var inputmedium=document.querySelectorAll(".input-medium");
    inputmedium[0].value=data[0].username;
    inputmedium[1].value=data[0].name;
    inputmedium[2].value=data[0].peoplenum;
    inputmedium[3].value=data[0].position;
```

```
        inputmedium[4].value=data[0].password;
    },
    error:function(err){
        console.log(err);
    }
})
var btnprimary=document.querySelectorAll(".btn-primary")[0];
btnprimary.onclick=function(){
    var p=document.querySelectorAll(".help-block");
    var input=document.querySelectorAll(".input-medium");
    var name=input[1].value;
    var peoplenum=input[2].value;
    var password1=input[4].value;
    var password2=input[5].value;
    if(password1!=password2){
        p[5].innerHTML=" 密码不一样 "
    } else {
        p[5].innerHTML="";
        $.ajax({
            url: 'http://127.0.0.1:3000/readmindetail',
            type: 'GET',
            data: {
                id: id,
                name:name,
                peoplenum:peoplenum,
                password:password1
            },
    dataType: 'jsonp',
            success: function (data) {
                console.log(data);
                if(data.data){
                    alert(" 修改成功 ")
                    location.reload()
                } else {
                    alert(" 修改失败,请重新提交 ")
                }
            },
            error: function (err) {
```

```
            console.log(err);
        }
    })
  }
}
```

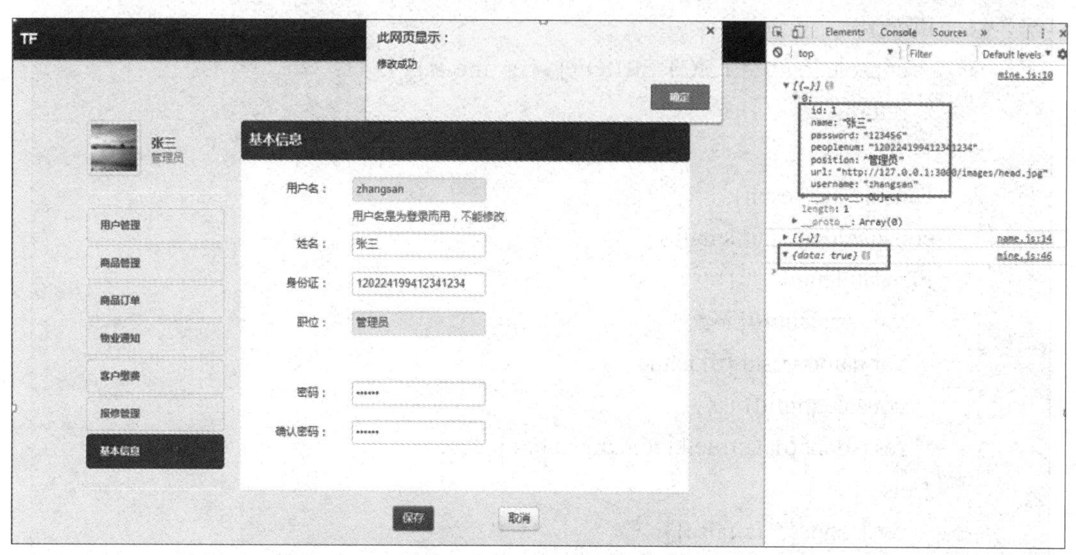

图 5.23　后台管理基本信息界面数据的获取及保存

第八步：在 routes 文件夹中创建 users.js 文件并在 app.js 中进行 users.js 文件的配置。

第九步：在 users.js 文件编写接口。

users.js 文件中存放用户功能的相关接口，包含用户登录接口、查看用户信息接口、用户信息修改接口、用户的添加和删除。代码如 CORE0522 所示。

代码 CORE0522：users.js

```
var express = require('express');
var router = express.Router();
var mysql  = require('mysql');
// 用户登录接口
router.get('/userlogin', function(req, res, next) {
  var connection = mysql.createConnection({
    host     : 'localhost',
    user     : 'root',
    password : '123456',
    port: '3306',
    database: 'test'
  });
```

```
    connection.connect();
    var username=req.query.username;
    var password=req.query.password;
    var  sql = 'SELECT * FROM user
               WHERE username='+username+' AND password='+password;
    connection.query(sql,function (err, result) {
      if(err){
        console.log('[SELECT ERROR] - ',err.message);
        return;
      }
      console.log(result);
      console.log(result.length)
      if(result.length!=0){
        var id=result[0].id;
        var name=result[0].name;
        console.log(id)
        res.jsonp({data:true,id:id,name:name})
      } else {
        res.jsonp({data:false})
      }
    });
    connection.end();
});
// 查看所有用户的接口
router.get('/users', function(req, res, next) {
    var connection = mysql.createConnection({
      host     : 'localhost',
      user     : 'root',
      password : '123456',
      port: '3306',
      database: 'test'
    });
    connection.connect();
// 不带条件的查询将查询表的多有数据
    var  sql = 'SELECT * FROM user';
    connection.query(sql,function (err, result) {
      if(err){
        console.log('[SELECT ERROR] - ',err.message);
```

```
            return;
        }
        console.log(result);
        console.log(result.length)
        res.jsonp(result)
    });
    connection.end();
});
// 修改用户信息的接口
router.get('/reviseusers', function(req, res, next) {
    var connection = mysql.createConnection({
        host     : 'localhost',
        user     : 'root',
        password : '123456',
        port: '3306',
        database: 'test'
    });
   connection.connect();
    var id=req.query.id;
    var name=req.query.name;
    var username=req.query.username;
    var peoplenum=req.query.peoplenum;
   var phone=req.query.phone;
    var password=req.query.password;
    var modSql = 'UPDATE user SET name = ?,password = ?,username=?,
                peoplenum=?,phone=?,password=? WHERE id='+id;
    var modSqlParams = [name, password,username,peoplenum,phone,password];
    connection.query(modSql,modSqlParams,function (err, result) {
        if(err){
            console.log('[UPDATE ERROR] - ',err.message);
            return;
        }
        console.log(result.affectedRows);
        if(result.affectedRows==1){
            res.jsonp({data:true})
        }else {
            res.jsonp({data:false})
        }
```

```
    });
    connection.end();
});
// 删除用户信息的接口
router.get('/deleteusers', function(req, res, next) {
    var connection = mysql.createConnection({
        host     : 'localhost',
        user     : 'root',
        password : '123456',
        port: '3306',
        database: 'test'
    });
    connection.connect();
    var id=req.query.id;
// 通过用户 id 查找数据并进行删除
    var delSql = 'DELETE FROM user where id='+id;
  connection.query(delSql,function (err, result) {
        if(err){
           console.log('[DELETE ERROR] - ',err.message);
              return;
  }
        console.log(result.affectedRows);
        if(result.affectedRows==1){
           res.jsonp({data:true})
        }else {
           res.jsonp({data:false})
        }
    });
    connection.end();
});
// 添加用户的信息
router.get('/addusers', function(req, res, next) {
    var connection = mysql.createConnection({
        host     : 'localhost',
        user     : 'root',
        password : '123456',
        port: '3306',
        database: 'test'
```

```
    });
    connection.connect();
    var name=req.query.name;
    var username=req.query.username;
    var peoplenum=req.query.peoplenum;
    var phone=req.query.phone;
    var password=req.query.password;
    var floor = req.query.floor;
    var unit = req.query.unit;
   var doorplate = req.query.doorplate;
// 需要表包含的 key
    var  addSql = 'INSERT INTO
user(Id,name,password,username,peoplenum,phone,floor,unit,doorplate)
          VALUES(0,?,?,?,?,?,?,?,?)';
// 对应想要添加的值
    var  addSqlParams =
[name,password,username,peoplenum,phone,floor,unit,doorplate];
    connection.query(addSql,addSqlParams,function (err, result) {
   if(err){
            console.log('[INSERT ERROR] - ',err.message);
            return;
        }
        console.log(result.affectedRows);
        if(result.affectedRows==1){
            res.jsonp({data:true})

        }else {
            res.jsonp({data:false})
        }
    });
    connection.end();
});
// 通过条件查询某个用户
router.get('/checkusers', function(req, res, next) {
    var connection = mysql.createConnection({
        host     : 'localhost',
        user     : 'root',
        password : '123456',
```

```
        port: '3306',
        database: 'test'
    });
    connection.connect();
    var name=req.query.name;
    var username=req.query.username;
    var peoplenum=req.query.peoplenum;
    var phone=req.query.phone;
    var floor = req.query.floor;
    var unit = req.query.unit;
    var doorplate = req.query.doorplate;
    var  sql = "SELECT * FROM user WHERE name="+name+"
              OR username="+ username+" OR peoplenum="+ peoplenum+"
              OR phone="+ phone+" OR floor="+ floor+" OR unit="+ unit+"
              OR doorplate="+ doorplate;
    connection.query(sql,function (err, result) {
        if(err){
            console.log('[SELECT ERROR] - ',err.message);
        return;
        }
        console.log(result);
        res.jsonp(result)
    });
    connection.end();
});
module.exports = router;
```

第十步：进行用户管理界面功能的添加。

该界面包含功能用户信息的获取、添加、修改、删除和条件查询，通过 jQuery 封装好的 AJAX 进行接口使用并返回数据。

（1）用户信息的获取，代码如 CORE0523 所示，效果如图 5.24 所示。

代码 CORE0523：users.js

```
var id =window.localStorage.getItem("id");
// 获取所有的用户信息
$.ajax({
    url:'http://127.0.0.1:3000/users',
    type:'GET',
    data:{},
```

```
    dataType:'jsonp',
    success:function(data){
      console.log(data);
      for(var i=0;i<data.length;i++){
        var id=data[i].id;
        var name=data[i].name;
        var username=data[i].username;
        var peoplenum=data[i].peoplenum;
        var phone=data[i].phone;
        var floor=data[i].floor;
        var unit=data[i].unit;
        var doorplate=data[i].doorplate;
        var password=data[i].password;
        sss='<tr class="name"><td class="userid" style="display: none">'+id+'</td>
            <td>'+name+'</td><td>'+username+'</td><td>'+peoplenum+'</td>
            <td>'+phone+'</td><td>'+floor+'</td><td>'+unit+'</td>
            <td>'+doorplate+'</td><td>'+password+'</td>
            <td><a class="revise"> 修改 </a></td>
            <td><a class="delete"> 删除 </a></td></tr>'
            $("#table").append(sss)
        fun()
      }
    },
    error:function(err){
      console.log(err);
    }
})
```

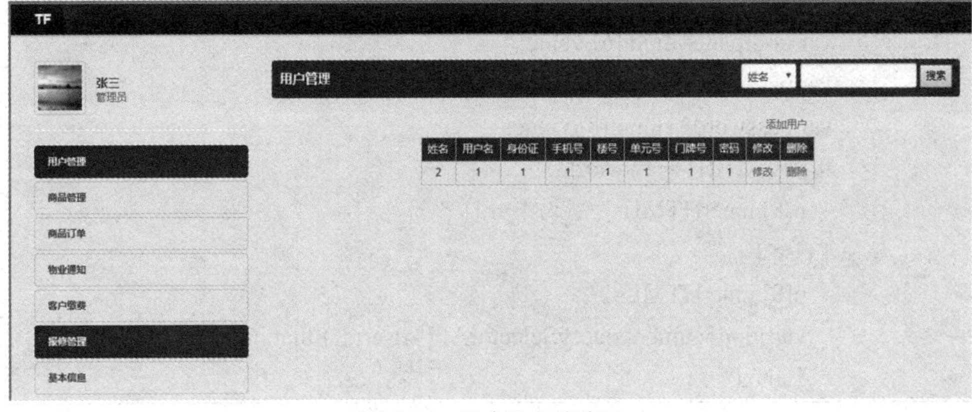

图 5.24　用户信息的获取

（2）用户信息的修改，代码如 CORE0524 所示，效果如图 5.25、5.26 所示。

代码 CORE0524：users.js

```
function fun() {
// 省略部分代码
  var revise=document.querySelectorAll(".revise");
  for (var i=0;i<revise.length;i++){
    revise[i].index=i;
    revise[i].onclick=function(){
      var that=this;
      var topdiv=document.querySelectorAll(".topdiv")[0];
      topdiv.style.display="block";
      var name=document.querySelectorAll(".name");
  var inputmedium=document.querySelectorAll(".input-medium");
      var td=$(".name td");
      for(var j=1+11*this.index;j<11*(this.index+1)-2;j++){
        console.log(td[j].innerHTML)
        inputmedium[j-(1+11*this.index)].value=td[j].innerHTML;
      }
      var btnprimary=document.querySelectorAll(".btn-primary")[0];
      btnprimary.onclick=function(){
      var p=document.querySelectorAll(".help-block");
        var input=document.querySelectorAll(".input-medium");
        var name=input[0].value;
        var username=input[1].value;
        var peoplenum=input[2].value;
        var phone=input[3].value;
        var floor=input[4].value;
        var unit=input[5].value;
        var doorplate=input[6].value;
        var password1=input[7].value;
        var password2=input[8].value;
        if(password1!=password2){
          p[8].innerHTML=" 密码不一样 "
        } else {
          p[8].innerHTML="";
          var id=document.querySelectorAll(".userid")[that.index].innerHTML;
          $.ajax({
```

```
                url:'http://127.0.0.1:3000/reviseusers',
                type:'GET',
                data:{
                  id:id,
                  name:name,
                  username:username,
                  peoplenum:peoplenum,
                  phone:phone,
                  password:password1
                },
                dataType:'jsonp',
              success:function(data){
                  console.log(data);
                  if(data.data){
                    location.reload()
                  } else {
                    alert(" 修改失败，请重新提交 ")
                  }
                },
               error:function(err){
                  console.log(err);
                }
              })
            }
          }
        }
      }
    }
```

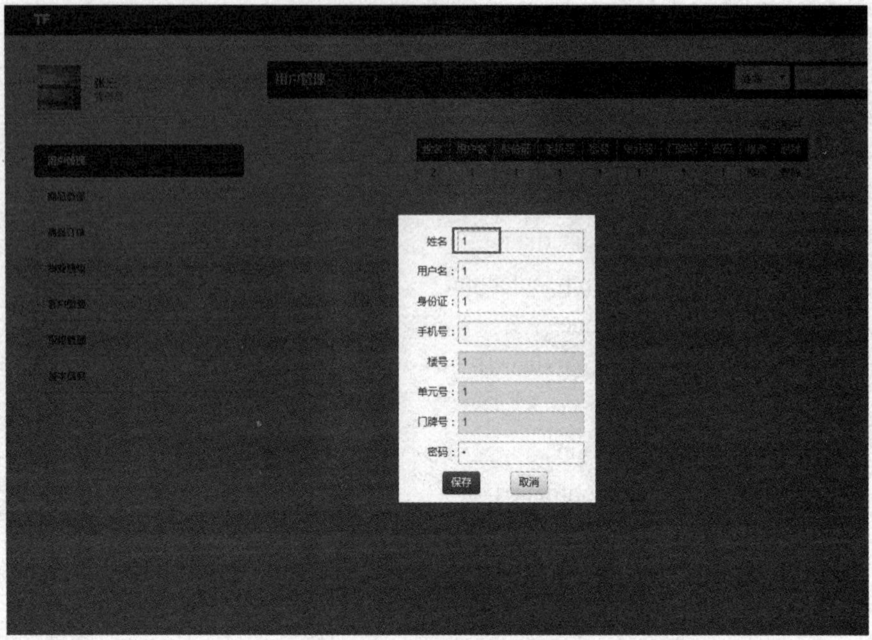

图 5.25 用户信息的修改

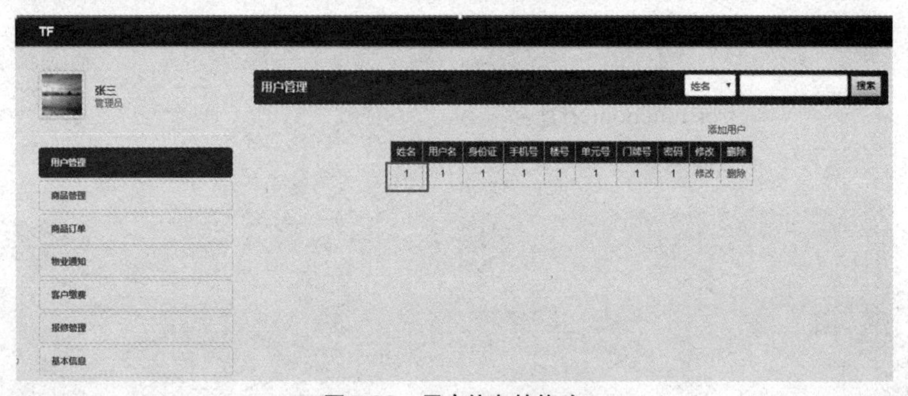

图 5.26 用户信息的修改

（3）删除用户，代码如 CORE0525 所示，效果如图 5.27 所示。

代码 CORE0525：users.js

```
function fun() {
  var delet=document.querySelectorAll(".delete");
  for (var i=0;i<delet.length;i++){
    delet[i].index=i;
// 删除按钮点击事件
    delet[i].onclick=function(){
      var name=document.querySelectorAll(".name");
      name[this.index].style.display="none";
```

代码 CORE0525：users.js

```
            var id=document.querySelectorAll(".userid")[this.index].innerHTML;
            console.log(id)
            $.ajax({
                url:'http://127.0.0.1:3000/deleteusers',
                type:'GET',
                data:{
                    id:id
                },
                dataType:'jsonp',
                success:function(data){
                    console.log(data);
                    if(data.data){
                        location.reload()
                    } else {
                        alert(" 删除失败，请重新删除 ")
                    }
                },
                error:function(err){
                    console.log(err);
                }
            })
        }
    }
}
```

图 5.27　删除用户

（4）添加用户，代码如 CORE0526 所示，效果如图 5.28、5.29 所示。

代码 CORE0526: users.js

```
function fun() {
   var addpeople=document.querySelectorAll(".addpeople")[0];
// 添加按钮点击事件
 addpeople.onclick=function(){
   // 弹出框显示
      var topdiv=document.querySelectorAll(".topdiv")[1];
      topdiv.style.display="block";
      var btnprimary = document.querySelectorAll(".btn-primary")[1];
     // 保存按钮点击事件
      btnprimary.onclick = function () {
         var p = document.querySelectorAll(".help-block");
         var input = document.querySelectorAll(".input-medium");
        // 获取输入框值
         var name = input[9].value;
         var username = input[10].value;
         var peoplenum = input[11].value;
         var phone = input[12].value;
         var floor = input[13].value;
         var unit = input[14].value;
         var doorplate = input[15].value;
         var password1 = input[16].value;
         var password2 = input[17].value;
        // 判断两个密码是否相同
        if (password1 != password2) {
            p[15].innerHTML = " 密码不一样 "
         } else {
            p[15].innerHTML = "";
            $.ajax({
               url:'http://127.0.0.1:3000/addusers',
               type:'GET',
               data:{
                  name:name,
                  username:username,
                  peoplenum:peoplenum,
                  phone:phone,
                  password:password1,
                  floor:floor,
```

```
            unit:unit,
        doorplate:doorplate
        },
        dataType:'jsonp',
            success:function(data){
              console.log(data);
              if(data.data){
                location.reload()
              } else {
                alert(" 添加失败，请重新添加 ")
              }
            },
            error:function(err){
              console.log(err);
            }
          })
        }
      }
    }
  }
fun();
```

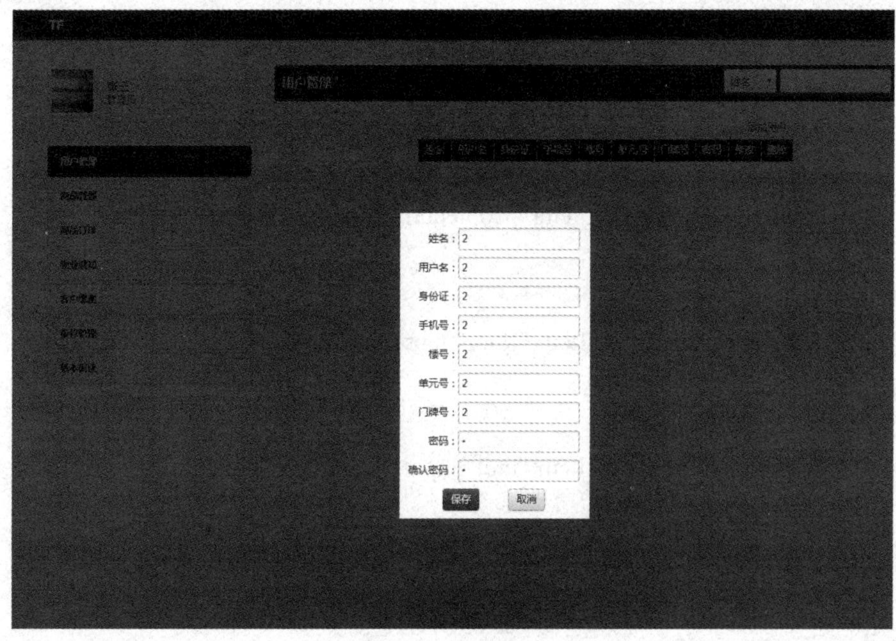

图 5.28　添加用户

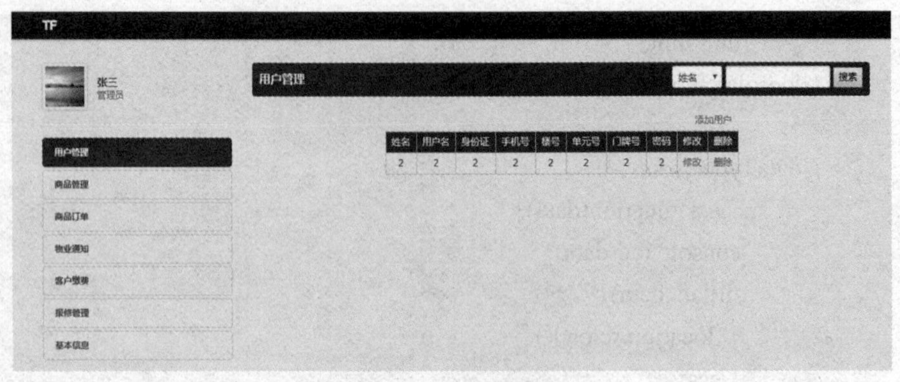

图 5.29 添加用户

（5）条件查询用户，代码如 CORE0527、CORE0528 所示，效果如图 5.30 所示。

代码 CORE0527：users.js

```
function fun() {
  var button=document.querySelector("#button");
  var input=document.querySelector("#input");
  var select=document.querySelectorAll("select")[0];
  button.onclick=function () {
   localStorage.setItem("name","");
  // 清空本地存储数据，部分代码省略
   if(select.value=="name"){
     window.localStorage.setItem("name",input.value);
   }
   if(select.value=="username"){
     window.localStorage.setItem("username",input.value);
   }
   if(select.value=="peoplenum"){
     window.localStorage.setItem("peoplenum",input.value);
   }
   if(select.value=="floor"){
     window.localStorage.setItem("floor",input.value);
   }
   if(select.value=="unit"){
     window.localStorage.setItem("unit",input.value);
   }
   if(select.value=="doorplate"){
     window.localStorage.setItem("doorplate",input.value);
   }
```

```
        if(select.value=="phone"){
            window.localStorage.setItem("phone",input.value);
        }
        window.location.href="checkusers.html"
    }
}
```

代码 CORE0528：checkusers.js

```
// 获取查询条件
var name =window.localStorage.getItem("name");
var username =window.localStorage.getItem("username");
var peoplenum =window.localStorage.getItem("peoplenum");
var phone =window.localStorage.getItem("phone");
var floor =window.localStorage.getItem("floor");
var unit =window.localStorage.getItem("unit");
var doorplate =window.localStorage.getItem("doorplate");
// 搜索框进行赋值
if(name!=""){
    document.querySelector("#input").value=name;
}
if(username!=""){
    document.querySelector("#input").value=username;
}
if(peoplenum!=""){
    document.querySelector("#input").value=peoplenum;
}
if(phone!=""){
    document.querySelector("#input").value=phone;
}
if(floor!=""){
    document.querySelector("#input").value=floor;
}
if(unit!=""){
    document.querySelector("#input").value=unit;
}
if(doorplate!=""){
    document.querySelector("#input").value=doorplate;
```

```
}
// 通过接口查询数据
$.ajax({
    url:'http://127.0.0.1:3000/checkusers',
    type:'GET',
    data:{
        name:"'"+name+"'",
        username:"'"+username+"'",
        peoplenum:"'"+peoplenum+"'",
        phone:"'"+phone+"'",
        floor:"'"+floor+"'",
        unit:"'"+unit+"'",
        doorplate:"'"+doorplate+"'"
    },
    dataType:'jsonp',
    success:function(data){
        console.log(data);
      // 循环获取数据，并进行上树
        for(var i=0;i<data.length;i++){
            var id=data[i].id;
            var name=data[i].name;
            var username=data[i].username;
            var peoplenum=data[i].peoplenum;
            var phone=data[i].phone;
            var floor=data[i].floor;
            var unit=data[i].unit;
            var doorplate=data[i].doorplate;
            var password=data[i].password;
            sss='<tr class="name">
                    <td class="userid" style="display:none">'+id+'</td>
                    <td>'+name+'</td>
                <td>'+username+'</td>
                <td>'+peoplenum+'</td>
                 <td>'+phone+'</td>
                 <td>'+floor+'</td>
                 <td>'+unit+'</td>
                 <td>'+doorplate+'</td>
                 <td>'+password+'</td>
```

```
                <td><a class="revise"> 修改 </a></td>
                <td><a class="delete"> 删除 </a></td>
            </tr>'
        $("#table").append(sss)
        fun()
      }
    }
  error:function(err){
      console.log(err);
    }
})
```

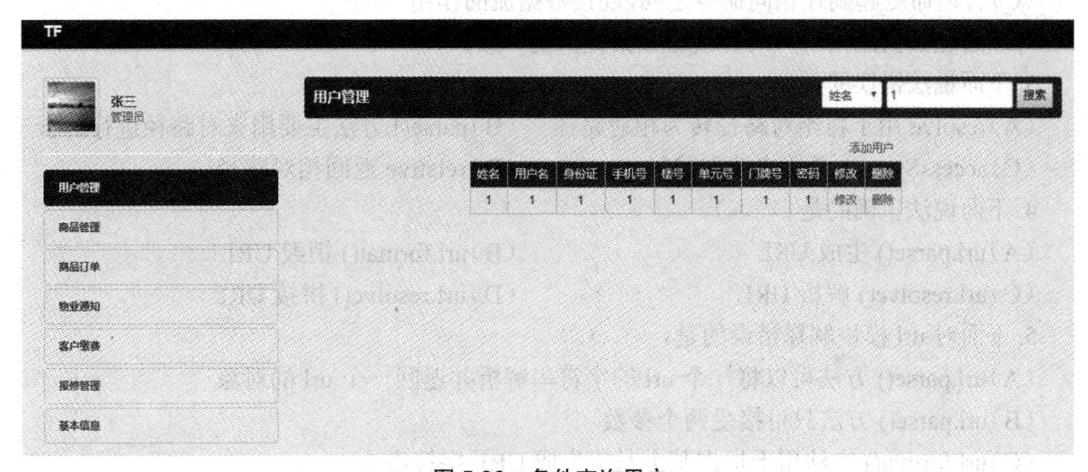

图 5.30　条件查询用户

至此，TF 物业服务端用户管理接口制作完成。

本项目通过对 TF 物业服务端用户管理接口的制作，对 fs 模块处理文件的方法具有初步了解，对 Stream 数据流的使用有所认识，掌握了 Path 模块方法的调用，熟练使用 url 模块的三种方法对 URL 进行解析、生成、拼接。

exists	存在	format	版式
socket	槽	readable	易读的
resolve	分解	drain	流干

query	询问	directory	方向

任务习题

一、选择题

1. fs 模块包含方法错误的是（　　）。

（A）readFile　（B）readFileSync　（C）writeFileSync　（D）exits

2. 下面对 Stream 说法正确的是（　　）。

（A）Stream 是处理系统缓存的一种方式

（B）在 Node 中只有一种缓存的处理方式

（C）管道命令起到在相同命令之间，连接数据流的作用

（D）通过数据流接口为同步读写数据提供统一接口

3. 下面说法错误的是（　　）。

（A）resolve 用于将绝对路径转为相对路径　（B）parse() 方法主要用来对路径进行解析

（C）accessSync 主要用来读取路径　（D）relative 返回相对路径

4. 下面说法正确的是（　　）。

（A）url.parse() 生成 URL　（B）url.format() 销毁 URL

（C）url.resolve() 解析 URL　（D）url.resolve() 拼接 URL

5. 下面对 url 模块解释错误的是（　　）。

（A）url.parse() 方法可以将一个 url 的字符串解析并返回一个 url 的对象

（B）url.parse() 方法只可接受两个参数

（C）url.format() 方法用于根据某个对象生成 URL 字符串

（D）url.resolve() 方法根据相对 URL 拼接成新的 URL

二、填空题

1. 使用 ________、________ 方法进行文件的读取。

2. 四种基本的流类型，分别是：_______、_______、_______、________。

3. ______ 方法可以用于连接两个字符串，并返回一个路径形式的值。

4. _______ 用于对 http 地址进行解析、处理等操作。

5. url 一共提供了三个方法，分别是：_______、________、________。

三、上机题

使用 fs 模块读写等方法实现以下效果。要求：

1. 创建一个 .txt 文件，一个 .js 文件。

2. 使用 writeFile() 方法写入 txt 文件，写入内容为“hello world！”，最后读取 .txt 文件。

项目六　服务端商品管理功能

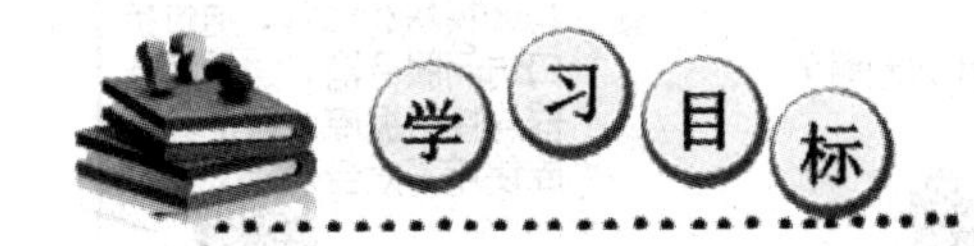

通过 TF 物业服务端商品管理功能的实现，了解 MongoDB、MySQL 数据库环境的安装，学习对数据的增、删、改、查操作，掌握使用 http 模块和 url 模块编写接口，具有通过接口访问 Node 服务器的能力，在任务实现过程中：

- 了解 MongoDB、MySQL 数据库环境的搭建。
- 学习对 MongoDB、MySQL 数据库的增、删、改、查。
- 掌握使用 http 模块实现 Node 服务器的搭建。
- 具有通过接口访问 Node 服务器进行数据获取的能力。

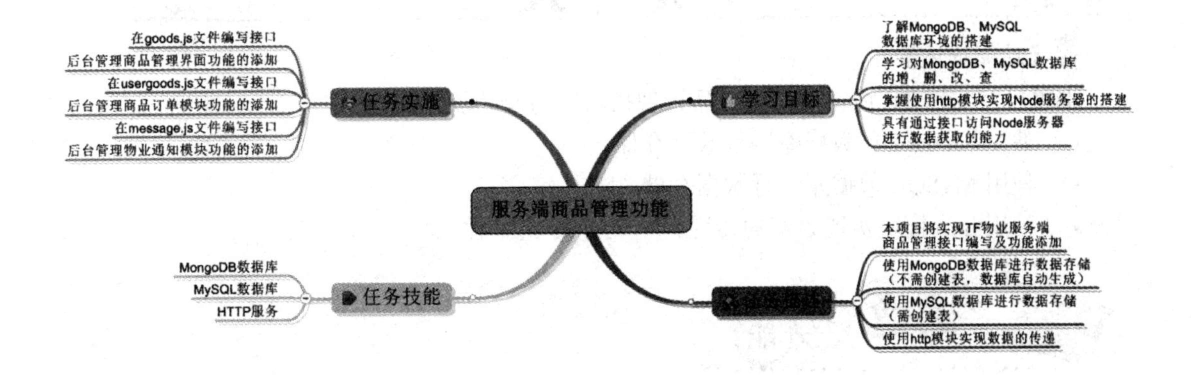

【情境导入】

【功能描述】

本项目将实现 TF 物业服务端商品管理接口编写及功能添加。

- 使用 MongoDB 数据库进行数据存储。
- 使用 MySQL 数据库进行数据存储。
- 使用 http 模块实现数据的传递。

技能点 1 MongoDB 数据库

MongoDB 是目前最流行的非关系型数据库之一，是一个高性能、开源、无模式的文档型数据库，由 C++ 撰写而成。它扩展了关系型数据库的众多有用功能，如辅助索引、范围查询和排序等。MongoDB 的一条记录叫做文档（document），它是一个包含多个字段的数据结构。在 Node.js 中，使用最多、最基本的功能就是对数据的增删改查。使用 MongoDB 数据库前需要安装环境，安装步骤如下：

第一步：创建 package.json 文件，加入 MongoDB 的依赖包。

```
{
  "dependencies": {
  "body-parser": "~1.18.2",
  "cookie-parser": "~1.4.3",
  "debug": "~2.6.9",
  "express": "~4.15.5",
  "jade": "~1.11.0",
  "mongodb" : "~2.2.33",
  "morgan": "~1.9.0",
  "serve-favicon": "~2.4.5"
  }
}
```

第二步：打开命令窗口，切换到项目路径下，输入以下命令安装依赖包。

```
npm install
```

第三步：安装 MongoDB 环境，输入以下命令进行环境安装。

```
npm install mongodb
```

第四步：在 Node.js 项目中，通过以下代码链接 MongoDB 数据库。

```
// 引入数据库
var MongoClient = require('mongodb').MongoClient;
// 数据库为 runoob
var URL = 'mongodb://localhost:27017/runoob';
// 连接数据库
MongoClient.connect(URL, function(err, db) {
console.log(" 连接成功！ ");
});
```

1　插入数据

首先需要创建一个 MongoClient 对象（提供了连接到 MongoDB 数据库的功能），然后配置好指定的 URL 和端口号。如果数据库不存在，MongoDB 将创建数据库并建立连接。如下连接数据库 runoob 的 test 表，并插入两条数据，效果如图 6.1 所示。

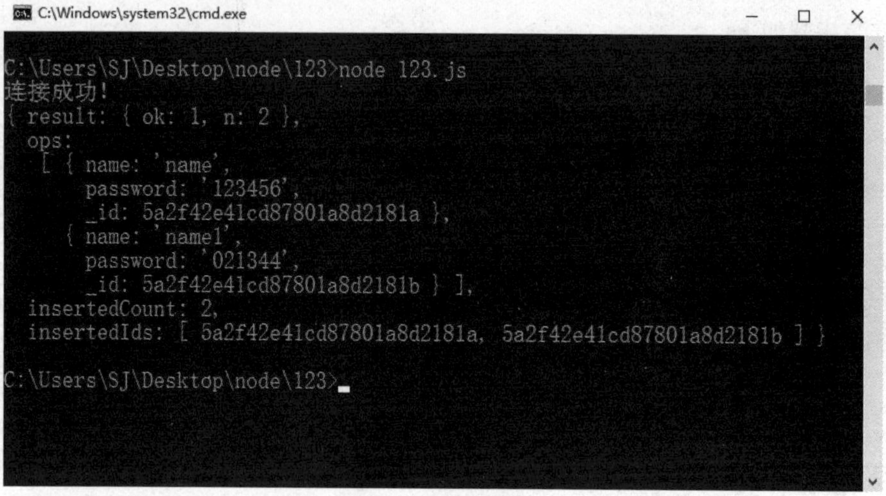

```
C:\Windows\system32\cmd.exe

C:\Users\SJ\Desktop\node\123>node 123.js
连接成功!
{ result: { ok: 1, n: 2 },
  ops:
   [ { name: 'name',
       password: '123456',
       _id: 5a2f42e41cd87801a8d2181a },
     { name: 'name1',
       password: '021344',
       _id: 5a2f42e41cd87801a8d2181b } ],
  insertedCount: 2,
  insertedIds: [ 5a2f42e41cd87801a8d2181a, 5a2f42e41cd87801a8d2181b ] }

C:\Users\SJ\Desktop\node\123>
```

图 6.1 插入数据

为了实现图 6.1 效果，代码如 CORE0601 所示。

代码 CORE0601：插入数据

```
var MongoClient = require('mongodb').MongoClient;
var DB_CONN_STR = 'mongodb://localhost:27017/runoob';
var insertData = function(db, callback) {
  // 连接到表 test
  var collection = db.collection('test');
  // 插入数据
  var data =
[{name:"name",password:"123456"},{name:"name1",password:"021344"}];
  collection.insert(data, function(err, result) {
    if(err)
{
      console.log('Error:'+ err);
      return;
    }
    callback(result);
  });
};
MongoClient.connect(DB_CONN_STR, function(err, db) {
  console.log(" 连接成功！ ");
  insertData(db, function(result) {
```

```
        // 当 result 中包含数据时，证明数据插入成功
        console.log(result);
        db.close();
    });
});
```

2　查询数据

在 test 表中根据指定条件查询数据，如检索 name 为“name”的实例，效果如图 6.2 所示。

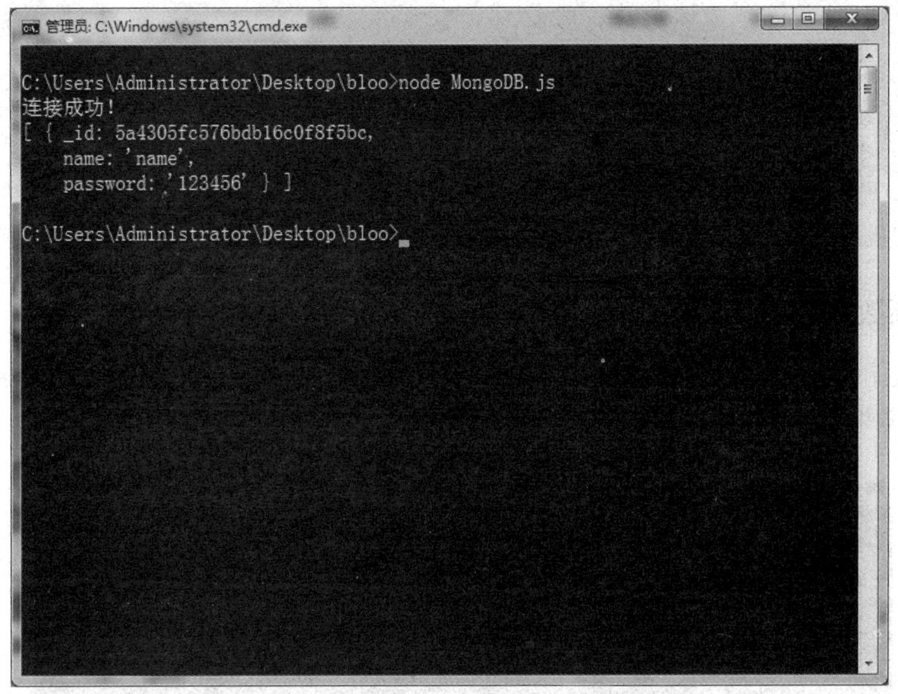

图 6.2　查询数据

为了实现图 6.2 效果，代码如 CORE0602 所示。

代码 CORE0602：查询数据

```
var MongoClient = require('mongodb').MongoClient;
var DB_CONN_STR = 'mongodb://localhost:27017/runoob';
var selectData = function(db, callback) {
    // 连接到表 test
    var collection = db.collection('test');
    // 查询数据
    var whereStr = {name:'name'};
    collection.find(whereStr).toArray(function(err, result) {
```

```
        if(err)
        {
            console.log('Error:'+ err);
            return;
        }
        callback(result);
    });
};
MongoClient.connect(DB_CONN_STR, function(err, db) {
    console.log(" 连接成功！ ");
    selectData(db, function(result) {
        console.log(result);
        db.close();
    });
});
```

3 更新数据

在 test 表中可以对数据库的数据进行修改及更新数据，如将 password 改为“0987654321”的实例，效果如图 6.3 所示。

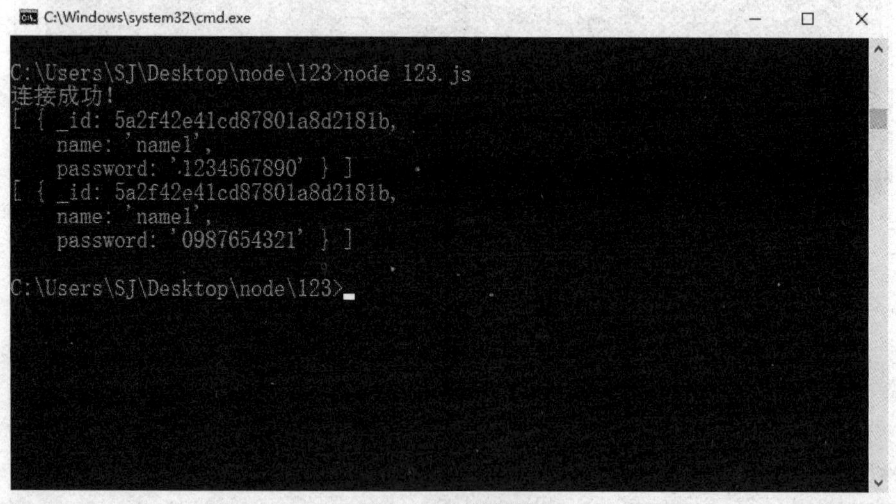

图 6.3 更新数据

为了实现图 6.3 效果，代码如 CORE0603 所示。

代码 CORE0603：更新数据

```
var MongoClient = require('mongodb').MongoClient;
var DB_CONN_STR = 'mongodb://localhost:27017/runoob';
```

```
var updateData = function(db, callback) {
  // 连接到表
  var collection = db.collection('test');
  // 更新数据
  var whereStr = {name:'name1'};
  var updateStr = {$set: { password : "0987654321" }};
  collection.update(whereStr,updateStr, function(err, result) {
    if(err)
    {
      console.log('Error:'+ err);
      return;
    }
    callback(result);
  });
};
var selectData = function(db, callback) {
  // 连接到表 test
  var collection = db.collection('test');
  // 查询数据
  var whereStr = {name:'name1'};
  collection.find(whereStr).toArray(function(err, result) {
if(err)
    {
      console.log('Error:'+ err);
      return;
    }
    callback(result);
  });
};
MongoClient.connect(DB_CONN_STR, function(err, db) {
  console.log(" 连接成功！ ");
  selectData(db, function(result) {
    console.log(result);
    updateData(db, function(result) {
      selectData(db, function(result) {
        console.log(result);
        db.close();
      });
```

```
        });
    });
});
```

4 删除数据

在 test 表中删除数据，如将 name 改为“name1”的数据删除实例，效果如图 6.4 所示。

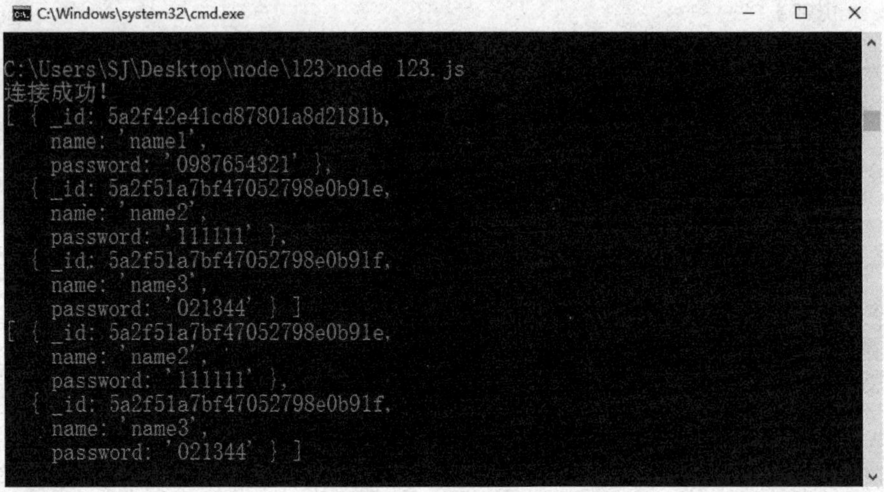

```
C:\Windows\system32\cmd.exe
C:\Users\SJ\Desktop\node\123>node 123.js
连接成功！
[ { _id: 5a2f42e41cd87801a8d2181b,
    name: 'name1',
    password: '0987654321' },
  { _id: 5a2f51a7bf47052798e0b91e,
    name: 'name2',
    password: '111111' },
  { _id: 5a2f51a7bf47052798e0b91f,
    name: 'name3',
    password: '021344' } ]
[ { _id: 5a2f51a7bf47052798e0b91e,
    name: 'name2',
    password: '111111' },
  { _id: 5a2f51a7bf47052798e0b91f,
    name: 'name3',
    password: '021344' } ]
```

图 6.4 删除数据

为了实现图 6.4 效果，代码如 CORE0604 所示。

代码 CORE0604：删除数据

```
var MongoClient = require('mongodb').MongoClient;
var DB_CONN_STR = 'mongodb://localhost:27017/runoob';
var delData = function(db, callback) {
    // 连接到表
    var collection = db.collection('test');
    // 删除数据
    var whereStr = {name:'name1'};
    collection.remove(whereStr, function(err, result) {
        if(err)
        {
            console.log('Error:'+ err);
            return;
        }
        callback(result);
    });
```

```
}
var selectData = function(db, callback) {
 // 连接到表 test
   var collection = db.collection('test');
   // 查询数据
   collection.find().toArray(function(err, result) {
      if(err)
      {
         console.log('Error:'+ err);
         return;
      }
      callback(result);
   });
};
MongoClient.connect(DB_CONN_STR, function(err, db) {
   console.log(" 连接成功！ ");
   selectData(db, function(result) {
      console.log(result);
      delData(db, function(result) {
        selectData(db, function(result) {
            console.log(result);
         db.close();
        });
      });
   });
});
```

快来扫一扫！

当我们编写完 MongoDB 数据库的增删改查语句后，你是否希望有个可视化工具来查看数据库的数据。扫描右边二维码，你将有意想不到的收获!!

技能点 2 MySQL 数据库

MySQL 是最流行的关系型数据库之一，相比将所有数据放在一个大仓库内的数据库，关系型数据库是将数据保存在不同的表中，这样提高了数据库的灵活性。

MySQL 由瑞典 MySQL AB 公司开发，目前属于 Oracle 旗下产品。由于其体积小、速度快、成本低，尤其是开放源码这一特点，一般中小型网站的开发都选择 MySQL 作为数据库，是 Web 中使用最广泛的数据库。MySQL 优势如下。

- MySQL 是开源的，不需要支付额外的费用。
- MySQL 是大型的数据库。可以处理拥有上千万条记录。
- MySQL 可以允许在多个系统上，并且支持多种语言。这些编程语言包括 C、C++、Python、Java、PHP、Ruby 等。
- MySQL 对 PHP 有很好的支持，PHP 是目前最流行的 Web 开发语言。

使用 MySQL 数据库前需要安装环境，安装步骤如下：

第一步：打开命令窗口，切换到项目路径下，输入以下命令安装依赖包。

```
npm install
```

第二步：安装 MySQL 环境，输入以下命令进行环境安装。

```
npm install mysql
```

第三步：在 Node.js 项目中，通过 createConnection() 方法来创建数据库，其中 createConnection() 方法包含的参数如表 6.1 所示。

表 6.1 数据库参数

参数	描述
host	可选。规定主机名或 IP 地址
dbname	可选。规定默认使用的数据库
port	可选。连接到 MySQL 的端口号
connectTimeout	连接超时（默认：不限制；单位：毫秒）

使用 MySQL 数据库代码如下所示。

```
// 引入数据库
var mysql = require('mysql');
// 数据库为 test
var connection = mysql.createConnection({
```

```
    host: 'localhost',
    user: 'root',
    password : '123456',
    database : 'test'
});
// 连接数据库
connection.connect();
// 执行查询语句返回结果
connection.query('SQL 语句 ', function (error, results, fields) {
    if (error) throw error;
    console.log(results);
});
connection.end();
```

1　插入数据

新建数据库表 test，在 test 表中插入数据，为 MySQL 数据库表插入数据通用的 INSERT INTO SQL 语法如下所示。

```
INSERT INTO table_name ( 字段 ) VALUES  ( 值 );
```

在 MySQL 数据库表插入数据效果如图 6.5 所示。

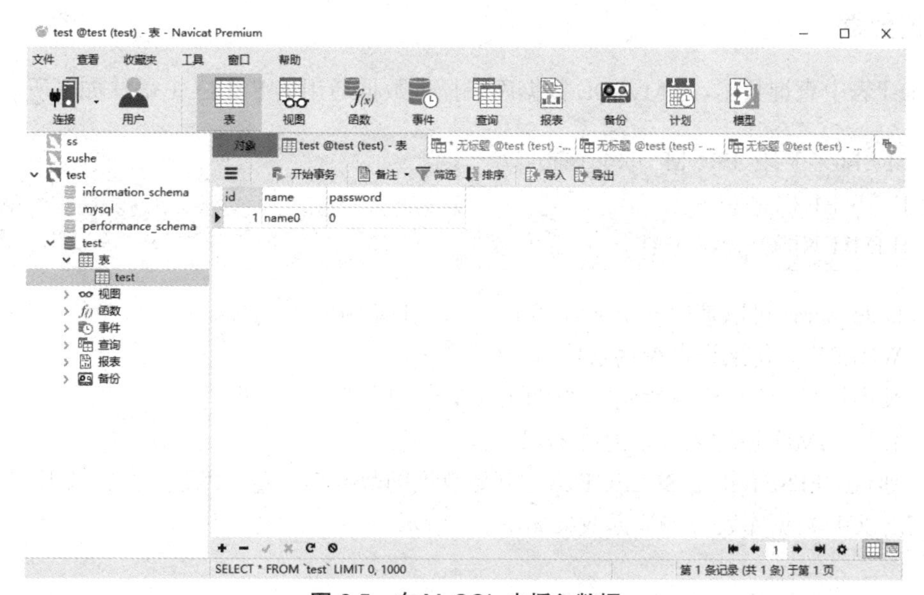

图 6.5　在 MySQL 中插入数据

为了实现图 6.5 效果，代码如 CORE0605 所示。

代码 CORE0605：插入数据

```
var mysql  = require('mysql');
var connection = mysql.createConnection({
  host: 'localhost',
  user: 'root',
  password : '123456',
  port: '3306',
  database: 'test',
});
connection.connect();
// 插入数据
var  addSql = 'INSERT INTO test(Id,name,password) VALUES(1,"name0",0)';
connection.query(addSql,function (err, result) {
   if(err){
     console.log('[INSERT ERROR] - ',err.message);
     return;
   }
   console.log(result);
});
connection.end();
```

2 查询数据

在 test 表中查询数据，为 MySQL 数据库表插入数据通用的 SELECT 语法如下所示。

```
SELECT 字段  FROM   table_name
[WHERE Clause]
[LIMIT N][ OFFSET M]
```

- table_name 可以使用一个或者多个表，表之间使用逗号分割。
- WHERE 语句来设定查询条件。
- 使用星号(*)来代替其他字段，SELECT 语句会返回表的所有字段数据。
- 使用 LIMIT 属性来设定返回的记录数。
- 通过 OFFSET 指定 SELECT 语句开始查询的数据偏移量。默认情况下偏移量为 0。

在 MySQL 数据库表查询数据效果如图 6.6 所示。

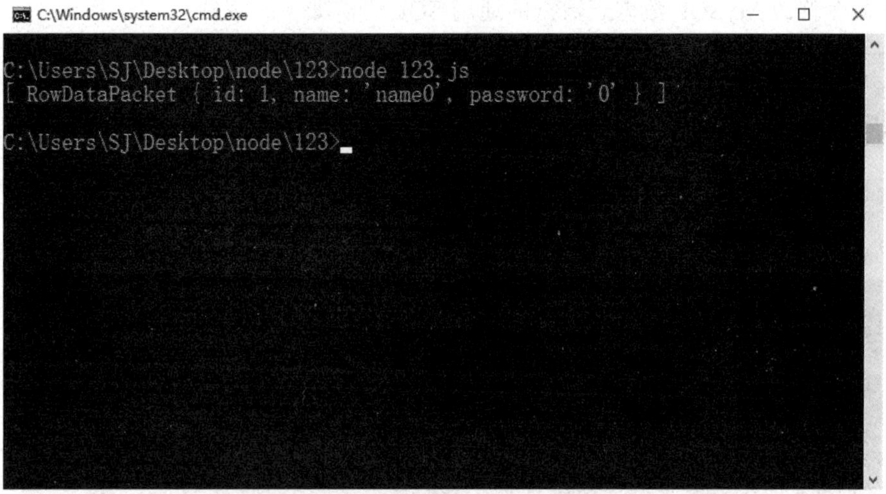

```
C:\Windows\system32\cmd.exe
C:\Users\SJ\Desktop\node\123>node 123.js
[ RowDataPacket { id: 1, name: 'name0', password: '0' } ]

C:\Users\SJ\Desktop\node\123>
```

图 6.6　在 MySQL 中查询数据

为了实现图 6.6 效果，代码如 CORE0606 所示。

代码 CORE0606：查询数据

```
var mysql  = require('mysql');
var connection = mysql.createConnection({
  host: 'localhost',
  user: 'root',
  password : '123456',
  port: '3306',
  database: 'test',
});
connection.connect();
// SQL 语句从 test 表查询
var  sql = 'SELECT * FROM test';
connection.query(sql,function (err, result) {
  if(err){
    console.log('[SELECT ERROR] - ',err.message);
    return;
  }
  console.log(result);
});
connection.end();
```

3　更新数据

如果需要修改或更新 MySQL 数据库表中的数据，可以使用 SQL UPDATE 命令，

UPDATE 命令修改 MySQL 数据表数据的通用 SQL 语法如下所示。

```
UPDATE table_name SET 字段 1= 新值 , 字段 2= 新值
[WHERE Clause]
```

更新 test 表中数据效果如图 6.7 所示。

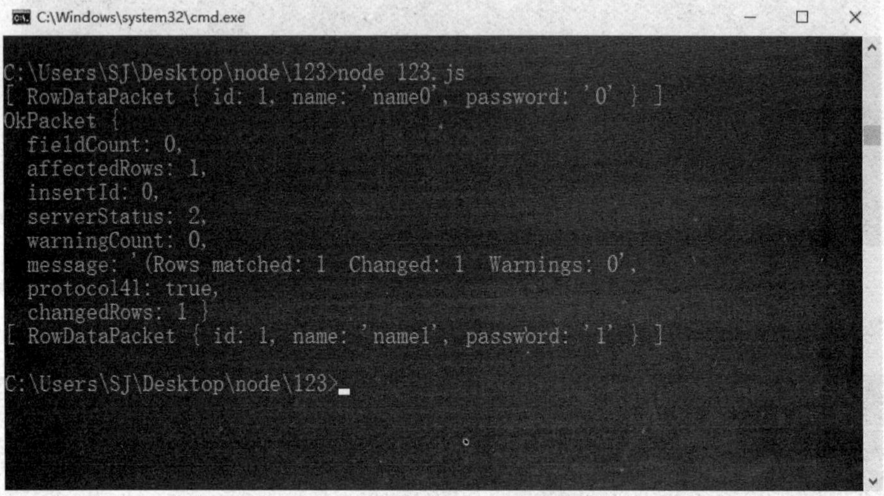

```
C:\Windows\system32\cmd.exe
C:\Users\SJ\Desktop\node\123>node 123.js
[ RowDataPacket { id: 1, name: 'name0', password: '0' } ]
OkPacket {
  fieldCount: 0,
  affectedRows: 1,
  insertId: 0,
  serverStatus: 2,
  warningCount: 0,
  message: '(Rows matched: 1  Changed: 1  Warnings: 0',
  protocol41: true,
  changedRows: 1 }
[ RowDataPacket { id: 1, name: 'name1', password: '1' } ]

C:\Users\SJ\Desktop\node\123>
```

图 6.7 在 MySQL 中更新数据

为了实现图 6.7 效果，代码如 CORE0607 所示。

代码 CORE0607：更新数据

```
var mysql  = require('mysql');
var connection = mysql.createConnection({
  host: 'localhost',
  user : 'root',
  password : '123456',
  port: '3306',
  database: 'test',
});
connection.connect();
// 更改数据
var modSql = 'UPDATE test SET name = "name1",password = 1 WHERE Id = 1';
var  sql = 'SELECT * FROM test';
connection.query(sql,function (err, result) {
  if(err){
    console.log('[SELECT ERROR] - ',err.message);
    return;
```

```
    }
    console.log(result);
});
connection.query(modSql,function (err, result) {
    if(err){
        console.log('[UPDATE ERROR] - ',err.message);
        return;
    }
    console.log(result);
});
connection.query(sql,function (err, result) {
    if(err){
        console.log('[SELECT ERROR] - ',err.message);
        return;
    }
    console.log(result);

});
connection.end();
```

4　删除数据

删除 MySQL 数据库表中的数据通用的语法如下所示。

```
DELETE FROM table_name [WHERE Clause]
```

在 test 表中删除数据效果如图 6.8 所示。

```
C:\Windows\system32\cmd.exe
  changedRows: 1 }
[ RowDataPacket { id: 1, name: 'name1', password: '1' } ]

C:\Users\SJ\Desktop\node\123>node 123.js
[ RowDataPacket { id: 1, name: 'name0', password: '0' },
  RowDataPacket { id: 2, name: 'name1', password: '1' } ]
OkPacket {
  fieldCount: 0,
  affectedRows: 1,
  insertId: 0,
  serverStatus: 2,
  warningCount: 0,
  message: '',
  protocol41: true,
  changedRows: 0 }
[ RowDataPacket { id: 2, name: 'name1', password: '1' } ]

C:\Users\SJ\Desktop\node\123>
```

图 6.8　在 MySQL 中删除数据

为了实现图 6.8 效果，代码如 CORE0608 所示。

代码 CORE0608：删除数据

```
var mysql  = require('mysql');
var connection = mysql.createConnection({
  host : 'localhost',
  user: 'root',
  password : '123456',
  port: '3306',
  database: 'test',
});
connection.connect();
// 删除数据
var delSql = 'DELETE FROM test where id=1';
var  sql = 'SELECT * FROM test';
connection.query(sql,function (err, result) {
  if(err){
    console.log('[SELECT ERROR] - ',err.message);
    return;
  }
  console.log(result);
});
connection.query(delSql,function (err, result) {
  if(err){
    console.log('[UPDATE ERROR] - ',err.message);
    return;
  }
  console.log(result);
});
connection.query(sql,function (err, result) {
  if(err){
    console.log('[SELECT ERROR] - ',err.message);
    return;
  }
  console.log(result);
});
connection.end();
```

当我们编写完 MySQL 数据库的增删改查语句后，你是否希望有个可视化工具来查看数据库的数据。扫描右边二维码，你将有意想不到的收获!!

技能点 3　HTTP 服务

在 Node.js 中，提供了一个 http 模块，其中封装了高效的 http 服务端和客户端，主要用来实现 Node 服务器的搭建，之后通过接口访问 Node 服务器进行数据的获取。使用 http 模块搭建服务器代码如下所示。

```
//引入 http 模块
var http=require("http");
//创建服务
http.createServer(function(req,res){
  res.writeHead(200, {'Content-Type': 'text/plain; charset=utf-8'});
  //在浏览器写入数据
  res.write("Node");
  res.end();
  //监听端口号 3000
}).listen(3000);
```

其中，http.createServer () 用于创建一个 HTTP 服务器，text/plain 是将文件设置为纯文本格式，浏览器在获取到这种文件时并不会对其进行处理，如果将 content-type 设置为 text/html，浏览器在获取到这种文件时会自动调用 HTML 的解析器对文件进行相应的处理。

除了以上方法创建 HTTP 服务器，也可以用 new http.Server() 构造函数的方法创建，代码如下所示。

```
var http=require("http");
var server=new http.Server();
server.on("request",function(req,res){
```

```
    res.writeHead(200, {'Content-Type': 'text/plain; charset=utf-8'});
    res.write("Node");
    res.end();
});
server.listen(3000);
```

1 编写接口

在 Node.js 中编写接口主要通过 http 和 url 模块相结合来实现的，主要使用 url 模块进行路径的解析，得到 url 对象中的 pathname 属性值，然后进行接口的验证，当存在该属性值时，使用对应的方法操作数据库。使用 http 模块进行数据的输入，可以将数据返回给浏览器。使用 http 和 url 模块编写接口的效果如图 6.9 所示。

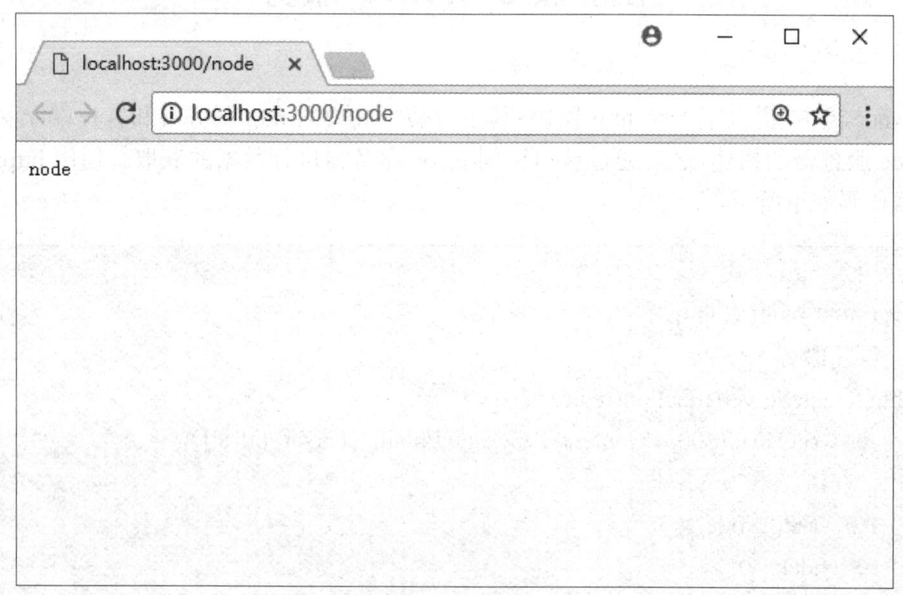

图 6.9 编写接口

为了实现图 6.9 效果，代码如 CORE0609 所示。

代码 CORE0609：编写接口

```
var url=require("url");
var http=require("http");
http.createServer(function(req,res){
    var pathname = url.parse(req.url).pathname;
    console.log(pathname)
    res.writeHead(200, {'Content-Type': 'text/plain; charset=utf-8'});
    if(pathname=="/class"){
```

```
        res.write("class");
    }
    if(pathname=="/Node"){
        res.write("node");
    }
    res.end();
}).listen(3000);
```

2 访问 MongoDB 数据库

通过接口访问服务器，使之连接到 MongoDB 数据库，通过条件进行数据的查询并把数据显示在浏览器上，效果如图 6.10 所示。

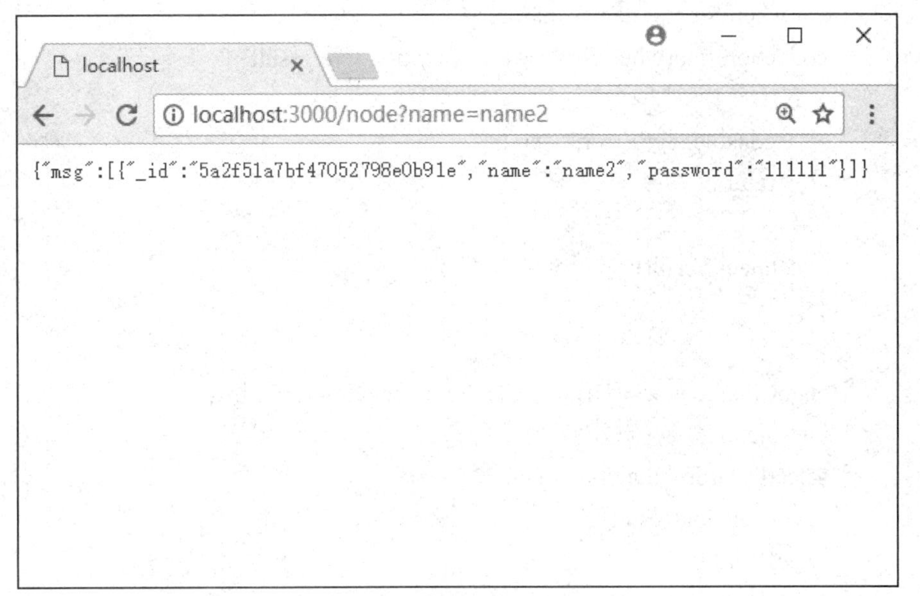

图 6.10 访问 MongoDB 数据库

为了实现图 6.10 效果，代码如 CORE0610 所示。

代码 CORE0610：访问 MongoDB 数据库

```
var url=require("url");
var http=require("http");
http.createServer(function(req,res){
    var pathname = url.parse(req.url).pathname;
    console.log(pathname)
    res.writeHead(200, {'Content-Type': 'text/plain; charset=utf-8'});
    if(pathname=="/class"){
```

```
            res.write("class");
        }
        if(pathname=="/node") {
            var MongoClient = require('mongodb').MongoClient;
            var DB_CONN_STR = 'mongodb://localhost:27017/runoob';
            var selectData = function (db, callback) {
                var collection = db.collection('test');
    // 解析地址
                var arg = url.parse(req.url, true).query;
                console.log(arg);
                var name = arg.name;
                console.log(name);
                var whereStr = {"name": name};
                collection.find(whereStr).toArray(function (err, result) {
                    if (err) {
                        console.log('Error:' + err);
                        return;
                    }
                    callback(result);
                });
            };
            MongoClient.connect(DB_CONN_STR, function (err, db) {
                console.log(" 连接成功！ ");
                selectData(db, function (result) {
                    console.log(result);
                    goBack(result)
                });
            });
            function goBack(msg) {
                var errorJSON = {
                    msg: msg
                };
                res.write(JSON.stringify(errorJSON));
                res.end();
            } }
      .listen(3000);
    }).listen(3000);
```

3 访问 MySQL 数据库

通过接口访问服务器，使之连接 MySQL 数据库，通过条件进行数据的查询并将数据显示在浏览器上，效果如图 6.11 所示。

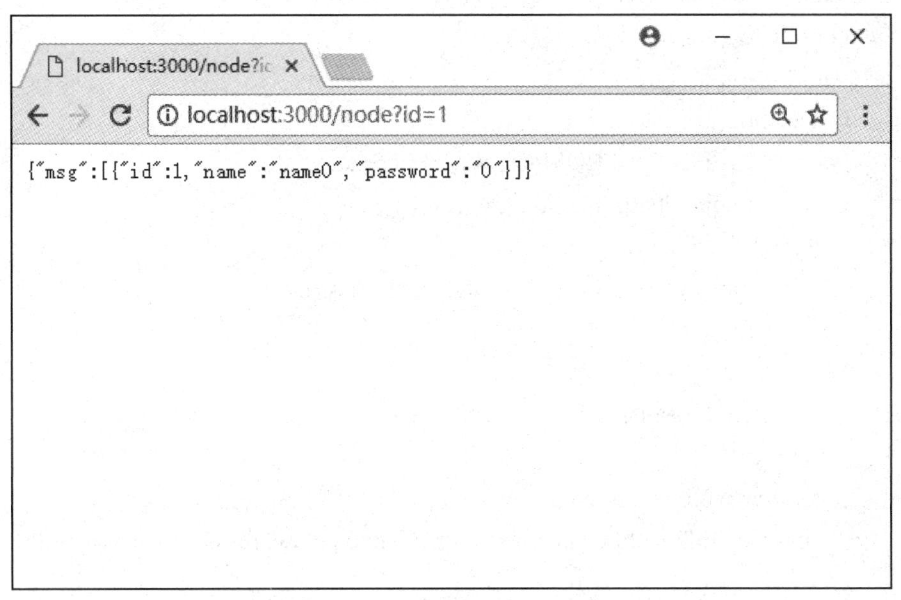

图 6.11　访问 MySQL 数据库

为了实现图 6.11 效果，代码如 CORE0611 所示。

代码 CORE0611：访问 MySQL 数据库

```
var url=require("url");
var http=require("http");
var mysql  = require('mysql');
var connection = mysql.createConnection({
  host: 'localhost',
  user: 'root',
  password : '123456',
  port: '3306',
  database: 'test',
});
connection.connect();
http.createServer(function(req,res){
  var pathname = url.parse(req.url).pathname;
  console.log(pathname)
 res.writeHead(200, {'Content-Type': 'text/plain; charset=utf-8'});
  if(pathname=="/class"){
```

```
        res.write("class");
    }
    if(pathname=="/Node") {
        var arg = url.parse(req.url, true).query;
        console.log(arg);
        var id = arg.id;
        console.log(id);
        var sql = 'SELECT * FROM test Where id='+id;
        connection.query(sql, function (err, result) {
            if (err) {
                console.log('[SELECT ERROR] - ', err.message);
                return;
            }
            console.log(result)
            var arr=[]
            for (var i=0;i<result.length;i++){
             arr.push({id:result[i].id,name:result[i].name,password:result[i].password})
            }
            goBack(arr);
        });
    }
    function goBack(msg){
        var errorJSON = {
            msg: msg
        };
        res.write(JSON.stringify(errorJSON));
        res.end();
    }
}).listen(3000);
```

通过下面六个步骤的操作，实现 TF 物业服务端商品管理接口的编写及功能添加。

第一步：在 routes 文件夹中创建 goods.js 文件并在 app.js 中进行 goods.js 文件的配置。

第二步：在 goods.js 文件编写接口。

goods.js 文件中存放商品功能的相关接口，包含商品信息查看、修改、添加、删除和图片上传接口，代码如 CORE0612 所示。

代码 CORE0612：goods.js

```
var express = require('express');
var router = express.Router();
var mysql  = require('mysql');
// 查看全部商品
router.get('/goods', function(req, res, next) {
  var connection = mysql.createConnection({
    host     : 'localhost',
    user     : 'root',
    password : '123456',
    port: '3306',
    database: 'test'
  });
  connection.connect();
  var  sql = 'SELECT * FROM goods';
  connection.query(sql,function (err, result) {
    if(err){
      console.log('[SELECT ERROR] - ',err.message);
      return;
    }
    console.log(result);
// 查看本地 ip
    function getIPAdress(){
      var interfaces = require('os').networkInterfaces();
      for(var devName in interfaces){
        var iface = interfaces[devName];
        for(var i=0;i<iface.length;i++){
          var alias = iface[i];
          if(alias.family === 'IPv4' && alias.address !== '127.0.0.1'
 && !alias.internal){
            return alias.address;
          }
        }
      }
  }
    console.log(getIPAdress())
    for(var i=0;i<result.length;i++){
      result[i].url="http://"+getIPAdress()+":3000/images/"+result[i].url
```

```
        }
        res.jsonp(result)
    });
});
// 更改商品信息
router.get('/regoods', function(req, res, next) {
    var connection = mysql.createConnection({
        host     : 'localhost',
        user     : 'root',
        password : '123456',
        port: '3306',
        database: 'test'
    });
   connection.connect();
    var id=req.query.id;
    var name=req.query.name;
    var price=req.query.price;
    var url=req.query.url;
    var modSql = 'UPDATE goods SET name = ?,price = ?,url=? WHERE id='+id;
    var modSqlParams = [name, price,url];
    connection.query(modSql,modSqlParams,function (err, result) {
        if(err){
            console.log('[UPDATE ERROR] - ',err.message);
            return;
        }
       console.log(result.affectedRows);
        if(result.affectedRows==1){
            res.jsonp({data:true})
        }else {
            res.jsonp({data:false})
        }
});
 connection.end();
});
// 删除商品
router.get('/deletegoods', function(req, res, next) {
    var connection = mysql.createConnection({
        host     : 'localhost',
```

```
        user      : 'root',
        password : '123456',
        port: '3306',
        database: 'test'
    });
    connection.connect();
    var id=req.query.id;
    var delSql = 'DELETE FROM goods where id='+id;
     connection.query(delSql,function (err, result) {
        if(err){
            console.log('[DELETE ERROR] - ',err.message);
            return;
        }
        console.log(result.affectedRows);
        if(result.affectedRows==1){
            res.jsonp({data:true})
        }else {
            res.jsonp({data:false})
        }
    });
    connection.end();
});
// 添加商品
router.get('/addgoods', function(req, res, next) {
    var connection = mysql.createConnection({
        host      : 'localhost',
        user      : 'root',
        password : '123456',
        port: '3306',
        database: 'test'
    });
    connection.connect();
    var name=req.query.name;
    var price=req.query.price;
    var  addSql = 'INSERT INTO goods(Id,name,price,number,url)
 VALUES(0,?,?,?,?)';
    var  addSqlParams = [name,price,0,"head.jpg"];
    connection.query(addSql,addSqlParams,function (err, result) {
```

```
        if(err){
          console.log('[INSERT ERROR] - ',err.message);
          return;
        }
        console.log(result.affectedRows);
        if(result.affectedRows==1){
          res.jsonp({data:true})
        }else {
          res.jsonp({data:false})
      }
      });
      connection.end();
  });
  // 条件查询商品
  router.get('/checkgoods', function(req, res, next) {
      var connection = mysql.createConnection({
        host     : 'localhost',
        user     : 'root',
        password : '123456',
        port: '3306',
        database: 'test'
      });
   connection.connect();
      var name=req.query.name;
      console.log(name)
      var  sql = 'SELECT * FROM goods WHERE name='+name;
      connection.query(sql,function (err, result) {
          if(err){
              console.log('[SELECT ERROR] - ',err.message);
            return;
          }
        console.log(result);
        function getIPAdress(){
          var interfaces = require('os').networkInterfaces();
          for(var devName in interfaces){
            var iface = interfaces[devName];
            for(var i=0;i<iface.length;i++){
              var alias = iface[i];
```

```
                if(alias.family == 'IPv4' && alias.address !== '127.0.0.1'
                    && !alias.internal){
                    return alias.address;
                }
            }
        }
    }
    console.log(getIPAdress())
    for(var i=0;i<result.length;i++){
        result[i].url="http://"+getIPAdress()+":3000/images/"+result[i].url
    }
    res.jsonp(result)
  });
});
// 上传图片
var multiparty = require('multiparty');
var util = require('util');
var fs = require('fs');
router.post('/file/uploading', function(req, res, next){
  // 生成 multiparty 对象,并配置上传目标路径
  var form = new multiparty.Form({uploadDir: './public/images/'});
  // 上传完成后处理
  form.parse(req, function(err, fields, files) {
    var filesTmp = JSON.stringify(files,null,2);
    console.log(filesTmp)
    if(err){
      console.log('parse error: ' + err);
    } else {
      console.log(JSON.parse(filesTmp).fulAvatar);
      var ssss=JSON.parse(filesTmp)
      var inputFile = ssss.fulAvatar[0];
      console.log(inputFile)
      var uploadedPath = inputFile.path;
      var dstPath = './public/images/' + inputFile.originalFilename;
      // 重命名为真实文件名
      fs.rename(uploadedPath, dstPath, function(err) {
        if(err){
          console.log('rename error: ' + err);
```

```
            } else {
              console.log('rename ok');
            }
          });
        }
      });
    });
    module.exports = router;
```

第三步：进行服务端商品管理界面功能的添加。

该界面包含功能商品信息的获取、添加、修改、删除和条件查询，通过 jQuery 封装好的 AJAX 进行接口使用并返回数据。

（1）商品信息的获取，代码如 CORE0613 所示，效果如图 6.12 所示。

代码 CORE0613：商品信息获取

```
$.ajax({
  url:'http://127.0.0.1:3000/goods',
  type:'GET',
  data:{
  },
  dataType:'jsonp',
  success:function(data){
    console.log(data);
    for(var i=0;i<data.length;i++){
    var sss='<dl><dt class="goodsid" style="display: none">'+data[i].id+'</dt>
              <dt><img src="'+data[i].url+'"></dt>
              <dd class="name">'+data[i].name+'</dd>
              <dd class="price"> ￥<span>'+data[i].price+'</span></dd>
        <dd class="number"> 已售出：'+data[i].number+'</dd>
        <dd class="handle"><span></span><a class="revise"> 修改
          </a><a class="delete"> 删除 </a>
        </dd>
      </dl>'
      $("#div").append(sss);
      fun();
    }
  },
  error:function(err){
```

代码 CORE0613：商品信息获取

```
    console.log(err);
  }
})
```

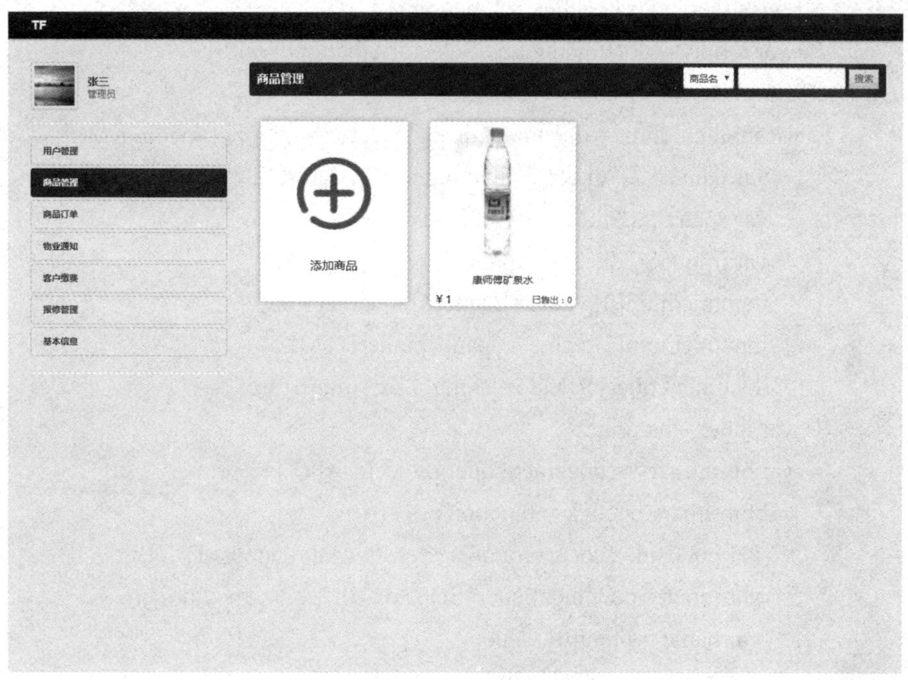

图 6.12　商品管理界面

（2）商品信息的修改，代码如 CORE0614 所示，效果如图 6.13、6.14 所示。

代码 CORE0614：商品信息修改

```
function fun() {
  var dl = document.querySelectorAll("dl");
  var handle = document.querySelectorAll(".handle");
  var revise = document.querySelectorAll(".revise");
  var delet = document.querySelectorAll(".delete");
  // 鼠标浮动事件
  function mouse(){
    var dl = document.querySelectorAll("dl");
    var handle = document.querySelectorAll(".handle");
    var revise = document.querySelectorAll(".revise");
    var delet = document.querySelectorAll(".delete");
    // 修改商品信息事件
```

```
for (var i = 0; i < dl.length; i++) {
  dl[i].index = i;
  dl[i].onmouseover = function () {
    handle[this.index].style.display = "block";
    var that = this
   revise[this.index].onclick = function () {
    var topdiv = document.querySelectorAll(".topdiv")[0];
     topdiv.style.display = "block";
   var inputmedium = document.querySelectorAll(".input-medium");
      var name = $("dl:eq(" + that.index + ") .name");
      var span = $("dl:eq(" + that.index + ") .price span");
      var img = $("dl:eq(" + that.index + ") img");
      inputmedium[0].value = name[0].innerHTML;
      inputmedium[1].value = span[0].innerHTML;
      document.querySelector("#img").src=img[0].src;
    var index=that.index;
    var btnprimary = document.querySelectorAll(".btn-primary")[0];
      btnprimary.onclick = function () {
       var goodsid = document.querySelectorAll(".goodsid");
       var input = document.querySelectorAll(".input-medium");
       var name = input[0].value;
       var price = input[1].value;
       var r= new FileReader();
       f=document.querySelector("#file").files[0];
      console.log(document.querySelector("#file").files[0].name)
       var imgurl=document.querySelector("#file").files[0].name
         var url=imgurl;
         var id=goodsid[index].innerHTML;
         $.ajax({
           url:'http://127.0.0.1:3000/regoods',
           type:'GET',
           data:{
             id:id,
             name:name,
             price:price,
             url:url
           },
           dataType:'jsonp',
```

```
                    success:function(data){
                        console.log(data);
                        if(data.data){
                            location.reload();
                        }else {
                          alert(" 修改失败 ")
                        }
                    },
                    error:function(err){
                        console.log(err);
                    }
                })
            }
        }
    }
    dl[i].onmouseout = function () {
        handle[this.index].style.display = "none";
    }
  }
}
mouse();
// 预览框显示图片
$("#file").change(function(){
   var r= new FileReader();
  f=document.querySelector("#file").files[0];
   r.readAsDataURL(f);
   r.onload=function  (e) {
      document.querySelector("#img").src=this.result;
   };
document.querySelector("#img").src=document.querySelector("#file").value;
});
}
```

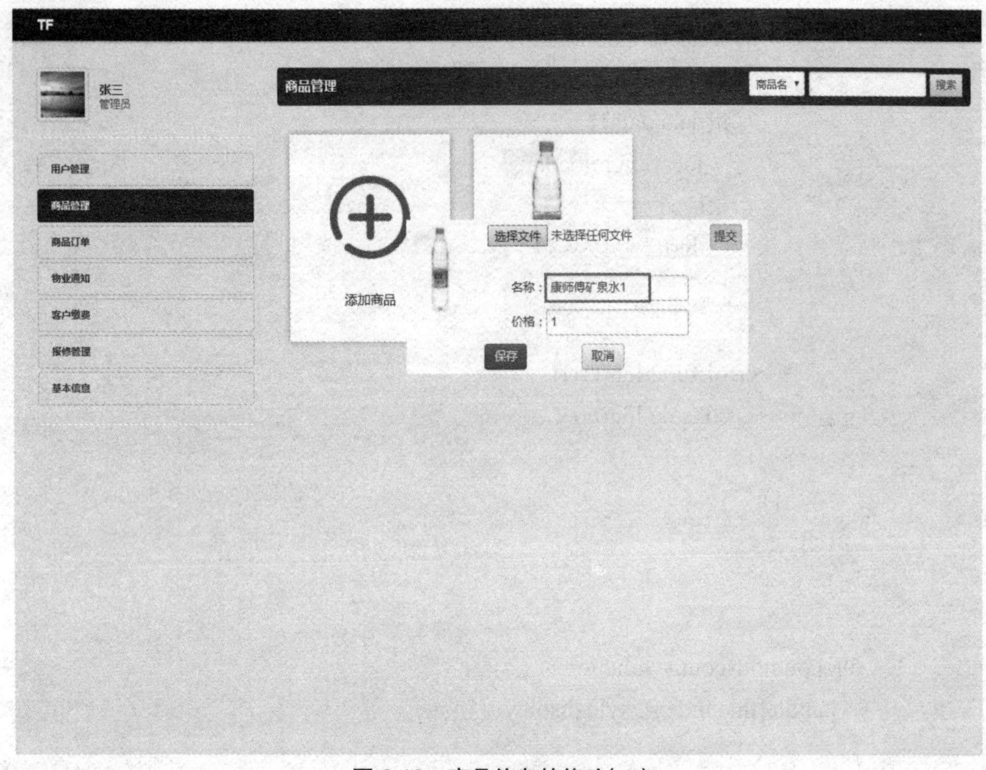

图 6.13 商品信息的修改(1)

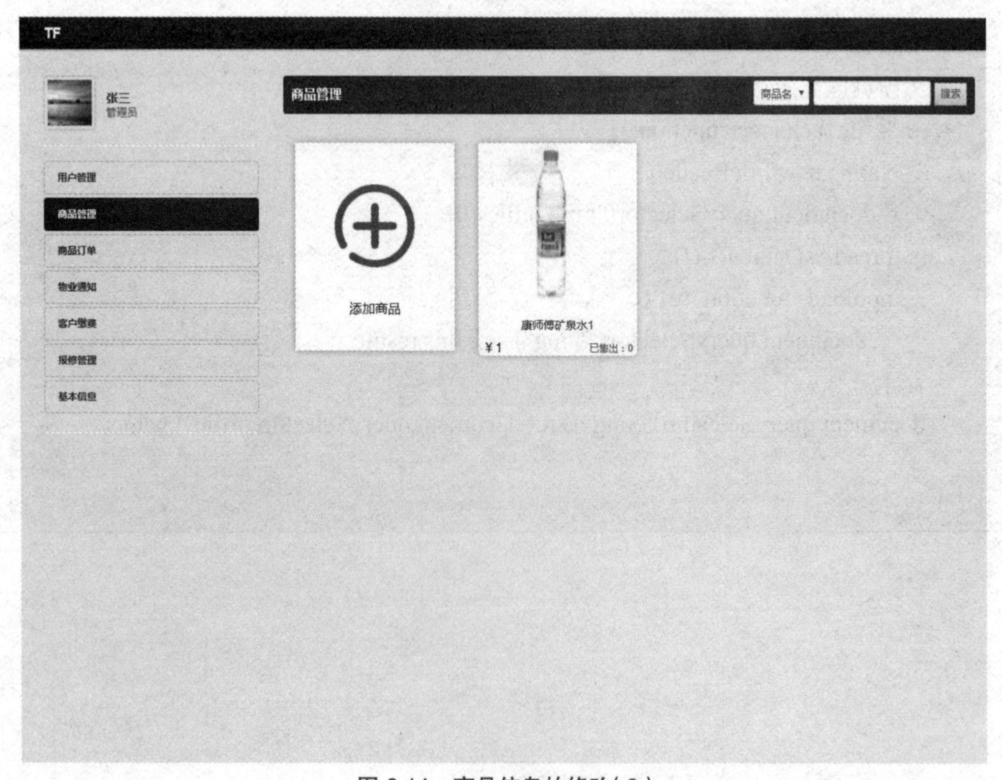

图 6.14 商品信息的修改(2)

(3)删除商品,代码如 CORE0615 所示,效果如图 6.15 所示。

代码 CORE0615:删除商品

```
function fun() {
  var dl = document.querySelectorAll("dl");
  var handle = document.querySelectorAll(".handle");
  var revise = document.querySelectorAll(".revise");
  var delet = document.querySelectorAll(".delete");
  function mouse(){
    var dl = document.querySelectorAll("dl");
    var handle = document.querySelectorAll(".handle");
    var revise = document.querySelectorAll(".revise");
    var delet = document.querySelectorAll(".delete");
// 删除商品事件
    for (var i = 0; i < dl.length; i++) {
      dl[i].index = i;
      dl[i].onmouseover = function () {
        handle[this.index].style.display = "block";
        var that = this
        delet[this.index].onclick = function () {
        // dl[that.index].style.display = "none";
          var goodsid = document.querySelectorAll(".goodsid");
          var id=goodsid[that.index].innerHTML;
          $.ajax({
            url:'http://127.0.0.1:3000/deletegoods',
            type:'GET',
            data:{
              id:id
            },
            dataType:'jsonp',
            success:function(data){
              console.log(data);
              if(data.data){
                location.reload();
              }else {
                alert(" 删除失败 ")
              }
            },
```

```
                    error:function(err){
                        console.log(err);
                    }
                })
            }
        }
        dl[i].onmouseout = function () {
            handle[this.index].style.display = "none";
        }
    }
}
mouse();
$("#file").change(function(){
    var r= new FileReader();
    f=document.querySelector("#file").files[0];
    r.readAsDataURL(f);
    r.onload=function  (e) {
        document.querySelector("#img").src=this.result;
    };
document.querySelector("#img").src=document.querySelector("#file").value;
});
}
```

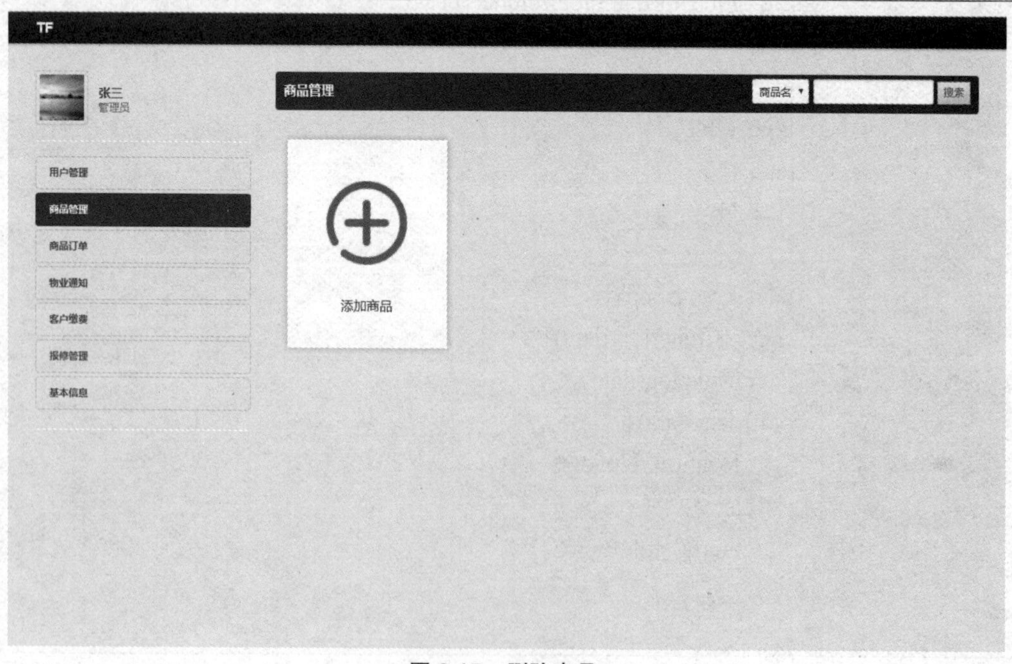

图 6.15　删除商品

（4）添加商品，添加时只需要添加商品名称、价格即可，商品图片可以通过修改信息进行更改。代码如 CORE0616 所示，效果如图 6.16、6.17 所示。

代码 CORE0616：添加商品

```
function fun() {
  var btnprimary = document.querySelectorAll(".btn-primary")[1];
  btnprimary.onclick = function () {
    var input = document.querySelectorAll(".input-medium");
    var name=input[2].value;
    var price=input[3].value;
    $.ajax({
      url:'http://127.0.0.1:3000/addgoods',
      type:'GET',
      data:{
        name:name,
        price:price
      },
      dataType:'jsonp',
      success:function(data){
        console.log(data);
        if(data.data){
          location.reload();
        }else {
          alert(" 修改失败 ")
        }
      },
      error:function(err){
        console.log(err);
      }
    })
  }
}
```

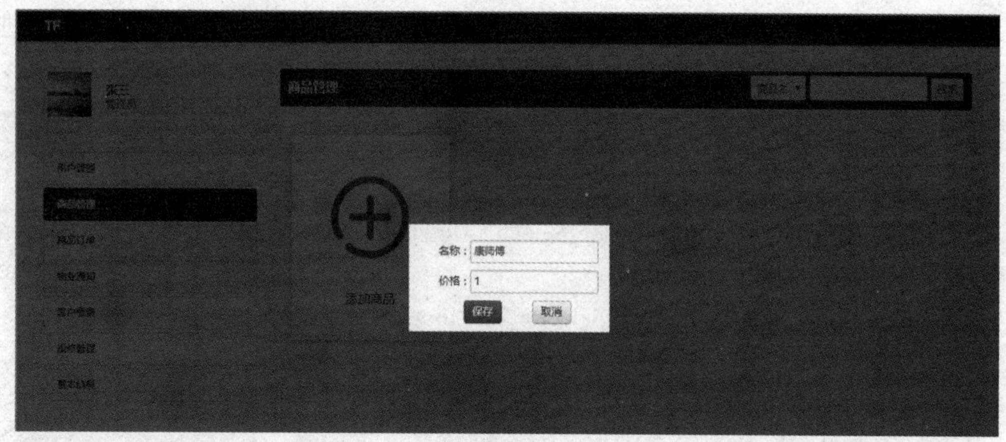

图 6.16　添加商品(1)

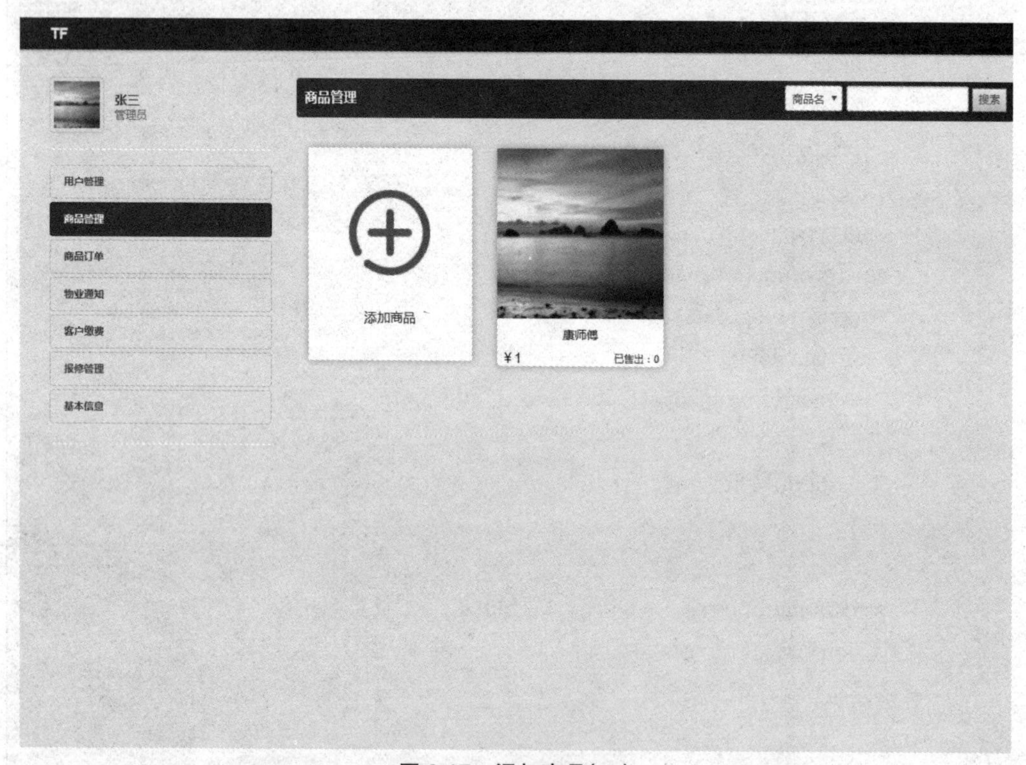

图 6.17　添加商品(2)

(5)条件查询商品,代码如 CORE0617、CORE0618 所示,效果如图 6.18 所示。

代码 CORE0617: goods.js

```
function fun() {
    var find=document.querySelector("#find");
    var name=document.querySelector("#name");
    find.onclick=function () {
```

```
        var goodsname=name.value;
        alert(goodsname)
        window.localStorage.setItem("goodsname","");
        window.localStorage.setItem("goodsname",goodsname);
        location.href="checkgoods.html"
    }
}
```

代码 CORE0618：checkgoods.js

```
var goodsname=window.localStorage.getItem("goodsname");
var inpname=document.querySelector("#name");
inpname.value=goodsname;
$.ajax({
  url:'http://127.0.0.1:3000/checkgoods',
  type:'GET',
  data:{
    name:"'"+goodsname+"'"
  },
  dataType:'jsonp',
  success:function(data){
    console.log(data);
    for(var i=0;i<data.length;i++){
        var sss='<dl>
        <dt class="goodsid" style="display:none">'+data[i].id+'</dt>
        <dt><img src="'+data[i].url+'"></dt>
        <dd class="name">'+data[i].name+'</dd>
        <dd class="price"> ￥<span>'+data[i].price+'</span></dd>
        <dd class="number"> 已售出：'+data[i].number+'</dd>
        <dd class="handle"><span></span><a class="revise"> 修改 </a>
         <a class="delete"> 删除 </a></dd>
          </dl>'
      $("#div").append(sss);
      fun();
    }
  },
  error:function(err){
    console.log(err);
  }
```

```
})
function fun(){};
```

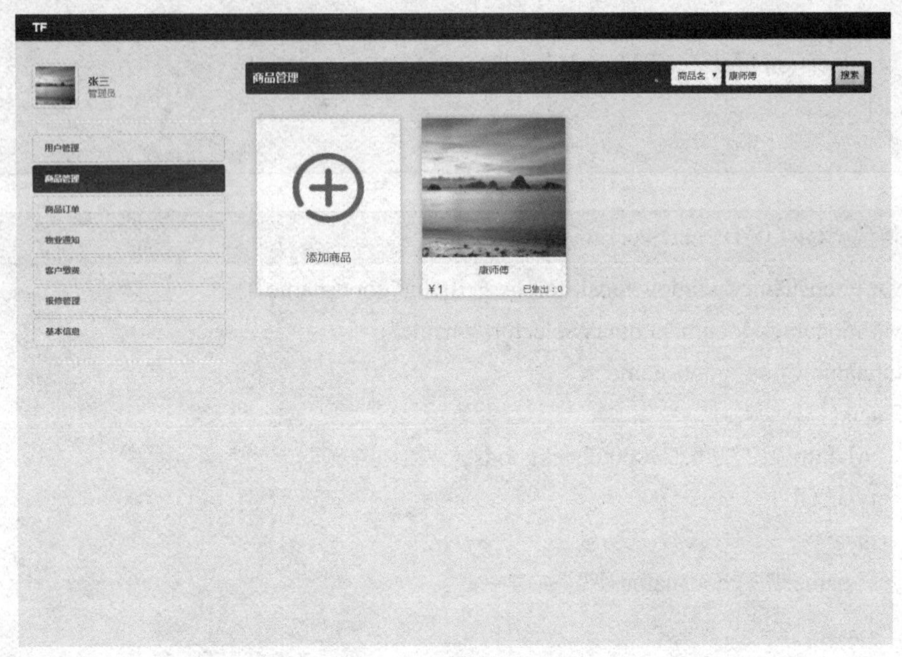

图 6.18 条件查询商品

第四步：在 routes 文件夹中创建 usergoods.js 文件并在 app.js 中进行 usergoods.js 文件的配置。

第五步：在 usergoods.js 文件编写接口。

usergoods.js 文件中存放用户购买商品的相关接口，包含用户购买商品的订单查询接口、购买商品的详情接口，用户购买商品添加接口，删除订单和用户购买商品接口，代码如 CORE0619 所示。

代码 CORE0619：usergoods.js

```
var express = require('express');
var router = express.Router();
var mysql  = require('mysql');
// 添加商品订单和用户购买商品详情接口
router.get('/usergoods', function(req, res, next) {
  var connection = mysql.createConnection({
    host     : 'localhost',
    user     : 'root',
    password : '123456',
    port: '3306',
    database: 'test'
```

```
    });
    connection.connect();
    var name=req.query.name;
  var arr1=req.query.arr;
    var delSql = 'DELETE FROM usergoods where name='+name;
    connection.query(delSql,function (err, result) {
      if(err){
        console.log('[DELETE ERROR] - ',err.message);
        return;
      }
      console.log(result.affectedRows);
      var delSql1 = 'DELETE FROM score where name='+name;
      connection.query(delSql1,function (err, result) {
        if (err) {
          console.log('[DELETE ERROR] - ', err.message);
          return;
        }
        console.log(result.affectedRows);
      })
      var  mydate=new Date();
      var  scores="cms"+mydate.getDay()+ mydate.getHours()+
          mydate.getMinutes()+mydate.getSeconds()+mydate.getMilliseconds();
      var  addSql1 = 'INSERT INTO score(Id,name,socres) VALUES(0,?,?)';
      var  addSqlParams1 = [name,scores];
      connection.query(addSql1,addSqlParams1,function (err, result) {
        if(err){
          console.log('[INSERT ERROR] - ',err.message);
          return;
        }
        console.log(result.affectedRows);
      });
      var arr=JSON.parse(arr1)
      var a=0;
      for(var i=0;i<arr.length;i++){
        var  addSql = 'INSERT INTO
          usergoods(Id,name,number,goodsid,goodsname,price) VALUES(0,?,?,?,?,?)';
        var  addSqlParams =
          [arr[i].name,arr[i].number,arr[i].goodsid,arr[i].goodsname,arr[i].price];
```

```
                connection.query(addSql,addSqlParams,function (err, result) {
                if(err){
                    console.log('[INSERT ERROR] - ',err.message);
                    return;
                }
                console.log(result.affectedRows);
                if(result.affectedRows==1){
                    a++;
                }
                if(a==arr.length){
                    res.jsonp({data:true})
                }
            });
        }
    });
    //connection.end();
});
// 查看购买详情
router.get('/checkusergoods', function(req, res, next) {
    var connection = mysql.createConnection({
        host     : 'localhost',
        user     : 'root',
        password : '123456',
        port: '3306',
        database: 'test'
    });
    connection.connect();
    var name=req.query.name;
    var  sql = 'SELECT * FROM usergoods WHERE name='+name;
    connection.query(sql,function (err, result) {
        if(err){
            console.log('[SELECT ERROR] - ',err.message);
            return;
        }
        console.log(result);
        res.jsonp(result)
    });
    connection.end();
```

```
});
// 删除订单和购买详情
router.get('/deleteusergoods', function(req, res, next) {
    var connection = mysql.createConnection({
        host     : 'localhost',
        user     : 'root',
        password : '123456',
        port: '3306',
        database: 'test'
    });
    connection.connect();
    var name=req.query.name;
    var delSql = 'DELETE FROM usergoods where name='+name;
    connection.query(delSql,function (err, result) {
        if(err){
            console.log('[DELETE ERROR] - ',err.message);
            return;
        }
        console.log(result.affectedRows);
        var delSql1 = 'DELETE FROM score where name='+name;
        connection.query(delSql1,function (err, result) {
            if (err) {
                console.log('[DELETE ERROR] - ', err.message);
                return;
            }
            console.log(result.affectedRows);
            if(result.affectedRows==1){
                res.jsonp({data:true})
            }else {
                res.jsonp({data:false})
            }
        })
    });
});
// 查看用户订单
router.get('/checkscore', function(req, res, next) {
    var connection = mysql.createConnection({
        host     : 'localhost',
```

```
        user     : 'root',
        password : '123456',
        port: '3306',
        database: 'test'
    });
    connection.connect();
    var  sql = 'SELECT * FROM score ';
    connection.query(sql,function (err, result) {
        if(err){
            console.log('[SELECT ERROR] - ',err.message);
            return;
        }
        console.log(result);
        res.jsonp(result)
    });
});
module.exports = router;
```

第六步:进行服务端商品订单模块功能的添加。

该模块包含订单信息的获取和订单详情的查看,通过 jQuery 封装好的 AJAX 进行接口使用并返回数据。

(1)订单信息的获取,代码如 CORE0620、CORE0622 所示,效果如图 6.19 所示。

代码 CORE0620: usergoods.js

```
$.ajax({
    url:'http://127.0.0.1:3000/checkscore',
    type:'GET',
    data:{},
    dataType:'jsonp',
    success:function(data){
        console.log(data);
        for(var i=0;i<data.length;i++){
            if(i<9){
                sss='<tr><td>0'+(i+1)+'</td>
                        <td class="scoreusername">'+data[i].name+'</td>
                        <td>'+data[i].socres+'</td>
                    <td><a> 进入 </a></td>
                </tr>'
            $("#tbody").append(sss);
```

```
                fun();
            }else {
                    sss='<tr><td>'+(i+1)+'</td><td class="scoreusername">'+data[i].name+'</
td><td>'+data[i].socres+'</td><td><a> 进入 </a></td></tr>'
                $("#tbody").append(sss);
                fun();
            }
        }
    },
    error:function(err){
        console.log(err);
    }
})
function fun() {}
```

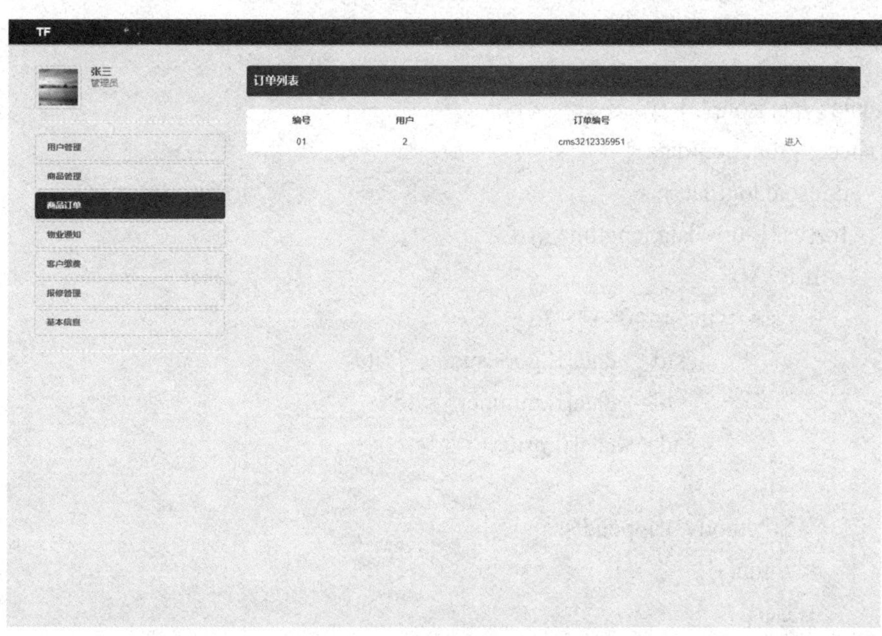

图 6.19　订单信息的获取

（2）查看订单详情，代码如 CORE0621、CORE0622 所示，效果如图 6.20 所示。

代码 CORE0621：usergoods.js

```
function fun() {
  var a=document.querySelectorAll("#tbody a");
 var scoreusername=document.querySelectorAll(".scoreusername");
  for(var i=0;i<a.length;i++){
    a[i].index=i;
```

```
        a[i].onclick=function () {
            var name=scoreusername[this.index].innerHTML;
            window.localStorage.setItem("scoreusername",name);
            location.href="usergoodsdetail.html"
        }
    }
}
```

代码 CORE0622：usergoodsdetail.js

```
var name=window.localStorage.getItem("scoreusername");
$.ajax({
    url:'http://127.0.0.1:3000/checkusergoods',
    type:'GET',
    data:{
        name:name
    },
    dataType:'jsonp',
    success:function(data){
        console.log(data);
        for(var i=0;i<data.length;i++){
            if(i<9){
                sss='<tr><td>0'+i+'</td>
                            <td>'+data[i].goodsname+'</td>
                            <td>'+data[i].number+'</td>
                            <td>'+data[i].price+'</td>
                        </tr>'
                $("#tbody").append(sss);
                // fun();
            }else {
                sss='<tr><td>'+i+'</td>
                            <td>'+data[i].goodsname+'</td>
                            <td>'+data[i].number+'</td>
                            <td>'+data[i].price+'</td>
                        </tr>'
                $("#tbody").append(sss);
            }
        }
    },
```

```
        error:function(err){
            console.log(err);
        }
    })
```

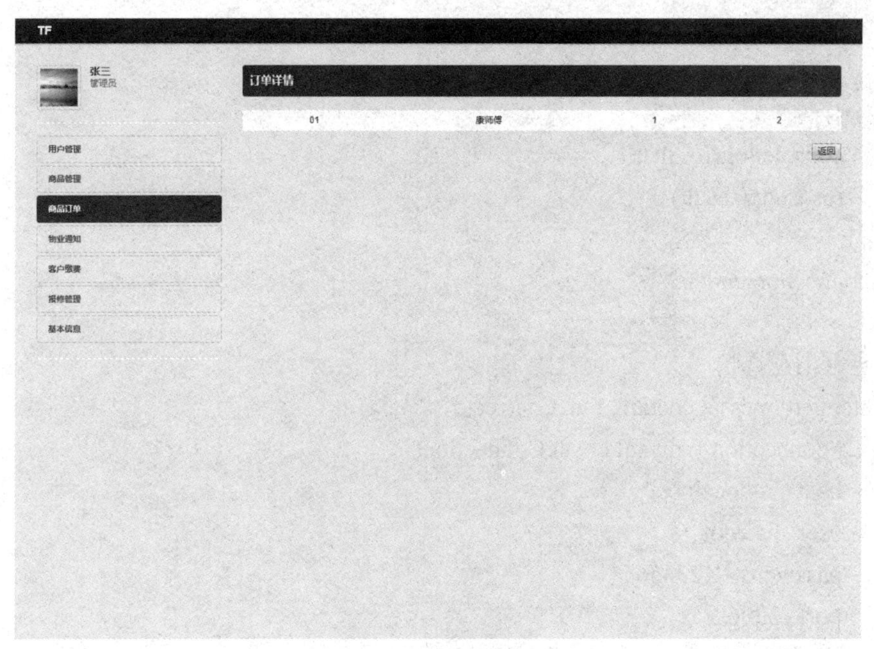

图 6.20　查看订单详情

第七步：在 routes 文件夹中创建 message.js 文件并在 app.js 中进行 message.js 文件的配置。

第八步：在 message.js 文件编写接口。

message.js 文件中存放管理员发布消息的相关接口，包含消息的查看、删除、增加和查看消息详情，代码如 CORE0623 所示。

代码 CORE0623：message.js

```
var express = require('express');
var router = express.Router();
var mysql  = require('mysql');
// 消息查看
router.get('/message', function(req, res, next) {
    var connection = mysql.createConnection({
        host     : 'localhost',
        user     : 'root',
        password : '123456',
        port: '3306',
        database: 'test'
```

```
    });
    connection.connect();
    var  sql = 'SELECT * FROM message';
    connection.query(sql,function (err, result) {
      if(err){
        console.log('[SELECT ERROR] - ',err.message);
        return;
      }
      console.log(result);
      res.jsonp(result)
    });
    connection.end();
});
// 查看消息详情
router.get('/messagedetail', function(req, res, next) {
    var connection = mysql.createConnection({
      host     : 'localhost',
      user     : 'root',
      password : '123456',
      port: '3306',
      database: 'test'
    });
    connection.connect();
    var id=req.query.id;
    var  sql = 'SELECT * FROM message WHERE id='+id;
    connection.query(sql,function (err, result) {
      if(err){
        console.log('[SELECT ERROR] - ',err.message);
        return;
      }
      console.log(result);
          res.jsonp(result)
    });
    connection.end();
});
// 添加消息
router.get('/addmessage', function(req, res, next) {
    var connection = mysql.createConnection({
```

```
        host     : 'localhost',
        user     : 'root',
        password : '123456',
        port: '3306',
        database: 'test'
    });
  connection.connect();
    var data=new Date();
    console.log(data.getFullYear(),data.getMonth(),data.getDate());
    var time=data.getFullYear()+"-"+data.getMonth()+"-"+data.getDate();
    var name=req.query.name;
    var message=req.query.message;
    var  addSql = 'INSERT INTO message(Id,name,time,message)
VALUES(0,?,?,?)';
    var  addSqlParams = [name,time,message];
    connection.query(addSql,addSqlParams,function (err, result) {
        if(err){
            console.log('[INSERT ERROR] - ',err.message);
            return;
        }
        console.log(result.affectedRows);
        if(result.affectedRows==1){
            res.jsonp({data:true})
        }else {
            res.jsonp({data:false})
        }
    });
  connection.end();
    });
// 删除消息
router.get('/deletemessage', function(req, res, next) {
    var connection = mysql.createConnection({
        host     : 'localhost',
        user     : 'root',
        password : '123456',
        port: '3306',
        database: 'test'
    });
```

```
    connection.connect();
    var id=req.query.id;
    var delSql = 'DELETE FROM message where id='+id;
    connection.query(delSql,function (err, result) {
        if(err){
            console.log('[DELETE ERROR] - ',err.message);
            return;
        }
        console.log(result.affectedRows);
        if(result.affectedRows==1){
            res.jsonp({data:true})
        }else {
            res.jsonp({data:false})
        }
    });
    connection.end();
});
module.exports = router;
```

第九步：进行服务端通知模块功能的添加。

该模块包含消息查找、增加、删除和条件查询功能，通过 jQuery 封装好的 AJAX 进行接口使用并返回数据。

（1）消息列表的获取，代码如 CORE0624 所示，效果如图 6.21 所示。

代码 CORE0624：message.js

```
$.ajax({
    url:'http://127.0.0.1:3000/message',
    type:'GET',
    data:{},
    dataType:'jsonp',
    success:function(data){
        console.log(data);
        for(var i=0;i<data.length;i++){
         if(i<9){
          sss='<tr>
                <td class="messageid" style="display:none">'+data[i].id+'</td>
                <td>0'+(i+1)+'</td>
                <td>'+data[i].name+'</td>
                <td>'+data[i].time+'</td>
```

```
                <td><a class="delete"> 删除 </a></td>
                <td><a class="read"> 查看 </a></td>
              </tr>';
            $("#tbody").append(sss);
            fun();
          }else {
            sss='<tr><td class="messageid" style="display: none">'+data[i].id+'</td>
                  <td>'+(i+1)+'</td><td>'+data[i].name+'</td>
                  <td>'+data[i].time+'</td>
                  <td><a class="delete"> 删除 </a></td>
                  <td><a class="read"> 查看 </a></td>
                </tr>';
            $("#tbody").append(sss);
            fun();
          }
        }
      },
      error:function(err){
        console.log(err);
      }
})
```

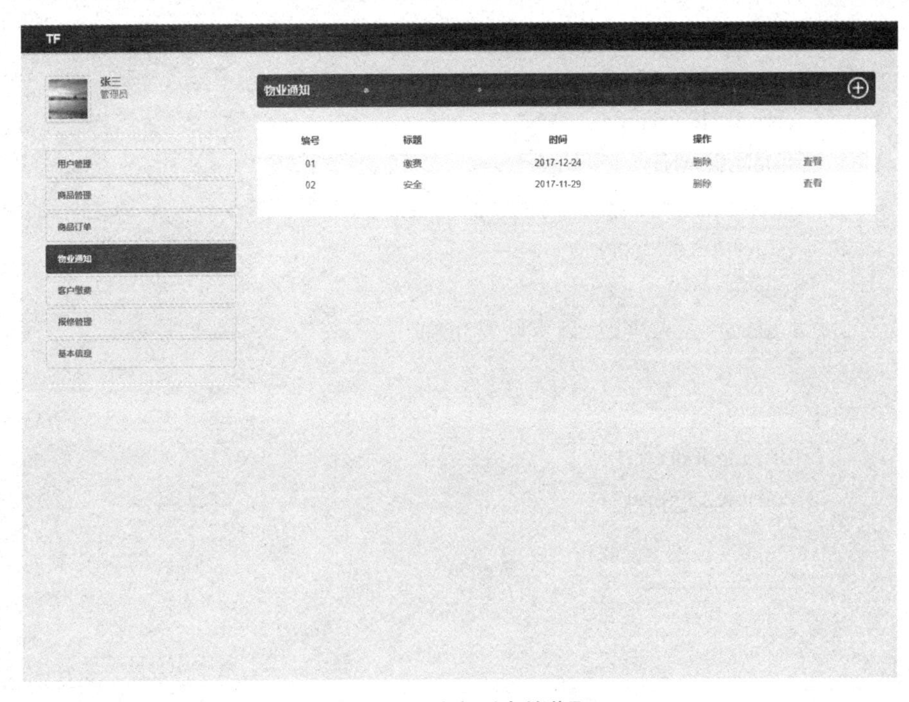

图 6.21　消息列表的获取

（2）消息的添加，代码如 CORE0625 所示，效果如图 6.22、6.23 所示。

代码 CORE0625：message.js

```
function fun() {
    var addimg=document.querySelectorAll(".addimg")[0];
    var topdiv=document.querySelectorAll(".topdiv")[0];
    addimg.onclick=function(){
        topdiv.style.display="block";
    }
    var btnprimary=document.querySelectorAll(".btn-primary")[0];
    var inputmedium=document.querySelectorAll(".input-medium")[0];
    var textarea=document.querySelectorAll("textarea")[0];
    btnprimary.onclick=function(){
        var title=inputmedium.value;
        var content=textarea.value;
        $.ajax({
            url:'http://127.0.0.1:3000/addmessage',
            type:'GET',
            data:{
                name:title,
                message:content
            },
            dataType:'jsonp',
            success:function(data){
                console.log(data);
               if(data.data){
                   topdiv.style.display="none";
                   location.reload();
               }else {
                   alert(" 发布失败，请重新发布 ")
               }
            },
            error:function(err){
                console.log(err);
            }
        })
    }
}
```

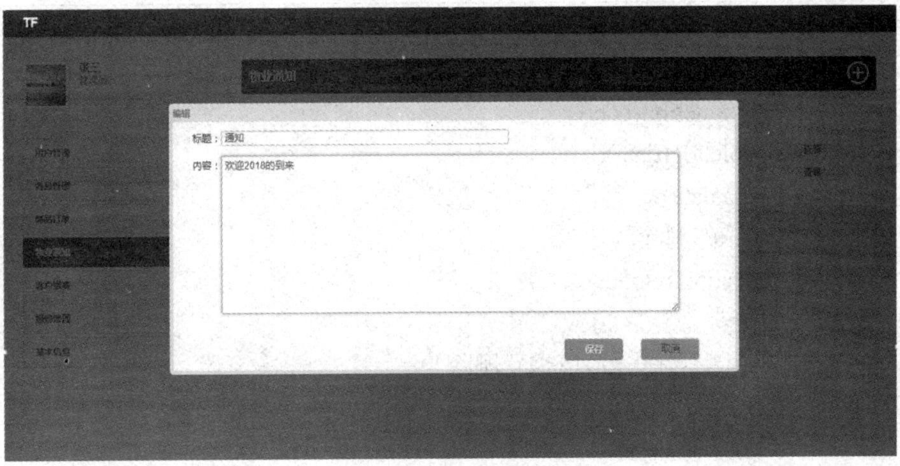

图 6.22　消息的添加

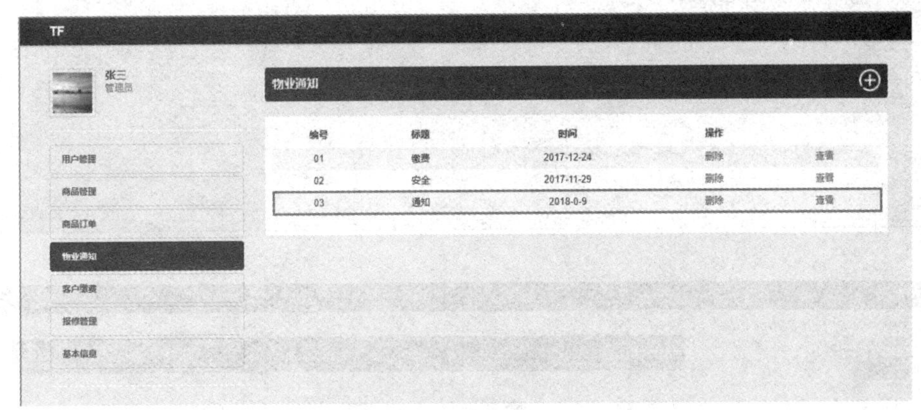

图 6.23　消息的添加

（3）消息的删除，代码如 CORE0626 所示，效果如图 6.24 所示。

代码 CORE0626：message.js

```
function fun() {
  var delet=document.querySelectorAll(".delete");
 for (var i=0;i<delet.length;i++){
  delet[i].index=i;
  delet[i].onclick=function(){
    var id=messageid[this.index].innerHTML;
    $.ajax({
      url:'http://127.0.0.1:3000/deletemessage',
      type:'GET',
      data:{
        id:id
```

```
            },
            dataType:'jsonp',
            success:function(data){
                console.log(data);
                if(data.data){
                    alert(" 删除成功 ");
                    location.reload();
                }else {
                  alert(" 删除失败，请重新删除 ")
                }
            },
            error:function(err){
                console.log(err);
            }
        })
    }
  }
  }
```

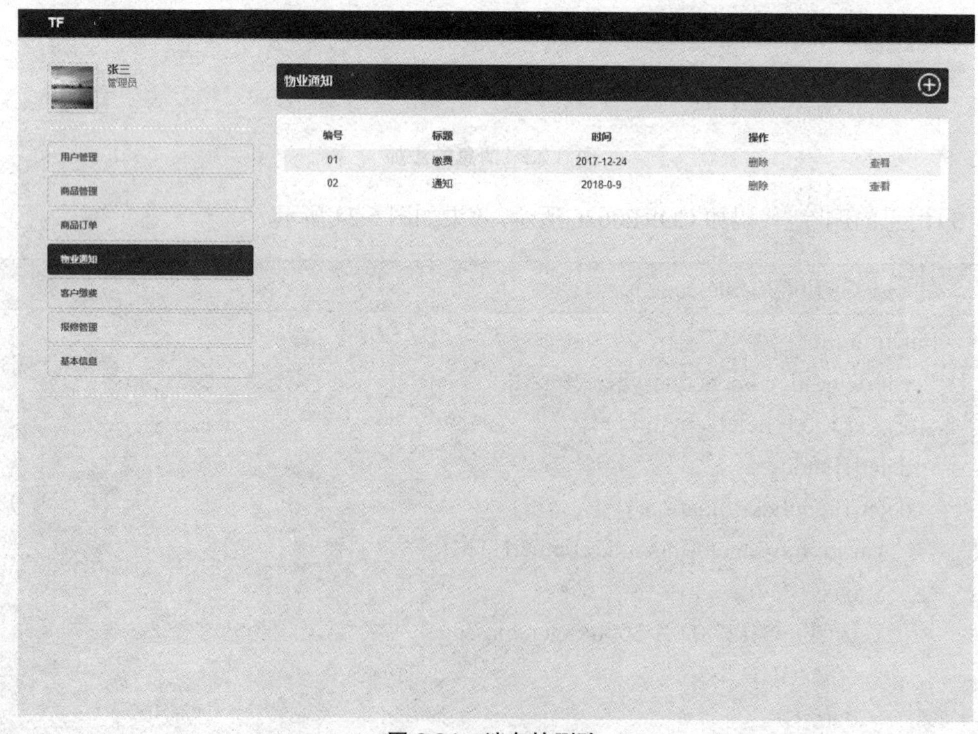

图 6.24　消息的删除

（4）查看详情，代码如 CORE0627、CORE0628 所示，效果如图 6.25 所示。

代码 CORE0627：message.js

```
function fun() {
var read=document.querySelectorAll(".read");
var messageid=document.querySelectorAll(".messageid");
for (var i=0;i<read.length;i++){
   read[i].index=i;
   read[i].onclick=function(){
     var id=messageid[this.index].innerHTML;
      window.localStorage.setItem("messageid","");
      window.localStorage.setItem("messageid",id);
      location.href="messagedetail.html"
   }
 }
}
```

代码 CORE0628：messagedetail.js

```
var messageid=window.localStorage.getItem("messageid");
$.ajax({
   url:'http://127.0.0.1:3000/messagedetail',
   type:'GET',
   data:{
      id:messageid
   },
   dataType:'jsonp',
   success:function(data){
      console.log(data);
      var text=document.querySelector("#text");
      text.innerHTML=data[0].message;
   },
   error:function(err){
      console.log(err);
   }
})
```

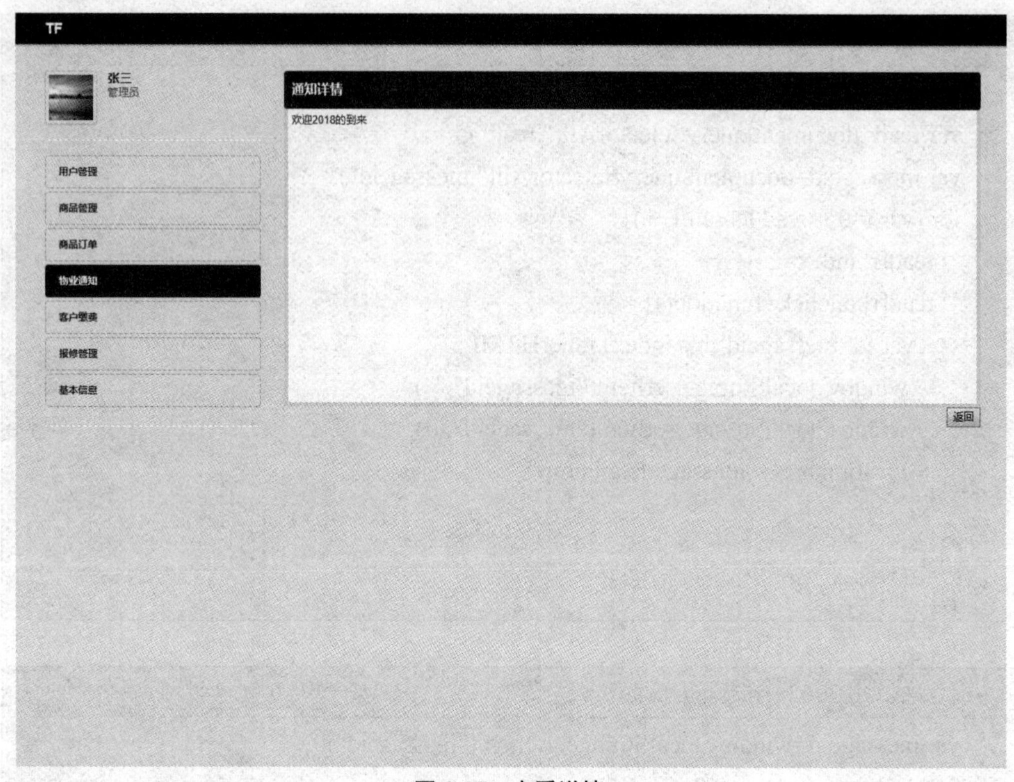

图 6.25　查看详情

至此，TF 物业服务端商品管理接口的编写及功能添加完成。

本项目通过 TF 物业服务端商品管理接口的编写及功能添加，对 MongoDB 数据库环境的安装具有初步了解，对数据的增、删、改、查有所认识，同时掌握了使用使用 http 模块和 url 模块编写接口，并具有通过接口访问 Node 服务器的本领。

system	系统	insert	插入
update	更新	connect	连接
query	询问	select	挑选
callback	回收	module	模块

一、选择题

1. 下面对 MongoDB 数据库说法正确的是（　　）。
（A）MongoDB 的一条记录叫做文档，它是一个包含单一字段的数据结构
（B）需要手动进行创建数据库表
（C）当没有相对应数据库表时，MongoDB 需手动进行创建
（D）MongoDB 是一个高性能、开源、无模式的文档型数据库
2. 下面对 MySQL 优势说法错误的是（　　）。
（A）MySQL 是开源的，需要支付额外的费用
（B）MySQL 支持大型的数据库，可以处理拥有上千万条记录的大型数据库
（C）MySQL 使用标准的 SQL 数据语言形式
（D）MySQL 对 PHP 有很好的支持，PHP 是目前最流行的 Web 开发语言
3. 下面对 HTTP 服务说法错误的是（　　）。
（A）http.Server() 用于创建是一个基于事件的 HTTP 服务器
（B）http.request() 和 http.get() 可以作为客户端向 HTTP 服务器接收请求
（C）createServer() 方法返回了一个 http.Server 对象
（D）text/plain 将文件设置为纯文本格式
4. 下面对编写接口说法错误的是（　　）。
（A）使用 url 模块进行数据的输入　　（B）通过判断进行接口的验证
（C）使用 http 模块进行路径的解析　　（D）使用 url 模块进行路径的解析
5. 下面说法错误的是（　　）。
（A）MongoDB 扩展了关系型数据库的众多有用功能
（B）MySQL 是一种关系数据库管理系统
（C）MySQL 只允许在一个系统上，并且支持多种语言
（D）MongoDB 是目前最流行的 NoSQL 数据库之一

二、填空题

1. 在 Node 中，MongoDB 使用最多、最基本的功能是对数据的 ________、________、________、________。
2. MySQL 所使用的 ________ 语言是用于访问数据库的最常用标准化语言。
3. 在 Node 中，提供了一个 http 模块，主要用来实现 ________。
4. 在 Node 中编写接口主要通过 ________ 和 ________ 相结合来实现的。
5. 关系数据库是 ________。

三、上机题

使用 MongoDB 数据库进行查询数据。

要求：在 test 表中插入以下数据，并进行查询。

Id	Name	Age
1	Michelle	18
2	James	30
3	Crystal	26
4	George	19

项目七　服务端缴费管理功能

通过 TF 物业服务端缴费管理功能的实现，了解 Express 框架的简介与安装，学习创建 Express 框架项目，掌握路由的使用方法，具有在项目中使用数据库或本地资源的能力。在任务实现过程中：

- 了解 Express 框架的简介及特殊功能。
- 学习 Express 环境搭建、项目的创建。
- 掌握路由的定义、结构组成。
- 具有在项目中使用 MongoDB、MySQL 数据库及搭建静态资源服务器的能力。

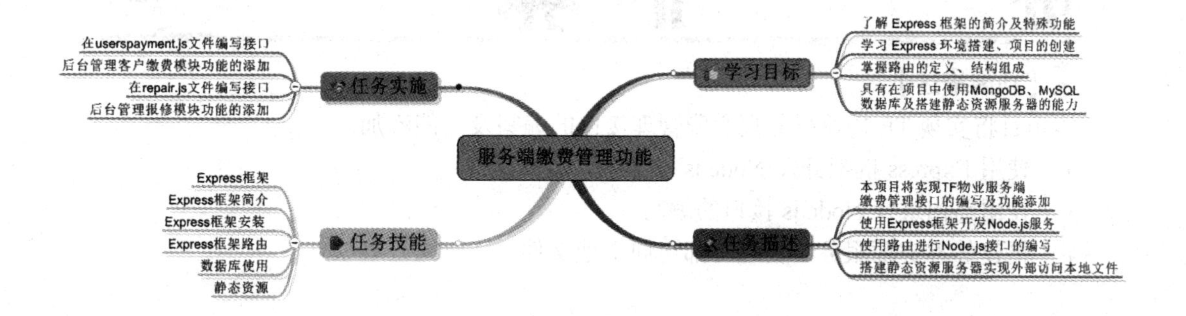

【情境导入】

【功能描述】

本项目将实现 TF 物业服务端缴费管理接口的编写及功能添加。

- 使用 Express 框架开发 Node.js 服务。
- 使用路由进行 Node.js 接口的编写。
- 搭建静态资源服务器实现外部访问本地文件。

技能点 1　Express 框架

1　简介

Express 框架是迄今为止最流行的 Web 开发框架，可以快速地搭建一个完整功能的网站。它是一个基于 Node.js 平台的极简、灵活、目前最稳定、使用最广泛的 Web 应用开发框架，另外，它提供一系列强大的特性，帮助创建各种 Web 应用，包含丰富的中间件，使接口的开发变得简单，而且是 Node.js 官方推荐的唯一一个 Web 开发框架。Express 框架除了在 Node 之上扩展了 Web 应用所需的基本功能外，还实现了许多特殊功能，其中包括：

- 路由控制：定义了路由用于执行不同的 HTTP 请求动作。
- 模板解析支持：可以通过向模板传递参数来动态渲染 HTML 页面。
- 中间件：可以设置中间件来响应 HTTP 请求。

Express 框架是一个轻量级的 Web 框架，部分功能需要插件或者整合其他模块来完成。对于客户端开发者来说，Express 框架被应用于最多的一个组合是 MEAN，MEAN 指的是 MongoDB+Express+Angular.js+Node.js，这一组合包括运行环境、数据库、Web 框架和前端引擎，被称为全栈框架，可以构建完整的现代化 Web 应用。

2　安装

想要使用 Express 框架，需要安装 Express 并在项目中安装依赖，安装 Express 框架的步骤如下：

第一步：安装 Node.js。

第二步：打开命令窗口，切换到项目路径下，运行以下命令进行 package.json 文件的创建，命令如下，效果如图 7.1 所示。

```
npm init
```

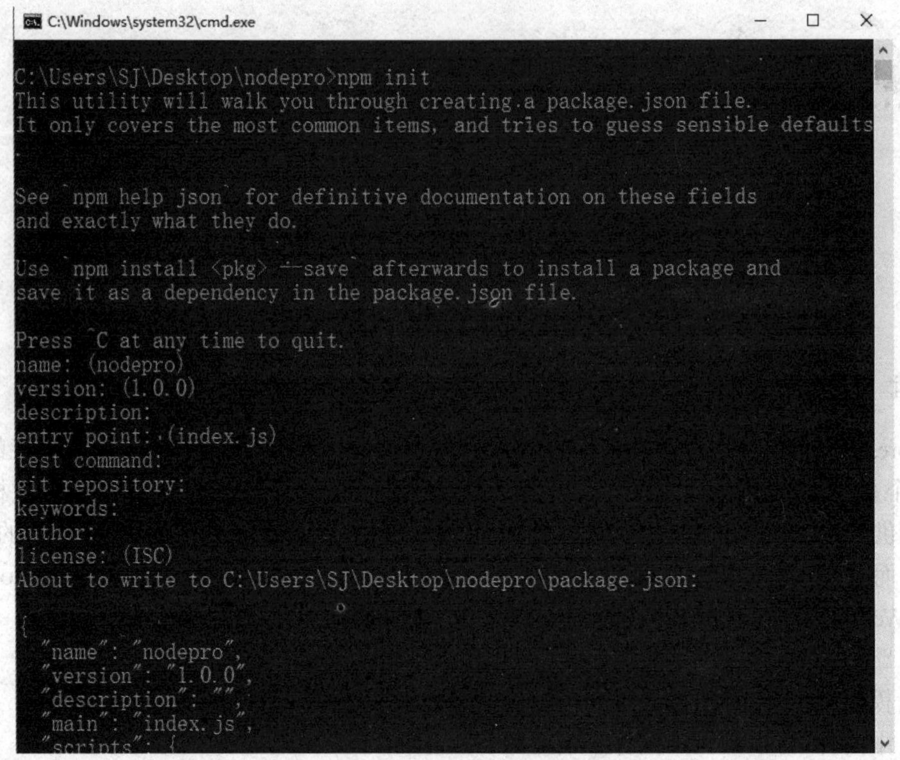

图 7.1 创建 package.json 文件

第三步：安装 Express 依赖，其有两种形式安装，命令如下，效果如图 7.2 所示。

```
npm install express –save
// 将依赖保存到依赖列表
npm install express
// 安装临时依赖，不会保存到依赖列表
```

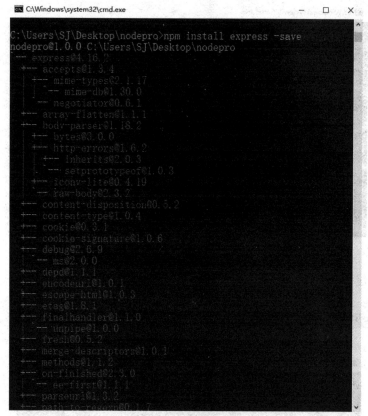

图 7.2　安装依赖

至此，Express 依赖安装完毕。

在 Node.js 项目中应用 Express 框架具有多种方式。可以在 Node.js 项目中通过命令添加使用 Express 框架，也可直接创建一个 Express 框架的 Node.js 标准项目，具体步骤如下所示。

第一步：安装 Express。打开命令窗口，输入以下命令，效果如图 7.3 所示。

```
npm install express-generator -g
```

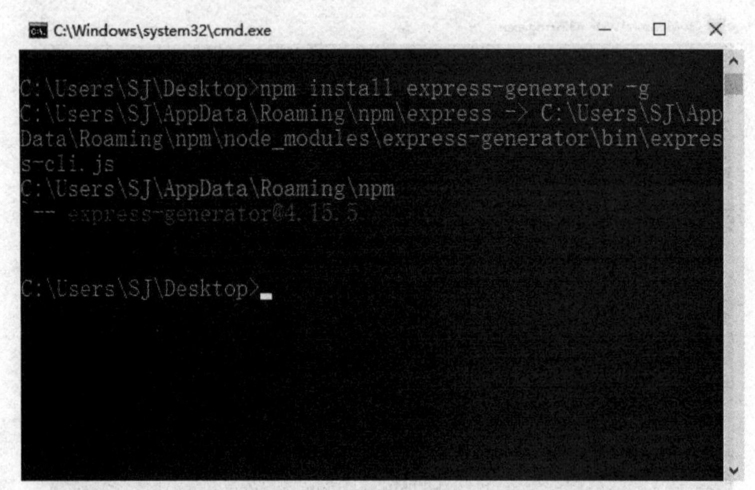

图 7.3　安装 Express

第二步：创建 Express 项目，命令如下，效果如图 7.4 所示。

```
express app
```

```
C:\Windows\system32\cmd.exe
C:\Users\SJ\Desktop\node\app>express app

  warning: the default view engine will not be jade in future releases
  warning: use `--view=jade' or `--help' for additional options


   create : app
   create : app/package.json
   create : app/app.js
   create : app/public
   create : app/routes
   create : app/routes/index.js
   create : app/routes/users.js
   create : app/views
   create : app/views/index.jade
   create : app/views/layout.jade
   create : app/views/error.jade
   create : app/public/javascripts
   create : app/public/images
   create : app/bin
   create : app/bin/www
   create : app/public/stylesheets
   create : app/public/stylesheets/style.css

   install dependencies:
     > cd app && npm install

   run the app:
     > SET DEBUG=app:* & npm start


C:\Users\SJ\Desktop\node\app>
```

图 7.4　创建 Express 项目

第三步：进入项目并安装依赖。命令如下所示。

```
cd app&& npm install
```

第四步：使用数据库。命令如下所示，效果如图 7.5 所示。

```
npm install MongoDB
// 安装 MongoDB 数据库
npm install mysql
// 安装 MySQL 数据库
```

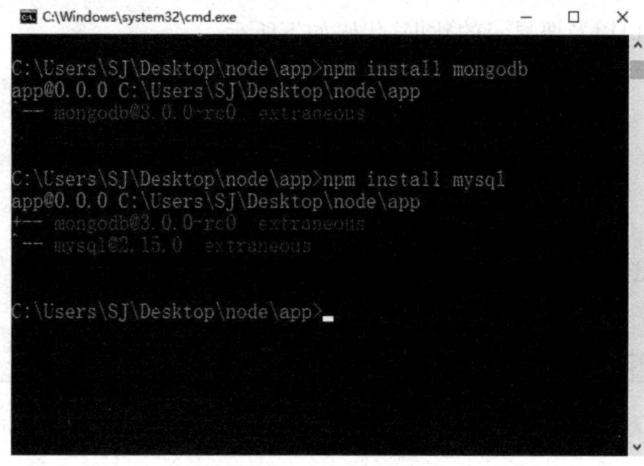

图 7.5　安装数据库

第五步：启动服务器。

```
npm start
```

第六步：在浏览器输入“http://localhost:3000/”，效果如图 7.6 所示。

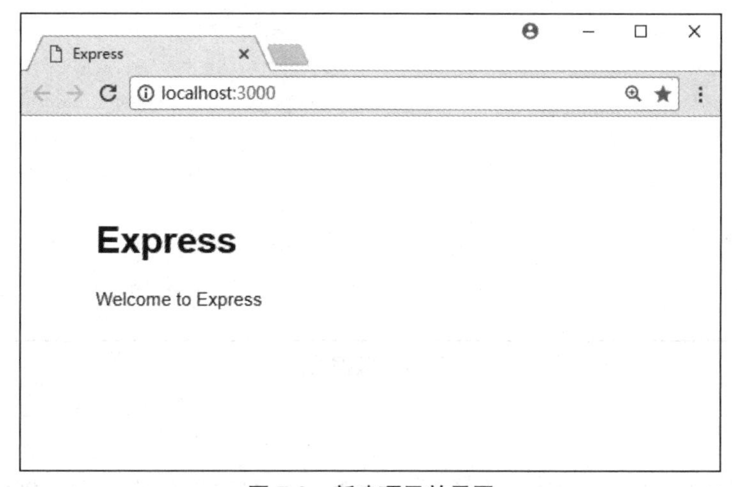

图 7.6　新建项目效果图

至此,Express 项目创建成功。

第七步在编辑器中打开 routes 文件下的 index.js。代码如下所示。

```
var express = require('express');
var router = express.Router();
// 定义接口
router.get('/', function(req, res, next) {
  res.render('index', { title: 'Express' });
});
module.exports = router;
```

第八步:修改接口以及要显示的数据,代码如下所示。

```
var express = require('express');
var router = express.Router();
// 定义接口
router.get('/app', function(req, res, next) {
  res.send([{data:"node express"}])
});
module.exports = router;
```

第九步:重新启动服务器,在浏览器输入接口路径进行数据访问,效果如图 7.7 所示。

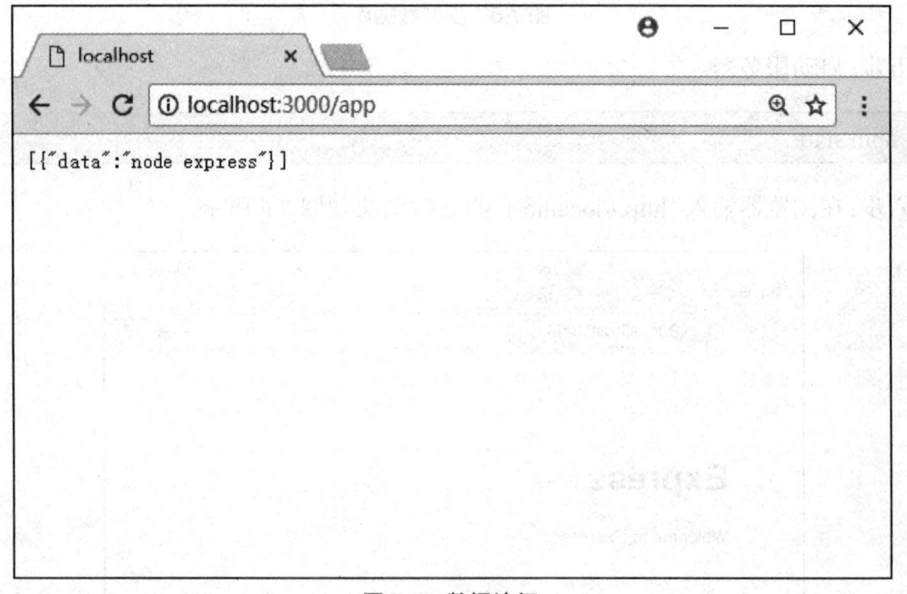

图 7.7 数据访问

3 路由

路由(Routing)是由一个 URL(路径)和一个特定的 HTTP 方法(GET、POST 等)组成的,涉及应用如何响应客户端对某个网站节点的访问。每一个路由都可以有一个或者多个处理器函数,当匹配到路由时,函数将被执行。路由的定义由如下结构组成。

```
app.METHOD(path, HANDLER)
```

app 是 Express 对象的一个实例。

- METHOD 是一个 HTTP 请求方法。
- path 是服务器上的路径。
- HANDLER 是当路由匹配时要执行的函数。函数中又有两个参数 req 和 res,代表请求信息和响应信息。

在项目中定义路由代码如下。

```
// 接受 get 请求
router.get('/app', function (req, res) {
  res.send('express get');
});
接受 post 请求
router.post('/app', function (req, res) {
  res.send('express post');
});
// 接受 put 请求
router.put('/app', function (req, res) {
  res.send('express put');
});
// 节点接受 delete 请求
router.delete('/app', function (req, res) {
  res.send('express delete');
});
```

快来扫一扫!

想要了解更多 Express 路由的相关案例，扫描右边二维码，查看 Express 路由构建简单路由跳转案例。快来扫我吧!!!

技能点 2　数据库使用

1　在项目中使用 MongoDB 数据库

步骤如下：

第一步：安装 MongoDB 数据库并安装依赖（见《Ionic 项目实战》项目七）。

第二步：在编辑器打开项目，找到 package.json 文件，添加以下代码。

```
"dependencies": {
  "body-parser": "~1.18.2",
  "cookie-parser": "~1.4.3",
  "debug": "~2.6.9",
  "express": "~4.15.5",
  "jade": "~1.11.0",
  "morgan": "~1.9.0",
  "serve-favicon": "~2.4.5",
  "mongodb":"~2.2.33"
}
```

第三步：打开命令窗口，切换到项目路径下，运行 npm install 命令重新安装依赖。

第四步：在 routes 文件下的 index.js 中进行数据库查询代码的编写。

```
var express = require('express');
var router = express.Router();
router.get('/app', function(req, res, next) {
// 链接数据库
var MongoClient = require('mongodb').MongoClient;
var DB_CONN_STR = 'mongod://localhost:27017/runoob';
// 数据库查询
var selectData = function(db, callback) {
var collection = db.collection('site');
var name=req.query.name
var whereStr = {"name":name};
    collection.find(whereStr).toArray(function(err, result) {
      if(err)
      {
        console.log('Error:'+ err);
```

```
                return;
            }
            callback(result);
        });
    }
    MongoClient.connect(DB_CONN_STR, function(err, db) {
        console.log(" 连接成功！ ");
        selectData(db, function(result) {
            console.log(result);
            res.send(result)
            db.close();
        });
    });
});
module.exports = router;
```

第五步：切换到命令窗口，npm start 启动服务器。

第六步：在浏览器通过路径访问接口，效果如图 7.8 所示。

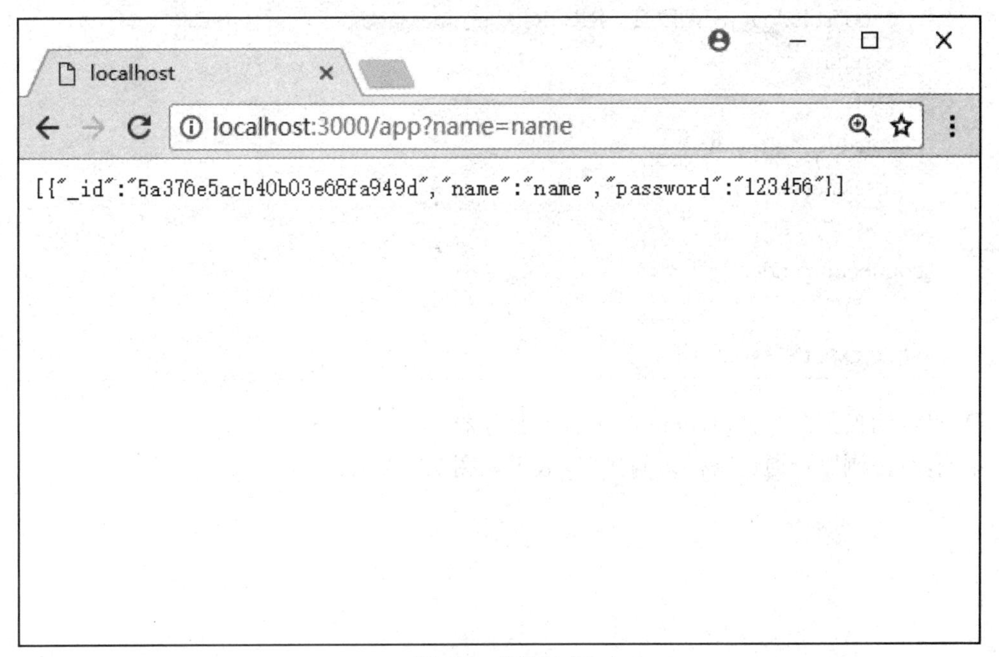

图 7.8　数据访问

2　在项目中使用 MySQL 数据

步骤如下：

第一步：安装 MySQL 数据库依赖（上述过程已经安装）。

第二步：在 routes 文件下的 index.js 中进行数据库查询代码编写。

```
var express = require('express');
var router = express.Router();
router.get('/app', function(req, res, next) {
  var mysql  = require('mysql');
  var connection = mysql.createConnection({
    host     : 'localhost',
    user     : 'root',
    password : '123456',
    port: '3306',
    database: 'test',
  });
  connection.connect();
  var name=req.query.name
  var  sql = 'SELECT * FROM test WHERE name='+name;
  connection.query(sql,function (err, result) {
    if(err){
      console.log('[SELECT ERROR] - ',err.message);
      return;
    }
    console.log(result);
    res.send(result)
  });
  connection.end();
});
module.exports = router;
```

第三步：切换到命令窗口，npm start 启动服务器。

第四步：在浏览器通过路径访问接口，效果如图 7.9 所示。

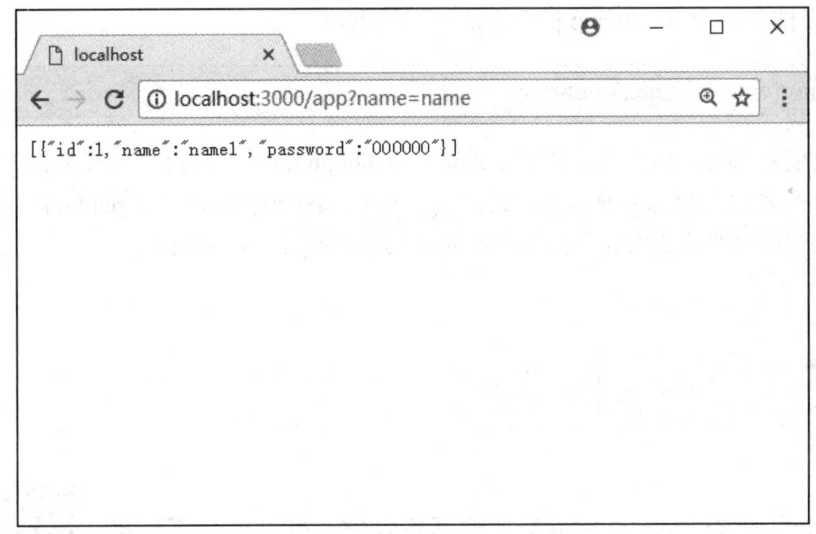

图 7.9　数据访问

技能点 3　静态资源

Express 除了可以通过服务器进行数据库的访问之外，还可以对本地资源进行访问，如图片、视频、音频等。搭建静态资源服务器的方式有两种：直接访问和间接访问。代码如下所示。

```
app.use(express.static('public'));
// 直接访问
app.use('/ 间接名称 , express.static('public'));
// 间接访问
```

搭建静态资源服务器效果如图 7.10 所示。

图 7.10　静态资源

为了实现图 7.10 效果，在 app.js 中添加如下代码。

```
app.use(express.static('public'));
```

注：如果使用“app.use('/ 间接名称 ', express.static('public')) ”搭建静态服务器，访问静态文件时，路径中需要加上静态名称。如：使用“app.use('/asset' express.static('public')) ”搭建了服务器，那么访问的接口路径为“http://localhost:3000/asset/images/choose.png”。

快来扫一扫！

学会了使用 Express 搭建静态资源服务器，你或许还不知道 Express 框架中另一重要知识点，扫描右边二维码，你会有意想不到的惊喜!!!

通过下面六个步骤的操作，实现物业服务端缴费管理接口的编写及功能添加。

第一步：在 routes 文件夹中创建 userspayment.js 文件并在 app.js 中进行 userspayment.js 文件的配置。

第二步：在 userspayment.js 文件编写接口。

userspayment.js 文件中存放用户缴费的相关接口，包含缴费列表、添加缴费、缴费详情、用户缴费，代码如 CORE0701 所示。

代码 CORE0701：userspayment.js

```
var express = require('express');
var router = express.Router();
var mysql  = require('mysql');
// 查找缴费信息
router.get('/userspayment', function(req, res, next) {
 var connection = mysql.createConnection({
      host     : 'localhost',
      user     : 'root',
```

```
        password : '123456',
        port: '3306',
        database: 'test'
    });
    connection.connect();
    var  sql = 'SELECT * FROM userspayment';
    connection.query(sql,function (err, result) {
        if(err){
            console.log('[SELECT ERROR] - ',err.message);
            return;
        }
        console.log(result);
        console.log(result.length)
        res.jsonp(result)
    });
});
// 添加缴费信息
router.get('/adduserspayment', function(req, res, next) {
    var connection = mysql.createConnection({
        host: 'localhost',
        user: 'root',
        password : '123456',
        port: '3306',
        database: 'test'
    });
    connection.connect();
   var content=req.query.content;
    var starttime=req.query.starttime;
    var endtime=req.query.endtime;
    var price=req.query.price;
    console.log(typeof content.toString())
   var id;
// 在表 userspayment 添加缴费信息
 var  addSql = 'INSERT INTO userspayment(Id,content,starttime,endtime,price)
              VALUES(0,?,?,?,?)';
    var  addSqlParams = [content,starttime,endtime,price];
    connection.query(addSql,addSqlParams,function (err, result) {
        if(err){
```

```
            console.log('[INSERT ERROR] - ',err.message);
            return;
        }
        console.log(result.affectedRows);
        if(result.affectedRows==1){
            res.jsonp({data:true});
        }else {
            res.jsonp({data:false})
        }
    });
// 在表 user 创建列
    var sql='ALTER TABLE user ADD '+content+' varchar(255)';
    connection.query(sql,function (err, result) {
        if(err){
            console.log('[SELECT ERROR] - ',err.message);
            return;
        }
        console.log(result);
    });
// 设置 user 表新加列的值为 0
    var modSql = 'UPDATE user SET '+content+'=?';
    var modSqlParams = [0];
    connection.query(modSql,modSqlParams,function (err, result) {
        if(err){
            console.log('[UPDATE ERROR] - ',err.message);
            return;
        }
        console.log(result.affectedRows);
    });
 // 查找所有缴费信息
    var  userspayment = 'SELECT * FROM user,userspayment ';
  connection.query(userspayment,function (err, result) {
        if(err){
            console.log('[SELECT ERROR] - ',err.message);
            return;
        }
        console.log(id);
        console.log(result[0].id);
```

```
        var arr=[]
    // 筛选出重复信息
        for(var i=0;i<result.length;i++){
          if(result[i].id==id){
            arr.push(result[i])
          }
        }
        console.log(arr)
    // 循环添加信息
        for(var i=0;i<arr.length;i++){
          var name=arr[i].name;
          var content=arr[i].content;
          var waterfull=arr[i]. 水费 ;
          var elefull=arr[i]. 电费 ;
          var airfull=arr[i]. 气费 ;
          var starttime=arr[i].starttime;
          var endtime=arr[i].endtime;
          var price=arr[i].price;
         console.log(name,content,waterfull,elefull,airfull,starttime,endtime,price);
          var  INSERT = 'INSERT INTO
                full(Id,name,content,waterfull,elefull,airfull,starttime,endtime,price,payid)
                VALUES(0,?,?,?,?,?,?,?,?,?)';
      var  addSqlParamsINSERT =
    [name,content,waterfull,elefull,airfull,starttime,endtime,price,id];
          connection.query(INSERT,addSqlParamsINSERT,function (err, result) {
           if(err){
                console.log('[INSERT ERROR] - ',err.message);
                return;
            }
         });
        }
      });
    });
    // 查看用户缴费情况
    router.get('/userspaymentdetail', function(req, res, next) {
      var connection = mysql.createConnection({
        host: 'localhost',
        user: 'root',
```

```
        password : '123456',
        port: '3306',
        database: 'test'
    });
  connection.connect();
    var id=req.query.id
    console.log(id);
    var  sql = 'SELECT * FROM full WHERE payid='+id;
    connection.query(sql,function (err, result) {
        if(err){
            console.log('[SELECT ERROR] - ',err.message);
            return;
        }
        console.log(result);
        console.log(result.length)
        res.jsonp(result)
    });
});
//用户查看缴费情况
router.get('/userspaymentdetail123', function(req, res, next) {
    var connection = mysql.createConnection({
        host     : 'localhost',
        user     : 'root',
        password : '123456',
        port: '3306',
        database: 'test'
    });
connection.connect();
    var name=req.query.name;
    var  sql = 'SELECT * FROM full WHERE name='+name;
    connection.query(sql,function (err, result) {
        if(err){
            console.log('[SELECT ERROR] - ',err.message);
            return;
        }
        console.log(result);
        console.log(result.length)
        res.jsonp(result)
```

```
    });
});
module.exports = router;
```

第三步：进行后台管理客户缴费模块功能的添加。

该模块包含缴费信息的获取、添加和用户缴费情况查看，通过 jQuery 封装好的 AJAX 进行接口使用并返回数据。

（1）缴费信息的获取，代码如 CORE0702 所示，效果如图 7.11 所示。

```
代码 CORE0702：payment.js
$.ajax({
    url:'http://127.0.0.1:3000/userspayment',
    type:'GET',
    data:{},
    dataType:'jsonp',
    success:function(data){
        console.log(data);
        for(var i=0;i<data.length;i++){
            if(i<9){
                sss='<tr>
                        <td class="paymentid" style="display: none">'+data[i].id+'</td>
                        <td>0'+(i+1)+'</td><td class="payname">'+data[i].content+'</td>
                        <td>'+data[i].starttime+'</td><td>'+data[i].endtime+'</td>
                        <td><a class="detail"> 查看详情 </a></td>
                </tr>';
                $("#tbody").append(sss);
                fun();
            }else {
                sss='<tr><td class="paymentid" style="display:none">' +data[i].id+'</td>
                        <td>'+(i+1)+'</td><td class="payname">'+data[i].content+'</td>
                        <td>'+data[i].starttime+'</td>
                        <td>'+data[i].endtime+'</td>
                        <td><a class="detail"> 查看详情 </a></td>
                        </tr>';
                $("#tbody").append(sss);
                fun();
            }
        }
```

```
        },
        error:function(err){
            console.log(err);
        }
    })
```

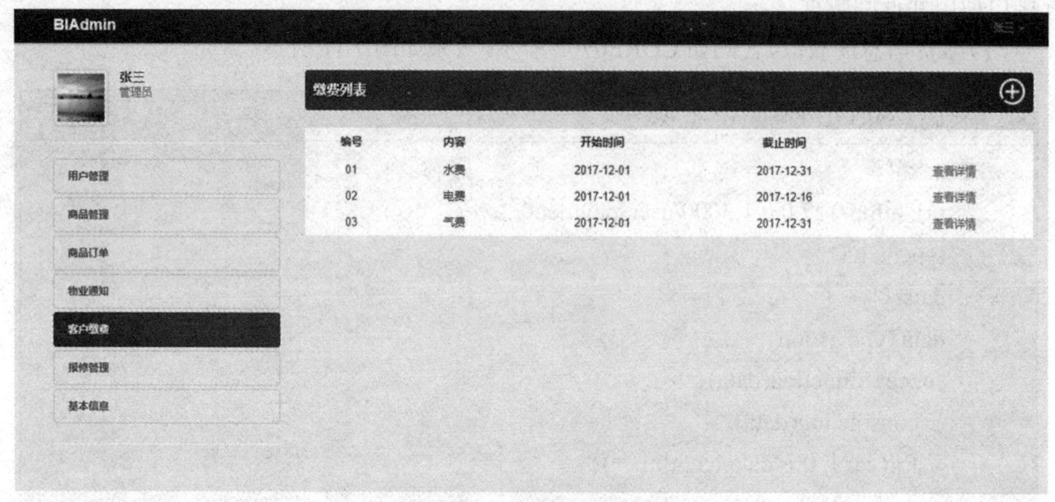

图 7.11 缴费信息的获取

（2）缴费信息的添加，代码如 CORE0703 所示，效果如图 7.12、7.13 所示。

代码 CORE0703：payment.js

```
function fun() {
    var addimg=document.querySelectorAll(".addimg")[0];
    var topdiv=document.querySelectorAll(".topdiv")[0];
    addimg.onclick=function(){
        topdiv.style.display="block"
    }
    var btnprimary=document.querySelectorAll(".btn-primary")[0];
    btnprimary.onclick=function(){
        var input=document.querySelectorAll(".input-medium");
        var title=input[0].value;
        var starttime=input[1].value;
   var endtime=input[2].value;
        var price=input[3].value;
        console.log(title);
        console.log(starttime);
        console.log(endtime);
```

```
        console.log(price);
        $.ajax({
          url:'http://127.0.0.1:3000/adduserspayment',
          type:'GET',
          data:{
            content:title,
            starttime:starttime,
            endtime:endtime,
            price:price
          },
          dataType:'jsonp',
          success:function(data){
            console.log(data);
            if(data.data){
              topdiv.style.display="none";
              for(var i=0;i<input.length;i++){
                input[i].value=""
              }
              location.reload();
            }else {
              alert(" 发布失败，请重新发布 ")
            }
          },
          error:function(err){
            console.log(err);
          }
        })
      }
    }
```

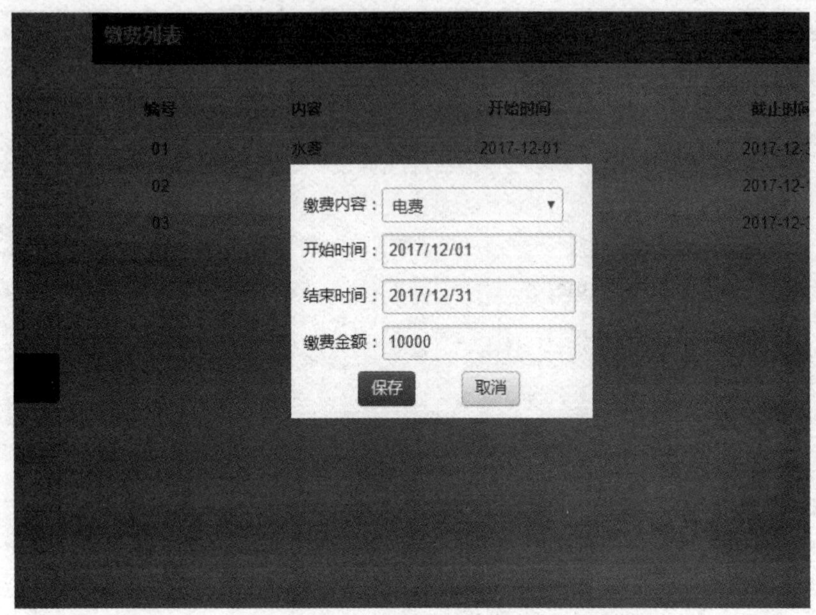

图 7.12　缴费信息的添加

缴费列表

编号	内容	开始时间	截止时间	
01	水费	2017-12-01	2017-12-31	查看详情
02	电费	2017-12-01	2017-12-16	查看详情
03	气费	2017-12-01	2017-12-31	查看详情
04	电费	2017-12-01	2017-12-31	查看详情

图 7.13　缴费信息的添加

（3）缴费情况查看，代码如 CORE0704、CORE0705 所示，效果如图 7.14 所示。

代码 CORE0704：payment.js

```
function fun() {
  var detail=document.querySelectorAll(".detail")
var paymentid=document.querySelectorAll(".paymentid")
var payname=document.querySelectorAll(".payname")
for(var i=0;i<detail.length;i++){
 detail[i].index=i;
```

```
detail[i].onclick=function(){
  var id=paymentid[this.index].innerHTML;
  var name=payname[this.index].innerHTML;
  window.localStorage.setItem("paymentid","")
  window.localStorage.setItem("paymentid",id)
  window.localStorage.setItem("paymentname","")
  window.localStorage.setItem("paymentname",name)
  location.href="paymentlist.html"
 }
}
}
```

代码 CORE0705：paymentlist.js

```
var paymentid=window.localStorage.getItem("paymentid");
var payname=window.localStorage.getItem("paymentname");
console.log(paymentid)
$.ajax({
  url:'http://127.0.0.1:3000/userspaymentdetail',
  type:'GET',
  data:{
    id:paymentid
  },
  dataType:'jsonp',
  success:function(data){
    console.log(data);
    var a=1
    for(var i=0;i<data.length;i++){
      console.log("payname:::::"+payname)
      if(payname==" 水费 "){
        if(data[i].waterfull=="0"){
          if(a<9){
            sss='<tr><td class="userid" style="display:none">'+data[i].id+'</td>
                <td>0'+a+'</td><td>'+data[i].name+'</td><td>'+data[i].content+'</td>
                <td>'+data[i].starttime+'</td><td>'+data[i].endtime+'</td>
                <td>'+data[i].price+'</td>
                <td><a class="title"> 提醒 </a></td>
                </tr>';
```

```
                $("#tbody").append(sss);
                fun();
                a++;
              }else {
                sss='<tr><td class="userid" style="display: none">'+data[i].id+'</td>
                    <td>'+a+'</td><td>'+data[i].name+'</td><td>'+data[i].content+'</td>
                    <td>'+data[i].starttime+'</td><td>'+data[i].endtime+'</td>
                    <td>'+data[i].price+'</td><td><a class="title"> 提醒 </a></td>
                    </tr>';
                $("#tbody").append(sss);
                fun();
                a++
              }
            }
          } else if(payname==" 电费 "){
            if(data[i].elefull=="0"){
              if(a<9){
                sss='<tr><td class="userid" style="display:none">'+data[i].id+'</td>
                    <td>0'+a+'</td><td>'+data[i].name+'</td><td>'+data[i].content+'</td>
                    <td>'+data[i].starttime+'</td><td>'+data[i].endtime+'</td>
                    <td>'+data[i].price+'</td><td><a class="title"> 提醒 </a></td>
                    </tr>';
              $("#tbody").append(sss);
                fun();
                a++;
              }else {
                  sss='<tr><td class="userid" style="display:none">'+data[i].id+'</td>
                      <td>'+a+'</td><td>'+data[i].name+'</td><td>'+data[i].content+'</td>
                      <td>'+data[i].starttime+'</td><td>'+data[i].endtime+'</td>
                      <td>'+data[i].price+'</td><td><a class="title"> 提醒 </a></td>
                      </tr>';
                $("#tbody").append(sss);
                fun();
                a++
              }
            }
      } else if(payname==" 气费 "){
            if(data[i].waterfull=="0"){
```

```
            if(a<9){
                    sss='<tr><td class="userid" style="display: none">'+data[i].id+'</td>
                        <td>0'+a+'</td><td>'+data[i].name+'</td>
                        <td>'+data[i].content+'</td>
                        <td>'+data[i].starttime+'</td><td>'+data[i].endtime+'</td>
                        <td>'+data[i].price+'</td>
                        <td><a class="title"> 提醒 </a></td>
                        </tr>';
                $("#tbody").append(sss);
                fun();
                a++;
            }else {
                sss='<tr><td class="userid" style="display: none">'+data[i].id+'</td>
                    <td>'+a+'</td><td>'+data[i].name+'</td><td>'+data[i].content+'</td>
                    <td>'+data[i].starttime+'</td><td>'+data[i].endtime+'</td>
                    <td>'+data[i].price+'</td><td><a class="title"> 提醒 </a></td>
                    </tr>';
                $("#tbody").append(sss);
                fun();
                a++
            }
        }
    }
}
var b=1;
for(var i=0;i<data.length;i++) {
    if(payname==" 水费 "){
        if(data[i].waterfull=="1"){
            if(b<9){
                sss='<tr><td class="userid" style="display: none">'+data[i].id+'</td>
                    <td>0'+b+'</td><td>'+data[i].name+'</td><td>'+data[i].content+'</td>
                    <td>'+data[i].starttime+'</td><td>'+data[i].endtime+'</td>
                    <td>'+data[i].price+'</td>
                    </tr>';
                $("#tbody1").append(sss);
                fun();
                b++;
            }else {
```

```
                sss='<tr><td class="userid" style="display:none">'+data[i].id+'</td>
                    <td>'+b+'</td><td>'+data[i].name+'</td><td>'+data[i].content+'</td>
                    <td>'+data[i].starttime+'</td><td>'+data[i].endtime+'</td>
                    <td>'+data[i].price+'</td></td>
                    </tr>';
               $("#tbody1").append(sss);
                fun();
                b++
            }
        }
    } else if(payname==" 电费 "){
            if(data[i].elefull=="1"){
              if(b<9){
                sss='<tr><td class="userid" style="display:none">'+data[i].id+'</td>
                    <td>0'+b+'</td><td>'+data[i].name+'</td><td>'+data[i].content+'</td>
                    <td>'+data[i].starttime+'</td><td>'+data[i].endtime+'</td>
                    <td>'+data[i].price+'</td>
                    </tr>';
                $("#tbody1").append(sss);
                fun();
                b++;
              }else {
                sss='<tr><td class="userid" style="displaynone">'+data[i].id+'</td>
                    <td>'+b+'</td><td>'+data[i].name+'</td><td>'+data[i].content+'</td>
                    <td>'+data[i].starttime+'</td><td>'+data[i].endtime+'</td>
                    <td>'+data[i].price+'</td>
                    </tr>';
                $("#tbody1").append(sss);
                fun();
                b++
              }
            }
        } else if(payname==" 气费 ") {
            if (data[i].waterfull == "1") {
              if (b < 9) {
                sss = '<tr><td class="userid" style="display: none">' + data[i].id + '</td>
                    <td>0' + b + '</td><td>' + data[i].name + '</td>
                    <td>' +data[i].content + '</td><td>' + data[i].starttime + '</td>
```

```
                    <td>' + data[i].endtime + '</td><td>' + data[i].price + '</td>
                    </tr>';
                $("#tbody1").append(sss);
                fun();
                b++;
            } else {
                sss = '<tr><td class="userid" style="display: none">' + data[i].id + '</td>
                        <td>' + b + '</td><td>' + data[i].name + '</td>
                        <td>' + data[i].content + '</td><td>' + data[i].starttime + '</td>
                        <td>' + data[i].endtime + '</td><td>' + data[i].price + '</td>
                        </tr>';
                $("#tbody1").append(sss);
                fun();
                b++
            }
        }
      }
    }
  },
  error:function(err){
     console.log(err);
  }
})
```

图 7.14　缴费情况查看

第四步：在 routes 文件夹中创建 repair.js 文件并在 app.js 中进行 repair.js 文件的配置。

第五步：在 repair.js 文件编写接口。

repair.js 文件中存放报修列表的相关接口，包含全部信息查看、接受报修信息、用户查看未完成信息、用户查看已完成信息、添加报修信息。将未完成代码如 CORE0706 所示。

代码 CORE0706：repair.js

```
var express = require('express');
var router = express.Router();
var mysql  = require('mysql');
// 查看所有报修信息
router.get('/repair', function(req, res, next) {
  var connection = mysql.createConnection({
    host     : 'localhost',
    user     : 'root',
    password : '123456',
    port: '3306',
    database: 'test'
  });
  connection.connect();
  var  sql = 'SELECT * FROM repair';
  connection.query(sql,function (err, result) {
    if(err){
      console.log('[SELECT ERROR] - ',err.message);
      return;
    }
    console.log(rcsult);
    console.log(result.length)
   res.jsonp(result)
  });
});
// 接受报修接口
router.get('/willrepair', function(req, res, next) {
  var connection = mysql.createConnection({
    host     : 'localhost',
    user     : 'root',
    password : '123456',
    port: '3306',
    database: 'test'
  });
  connection.connect();
  var id=req.query.id;
```

```
    var modSql = 'UPDATE repair SET state = ? WHERE id='+id;
    var modSqlParams = [1];
    connection.query(modSql,modSqlParams,function (err, result) {
      if(err){
        console.log('[UPDATE ERROR] - ',err.message);
        return;
      }
      console.log(result.affectedRows);
      if(result.affectedRows==1){
        res.jsonp({data:true})
      }else {
        res.jsonp({data:false})
      }
  });
     });
//添加报修
router.get('/addrepair', function(req, res, next) {
    var connection = mysql.createConnection({
      host     : 'localhost',
      user     : 'root',
      password : '123456',
      port: '3306',
      database: 'test'
    });
    connection.connect();
    var content=req.query.content;
    var id=req.query.id;
    console.log(content);
    var  sql = 'SELECT * FROM user WHERE id='+id;
    connection.query(sql,function (err, result) {
      if(err){
        console.log('[SELECT ERROR] - ',err.message);
        return;
      }
      console.log(result[0].name);
      var name=result[0].name;
      var data=new Date();
      console.log(data.getFullYear(),data.getMonth(),data.getDate());
```

```
        var time=data.getFullYear()+"-"+data.getMonth()+"-"+data.getDate();
        var  addSql = 'INSERT INTO repair(Id,name,time,position,state)
                     VALUES(0,?,?,?,?)';
        var  addSqlParams = [name,time,content,0];
        connection.query(addSql,addSqlParams,function (err, result) {
          if(err){
            console.log('[INSERT ERROR] - ',err.message);
            return;
          }
         console.log(result.affectedRows);
          if(result.affectedRows==1){
              res.jsonp({data:true})
            }else {
            res.jsonp({data:false})
          }
        });
    });
});
//用户查看未接受报修信息
router.get('/norepair', function(req, res, next) {
    var connection = mysql.createConnection({
        host     : 'localhost',
        user     : 'root',
        password : '123456',
        port: '3306',
       database: 'test'
    });
    connection.connect();
    var name=req.query.name;
    var  sql = 'SELECT * FROM repair WHERE state=0 AND name='+name;
    connection.query(sql,function (err, result) {
        if(err){
          console.log('[SELECT ERROR] - ',err.message);
          return;
        }
        console.log(result);
        console.log(result.length)
        res.jsonp(result)
```

```
    });
});
// 用户查看未完成报修信息
router.get('/repairwill', function(req, res, next) {
    var connection = mysql.createConnection({
        host     : 'localhost',
        user     : 'root',
        password : '123456',
        port: '3306',
        database: 'test'
    });
    connection.connect();
    var name=req.query.name;
    var  sql = 'SELECT * FROM repair WHERE state=1 AND name='+name;
    connection.query(sql,function (err, result) {
        if(err){
            console.log('[SELECT ERROR] - ',err.message);
            return;
        }
        console.log(result);
        console.log(result.length)
        res.jsonp(result)
    });
});
// 用户查看已完成报修信息
router.get('/repairal', function(req, res, next) {
    var connection = mysql.createConnection({
        host     : 'localhost',
        user     : 'root',
        password : '123456',
        port: '3306',
        database: 'test'
    });
   connection.connect();
    var name=req.query.name;
    var  sql = 'SELECT * FROM repair WHERE state=2 AND name='+name;
    connection.query(sql,function (err, result) {
        if(err){
```

```
            console.log('[SELECT ERROR] - ',err.message);
            return;}
        console.log(result);
        console.log(result.length)
        res.jsonp(result)
    });
});
module.exports = router;
```

第六步：进行后台管理报修模块功能的添加。

该模块包含报修信息的获取和接受报修功能，通过 jQuery 封装好的 AJAX 进行接口使用并返回数据。

（1）报修信息的获取，代码如 CORE0707 所示，效果如图 7.15 所示。

代码 CORE0707：repair.js

```
$.ajax({
    url:'http://127.0.0.1:3000/repair',
    type:'GET',
    data:{},
    dataType:'jsonp',
    success:function(data){
        console.log(data);
        var c=1;
        for(var i=0;i<data.length;i++){
            console.log(data[i].state)
            if(data[i].state==0){
                if(c<9){
                    sss='<tr><td class="repairid" style="display:none">'+data[i].id+'</td>
                        <td>0'+c+'</td><td>'+data[i].name+'</td><td>'+data[i].time+'</td>
                        <td>'+data[i].position+'</td><td> 未受理 </td>
                        <td><a class="read" data-toggle="modal" data-target="#myModal"> 接
受 </a></td>
                        </tr>';
                    $("#tbody").append(sss);
                    fun();
                    c++;
                }else {
                    sss='<tr><td class="repairid" style="display:none">'+data[i].id+'</td>
```

```
                <td>'+c+'</td><td>'+data[i].name+'</td><td>'+data[i].time+'</td>
                <td>'+data[i].position+'</td><td> 未受理 </td>
                <td><a class="read" data-toggle="modal" data-target="#myModal">
接受 </a></td>
                </tr>';
            $("#tbody").append(sss);
            fun();
            c++;
        }
    }
}
var a=1;
for(var i=0;i<data.length;i++){
    console.log(data[i].state)
    if(data[i].state==1){
        if(a<9){
            sss='<tr><td class="repairid" style="display:none">'+data[i].id+'</td>
                <td>0'+a+'</td><td>'+data[i].name+'</td><td>'+data[i].time+'</td>
                <td>'+data[i].position+'</td><td> 未完成 </td>
                <td><a class="title"> 提醒 </a></td></tr>';
            $("#tbody1").append(sss);
            fun();
            a++;
        }else {
            sss='<tr><td class="repairid" style="display: none">'+data[i].id+'</td>
                <td>'+a+'</td><td>'+data[i].name+'</td><td>'+data[i].time+'</td>
                <td>'+data[i].position+'</td><td> 未完成 </td>
                <td><a class="title"> 提醒 </a></td></tr>';
            $("#tbody1").append(sss);
            fun();
            a++;
        }
    }
}
var b=1;
for(var i=0;i<data.length;i++){
    console.log(data[i].state)
    if(data[i].state==2){
```

```
            if(b<9){
              sss='<tr><td class="repairid" style="display:none">'+data[i].id+'</td>
                  <td>0'+b+'</td><td>'+data[i].name+'</td><td>'+data[i].time+'</td>
                  <td>'+data[i].position+'</td><td> 未完成 </td>
                  </tr>';
              $("#tbody2").append(sss);
              fun();
              b++;
            }else {
            sss='<tr><td class="repairid" style="display: none">'+data[i].id+'</td>
                <td>'+b+'</td><td>'+data[i].name+'</td><td>'+data[i].time+'</td>
                <td>'+data[i].position+'</td><td> 未完成 </td>
                </tr>';
              $("#tbody2").append(sss);
              fun();
              b++;
            }
          }
        }
      },
      error:function(err){
        console.log(err);
      }
    })
```

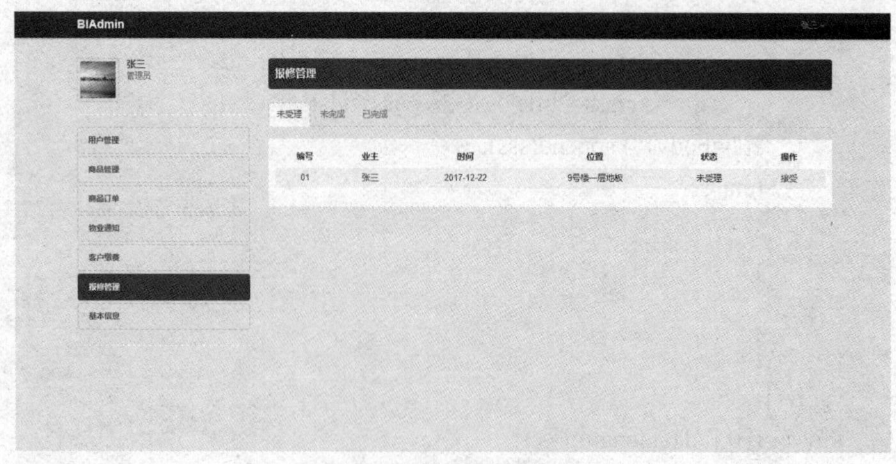

图 7.15 报修信息的获取

(2)接受报修,代码如 CORE0708 所示,效果如图 7.16、7.17 所示。

代码 CORE0708：repair.js

```
function fun() {
  var read=document.querySelectorAll(".read");
  var repairid=document.querySelectorAll(".repairid");
  var btnprimary=document.querySelectorAll(".btn-primary")[0];
  for(var i=0;i<read.length;i++){
    read[i].index=i;
    read[i].onclick=function(){
      var index=this.index;
      btnprimary.onclick=function(){
        var id=repairid[index].innerHTML;
        alert(id)
        $.ajax({
          url:'http://127.0.0.1:3000/willrepair',
          type:'GET',
          data:{
         id:id
          },
          dataType:'jsonp',
          success:function(data){
            console.log(data);
            if(data.data){
              alert(" 已接受 ")
               location.reload();
            }else {
              alert(" 失败 ")
            }
          },
          error:function(err){
            console.log(err);
          }
        })
      }
    }
  }
}
```

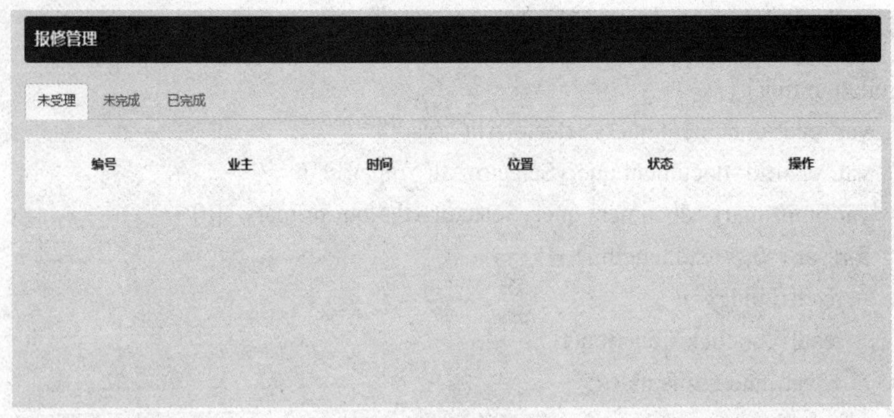

图 7.16 接受报修

报修管理

未受理 未完成 已完成

编号	业主	时间	位置	状态	操作
01	张三	2017-12-22	9号楼一层地板	未完成	提醒
02	李四	2017-12-22	9号楼一层地板	未完成	提醒
03	1	2017-11-25	9号楼一层地板	未完成	提醒
04	1	2017-11-25	9号楼一层地板	未完成	提醒

图 7.17 接受报修

至此，服务端缴费管理功能制作完成。

本项目通过对服务端缴费管理功能的学习，对 Express 框架的安装具有初步了解，对使用路由响应客户端对某个网站节点的访问有所认识，能够熟练在项目中使用数据库或本地资源调取数据。

collection	聚集	require	需要
express	表达	site	位置
generator	发生器	connect	连接
exports	出口	static	静电

一、选择题

1. 下面说法错误的是(　　)。
(A)Express 框架具有极简、灵活、目前最稳定等优点
(B)Express 框架可以快速地搭建一个完整功能的网站
(C)Express 框架基于 C++ 平台
(D)Express 框架提供一系列强大的特性
2. 下面对 Express 框架说法错误的是(　　)。
(A)包含丰富的 HTTP 工具,使接口的开发变得简单
(B)Node.js 官方推荐的唯一一个 Web 开发框架
(C)Express 框架是一个轻量级的 Web 框架
(D)所有功能只是对 HTTP 协议中常用操作的封装
3. 下面对 Express 框架功能说法错误的是(　　)。
(A)路由控制　(B)模板解析支持　(C)静态视图　(D)静态文件服务
4. 下面对 Express 框架安装错误的是(　　)。
(A)需要安装 Node　(B)需要创建 package.json 文件 npm init
(C)需要添加依赖包 npm install　(D)需要安装 express 依赖 npm express
5. 下面说法错误的是(　　)。
(A)每个路由都只有一个处理器函数
(B)当匹配到路由时,函数将被执行
(C)MEAN 被称为全栈框架
(D)Express 框架更多的功能需要插件或者整合其他模块来完成

二、填空题

1. Express 框架提供了 ________、________、________ 等功能。
2. MEAN 指的是 ______________。
3. MEAN 包括:________、________、________ 和 ________。
4. 运行 ________ 命令进行 package.json 文件的创建。
5. 路由是由 ________ 和 ________ 组成的。

三、上机题

使用 Express 框架与之前创建的 MongoDB 数据库进行连接。

项目八　客户端与服务端交互

通过 TF 物业系统客户端界面接口编写及功能添加，了解测试的重要性，学习使用 assert 模块进行代码的调试，掌握部署发布的流程，具有将 Node.js 项目部署到服务器的能力，在任务实现过程中：

- 了解测试的基本概念。
- 学习 assert 模块中的多个方法。
- 掌握部署发布的步骤。
- 具有将 Node. js 项目部署到服务器的能力。

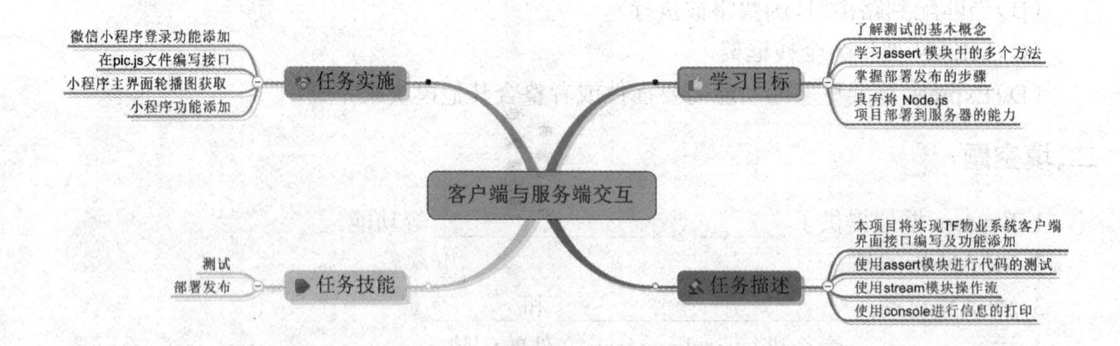

【情境导入】

【功能描述】

本项目将实现 TF 物业系统客户端界面接口编写及功能添加。

- 使用 assert 模块进行代码的测试。
- 使用 stream 模块操作流。
- 使用 console 进行信息的打印。

技能点 1　测试

单元测试在软件项目中扮演着举足轻重的角色，通过对程序代码的测试可以保证软件的可用性，正常的测试过程是开发者写好代码之后由测试人员进行测试，之后写出测试报告。但是这个过程是有缺陷的，因为不知道测试人员是否了解 Node.js 语言和项目功能结构。所以在这之前测试人员需要先进行测试。进行单元测试势必会影响项目的进度，造成成本的增加。单元测试只需在早期多投入一定成本，但在后期维护时会带来更大的便利，节省维护成本。

当 Node.js 项目编写完成后，就需要进行调试，Node.js 中提供了一个 assert 模块可以进行代码的调试。如果表达式不符合预期，则会抛出一个错误。该模块提供多个方法用于测试代码，包含方法如表 8.1 所示。

表 8.1 assert 模块方法

方法	描述
assert()	断言测试的函数，用于测试不变式
assert.equal()	测试参数是否相等
assert.deepEqual()	测试参数是否深度相等
assert.strictEqual()	测试参数是否全等
assert.throws()	预期抛出的错误
assert.ifError()	测试回调函数的 error 参数
assert.fail()	抛出错误

（1）assert() 方法

assert() 方法接收两个参数，语法格式如下所示：

```
assert(value,message)
```

当第一个参数对应的布尔值为 true 时，不会有任何提示，返回 undefined；为 false 时，会抛出一个错误，该错误的提示信息就是第二个参数设定的字符串。使用 assert() 方法效果如图 8.1 所示。

```
C:\Windows\system32\cmd.exe
C:\Users\SJ\Desktop\nodep\node\node>node newnode.js
输出: 4

assert.js:90
  throw new assert.AssertionError({

 AssertionError: 预期1加2等于3
    at Object.<anonymous> (C:\Users\SJ\Desktop\nodep\node\node\newnode.js:
802:1)
    at Module._compile (module.js:541:32)
    at Object.Module._extensions..js (module.js:550:10)
    at Module.load (module.js:458:32)
    at tryModuleLoad (module.js:417:12)
    at Function.Module._load (module.js:409:3)
    at Function.Module.runMain (module.js:575:10)
    at startup (node.js:160:18)
    at node.js:449:3

C:\Users\SJ\Desktop\nodep\node\node>
```

图 8.1 assert() 方法

为了实现图 8.1 效果，代码如 CORE0801 所示。

代码 CORE0801：assert() 方法

```
//assert 模块
var assert = require('assert');
// 定义一个函数
function add (x, y) {
   return x + y;
}
var number = add(2,2);
// 打印输出值
console.log(" 输出："+number);
// 判断输出值是否为 3
assert( number == 3, ' 预期 1 加 2 等于 3');
```

（2）assert.equal() 方法

assert.equal() 方法测试参数是否相等，其接收三个参数，语法格式如下所示：

```
assert.equal(actual, expected[, message])
```

第一个参数是实际值，第二个是预期值，第三个是错误的提示信息。方法内部使用的是相等运算符（==），而不是严格运算符（===），进行比较运算。使用 assert.equal() 方法效果如图 8.2 所示。

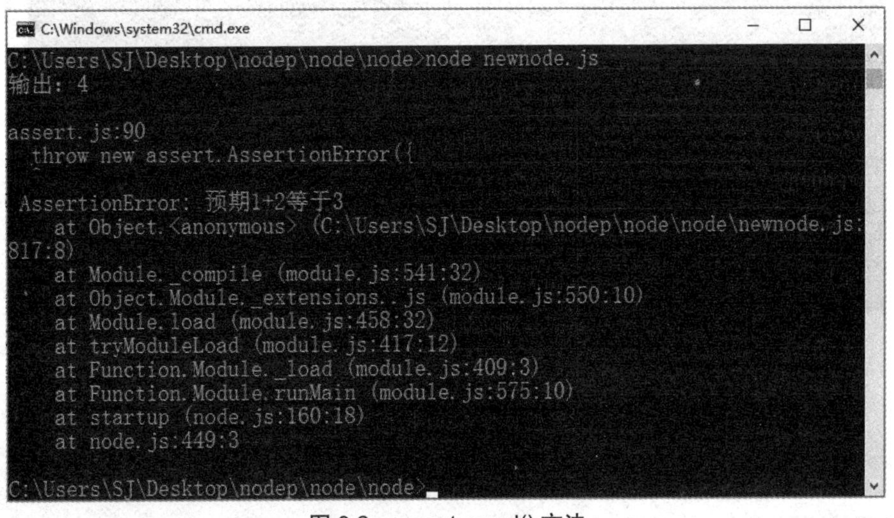

图 8.2　assert.equal() 方法

为了实现图 8.2 效果，代码如 CORE0802 所示。

代码 CORE0802：assert.equal() 方法

```
var assert = require('assert');
function add (x, y) {
  return x + y;
}
var number = add(2,2);
// 打印输出值
console.log(" 输出："+number);
// 判断输出值是否为 3
assert.equal(number, 3, ' 预期 1+2 等于 3');
```

（3）assert.deepEqual() 方法

assert.deepEqual() 方法用来比较两个对象。只要它们的属性一一对应，且值都相等，就认为两个对象相等，否则抛出一个错误。其接收三个参数，语法格式如下所示。

```
assert. deepEqual (actual, expected[, message])
```

使用 assert.deepEqual() 方法效果如图 8.3 所示。

```
C:\Windows\system32\cmd.exe
C:\Users\SJ\Desktop\nodep\node\node>node newnode.js
[ 1, 2, 3, 4, 5 ] [ 1, 2, 3, 4, 5 ]
{ name: 'name', password: 123456 } { name: 'name', password: 12345 }

assert.js:90
  throw new assert.AssertionError({
  ^
AssertionError: 预期两个对象应该有相同的属性
    at Object.<anonymous> (C:\Users\SJ\Desktop\nodep\node\node\newnode.js:830:8)
    at Module._compile (module.js:541:32)
    at Object.Module._extensions..js (module.js:550:10)
    at Module.load (module.js:458:32)
    at tryModuleLoad (module.js:417:12)
    at Function.Module._load (module.js:409:3)
    at Function.Module.runMain (module.js:575:10)
    at startup (node.js:160:18)
    at node.js:449:3
```

图 8.3　assert.deepEqual() 方法

为了实现图 8.3 效果，代码如 CORE0803 所示。

代码 CORE0803：assert.deepEqual() 方法

```
var assert = require('assert');
var arr1 = [1, 2, 3, 4, 5];
var arr2 = [1, 2, 3, 4, 5];
console.log(arr1,arr2)
```

```
assert.deepEqual(arr1, arr2, ' 预期两个数组应该有相同的属性 ');
var json1 = { name:"name", password:123456 };
var json2 = { name:"name", password:12345 };
console.log(json1,json2)
assert.deepEqual(json1, json2, ' 预期两个对象应该有相同的属性 ');
```

（4）assert.strictEqual() 方法

assert.strictEqual() 方法测试真实值是否和预期值相等，其接收三个参数，语法格式如下所示。

```
assert. strictEqual (actual, expected[, message])
```

使用 assert.strictEqual() 方法效果如图 8.4 所示。

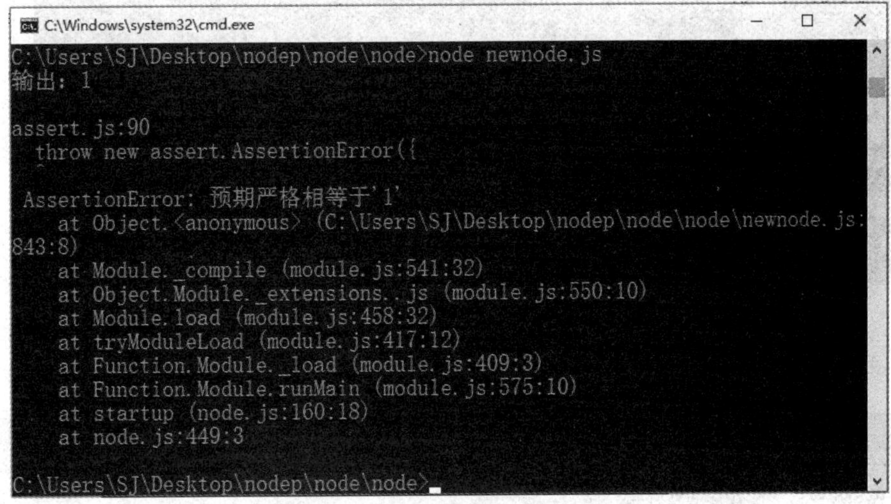

图 8.4　assert.strictEqual() 方法

为了实现图 8.4 效果，代码如 CORE0804 所示。

代码 CORE0804：assert.strictEqual() 方法

```
var assert = require('assert');
function add (x, y) {
  return x + y;
}
var number = add(1,0);
// 打印输出值
console.log(" 输出："+number);
// 判断输出值是否为 1
assert.strictEqual(number, '1', " 预期严格相等于 '1'");
```

（5）assert.throws() 方法

assert.throws() 方法预期某个代码块会抛出一个错误，且抛出的错误符合指定的条件。方法接收三个参数，语法格式如下所示。

```
assert. throws (block[, error] [, message])
```

第一个参数是一个函数抛出的错误，第二个是构造函数，正则表达式或者其他验证器，第三个是错误的提示信息。使用 assert.throws() 方法效果如图 8.5 所示。

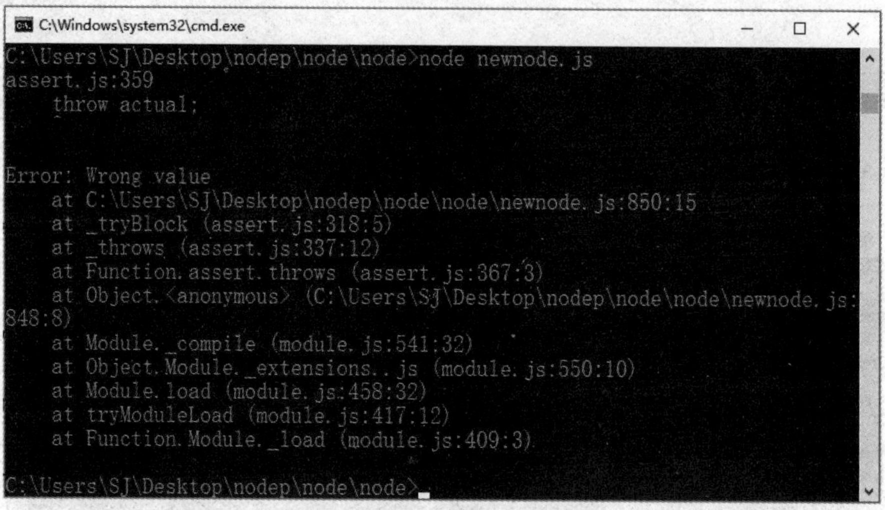

```
C:\Windows\system32\cmd.exe
C:\Users\SJ\Desktop\nodep\node\node>node newnode.js
assert.js:359
    throw actual;
    ^

Error: Wrong value
    at C:\Users\SJ\Desktop\nodep\node\node\newnode.js:850:15
    at _tryBlock (assert.js:318:5)
    at _throws (assert.js:337:12)
    at Function.assert.throws (assert.js:367:3)
    at Object.<anonymous> (C:\Users\SJ\Desktop\nodep\node\node\newnode.js:
848:8)
    at Module._compile (module.js:541:32)
    at Object.Module._extensions..js (module.js:550:10)
    at Module.load (module.js:458:32)
    at tryModuleLoad (module.js:417:12)
    at Function.Module._load (module.js:409:3)

C:\Users\SJ\Desktop\nodep\node\node>_
```

图 8.5　assert.throws() 方法

为了实现图 8.5 效果，代码如 CORE0805 所示。

代码 CORE0805：asserl throws() 方法

```
var assert = require('assert');
assert.throws(
  function() {
    throw new Error("Wrong value");
  },
  function(err) {
    if ( (err instanceof Error) && /values/.test(err) ) {
      return true;
    }
  },
  '不符合预期的错误类型'
);
```

（6）assert.ifError() 方法

assert.ifError() 方法断言某个表达式是否 false，如果该表达式对应的布尔值等于 true，就抛出一个错误。它对于验证回调函数的第一个参数十分有用，如果该参数为 true，就表示有错误。方法接收一个参数，语法格式如下所示。

```
assert. ifError (value)
```

使用 assert.ifError() 方法效果如图 8.6 所示。

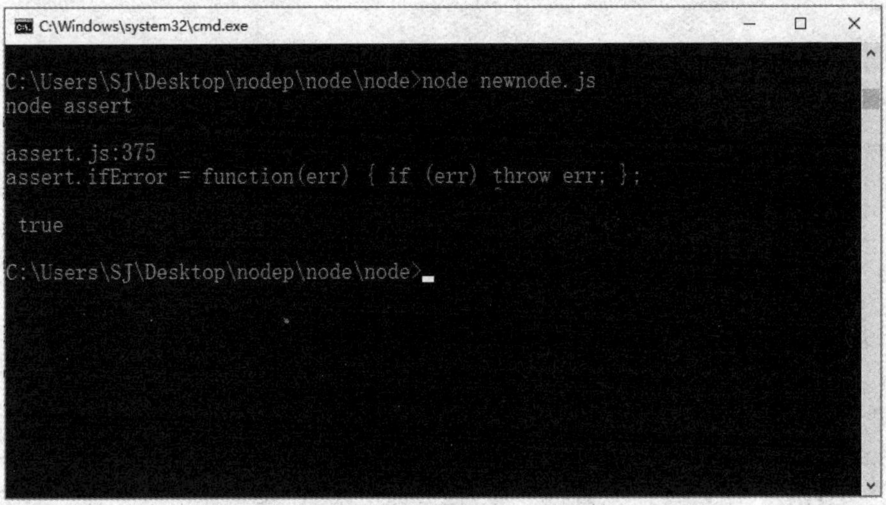

图 8.6　assert.ifError() 方法

为了实现图 8.6 效果，代码如 CORE0806 所示。

代码 CORE0806：assert.ifError() 方法

```
var assert = require('assert');
function assertifError(name, callback) {
    var error = true;
    var str   = "node "+name;
    callback(error, str);
}
assert.ifError('assert', function(err, value){
    console.log(value)
    assert.ifError(err);
})
```

（7）assert.fail() 方法

assert.fail() 方法用于抛出一个错误。方法接收四个参数，不管参数是什么值，它总是抛出一个错误。如果第三个参数对应的布尔值不为 false，抛出的错误信息就是 message，否则错误信息就是“实际值 + 分隔符 + 预期值”。语法格式如下所示。

```
assert.fail(actual, expected, message, operator)
```

使用 assert.fail() 方法效果如图 8.7 所示。

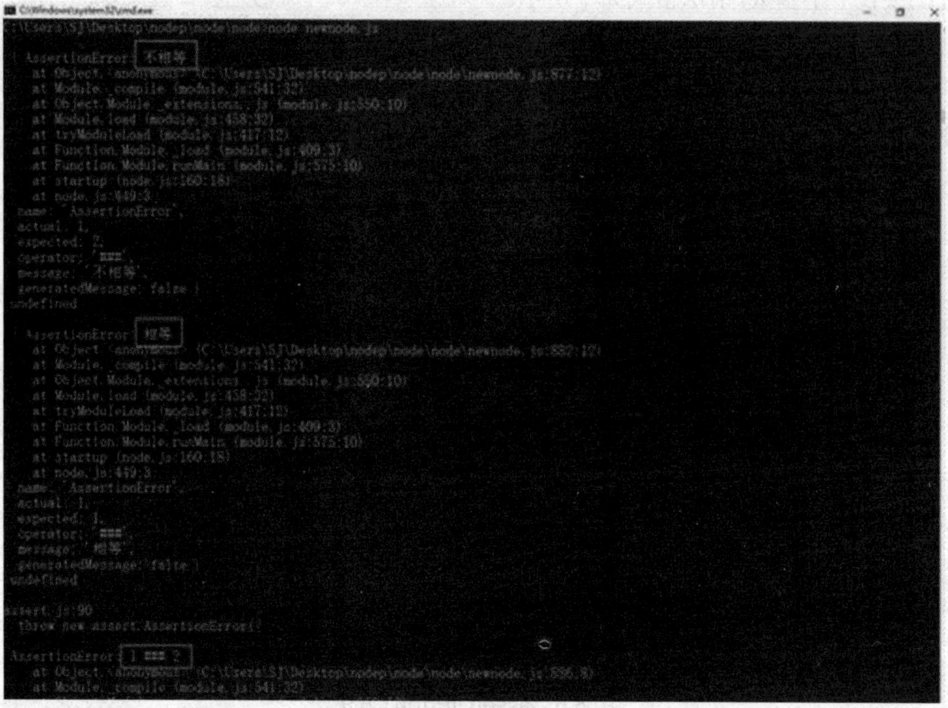

图 8.7 assert.fail() 方法

为了实现图 8.7 效果，代码如 CORE0807 所示。

代码 CORE0807：assert.fail() 方法

```
var assert = require('assert');
try {
   assert.fail(1, 2, " 不相等 ", '###')
} catch (e){
   console.log('\r\n', e, '\r\n', e.stack.AssertionError);
}
try {
   assert.fail(1, 1, " 相等 ", '###')
} catch (e){
   console.log('\r\n', e, '\r\n', e.stack.AssertionError);
}
assert.fail(1, 2, undefined, '###')
```

快来扫一扫！

在书中我们已经将所学的 Express 框架知识应用于案例中，扫描右边二维码，让我们了解更多关于 Express 框架知识。快来扫我吧！！！

技能点 2　部署发布

当项目已经完成并进行测试之后就可以进行服务器的部署发布了，Node.js 项目部署发布步骤如下：

第一步：服务器购买。

阿里云、腾讯云、百度云等都可以选择，购买对应的云服务器或云服务器 ECS（选择平台不同名字可能会不一致），系统镜像选择 Windows Server 2012 R2 64 位，其他带宽、内存等自行配置。如果只是小型网站，建议低配置即可。下面主要介绍阿里云学生服务器：9.5 元 / 月，适合用来个人开发测试。阿里云学生服务器界面如图 8.8 所示。

图 8.8　阿里云学生服务器购买界面

第二步：服务器登录。

通过远程连接方式登录服务器。

①在 Windows10 系统下使用“WIN+R”组合快捷键打开运行对话框，然后输入“mstsc”，

如图 8.9 所示。

运行
Windows 将根据你所输入的名称，为你打开相应的程序、文件夹、文档或 Internet 资源。
打开(O): mstsc
确定 取消 浏览(B)...

图 8.9　命令提示符窗口

②点击“确定”，打开 Win10 的远程桌面，在远程桌面输入地址，点击“连接”，开始远程连接，如图 8.10 所示。

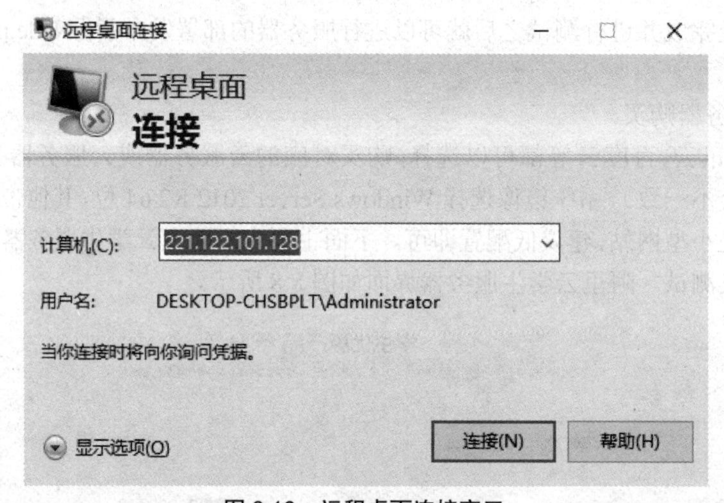

图 8.10　远程桌面连接窗口

第三步：在服务器中安装 Node.js 所需环境。

第四步：将本地编写好的 Node.js 项目通过拖拽方式放到服务器中。

第五步：启动服务。

```
npm start
```

通过该命令，将项目运行，之后可以通过接口路径进行访问。

现在，物业管理数据交互已经全部编写完成，通过下面六个步骤的操作，实现 TF 物业管

理小程序界面与服务器进行交互。

第一步：微信小程序登录功能添加。

获取用户账号和密码并通过接口进行登录，代码如 CORE0808 所示，效果如图 8.11 所示。

代码 CORE0808：login.js

```
var app = getApp();
Page({
  data: {
    name: "",
    numbers: ""
  },
  losenum: function (e) {
    this.setData({
      name: e.detail.value
    })
  },
  losepassword: function (e) {
    this.setData({
      numbers: e.detail.value
    })
  },
  login: function (e) {
    var that = this
    let numbers = this.data.numbers;
    let name = this.data.name;
    let openid = this.data.openid;
    let img = this.data.img
    wx.request({
      url: "http://192.168.2.103:3000/userlogin",
      data: {
        username: name,
        password: numbers
      },
      header: {},
      method:"GET",
 success: function (res) {
        console.log(res)
        wx.setStorageSync("userid", res.data.id)
```

```
        wx.setStorageSync("username", res.data.name)
        if (res.data.data==true) {
          wx.navigateTo({
            url: '../index/index'
          })
        } else {
          that.setData({
            text: " 账号或密码错误 "
          })
        }
      }
    })
  }
})
```

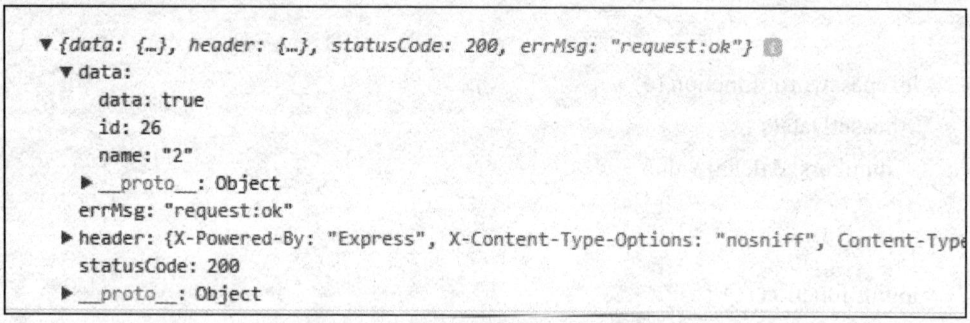

```
▼{data: {…}, header: {…}, statusCode: 200, errMsg: "request:ok"}
  ▼data:
      data: true
      id: 26
      name: "2"
    ▶__proto__: Object
  errMsg: "request:ok"
  ▶header: {X-Powered-By: "Express", X-Content-Type-Options: "nosniff", Content-Type
  statusCode: 200
  ▶__proto__: Object
```

图 8.11 微信小程序登录功能添加

第二步：在 routes 文件夹中创建 pic.js 文件并在 app.js 中进行 pic.js 文件的配置。
第三步：在 pic.js 文件编写接口。
pic.js 文件中存放小程序主界面中获取轮播图的接口。代码如 CORE0809 所示。

代码 CORE0809：pic.js

```
var express = require('express');
var router = express.Router();
var mysql  = require('mysql');
// 获取轮播图
router.get('/pic', function(req, res, next) {
    var connection = mysql.createConnection({
        host     : 'localhost',
        user     : 'root',
        password : '123456',
        port: '3306',
```

```
    database: 'test'
  });
  connection.connect();
  var  sql = 'SELECT * FROM pic';
  connection.query(sql,function (err, result) {
    if(err){
      console.log('[SELECT ERROR] - ',err.message);
      return;
    }
    console.log(result);
    console.log(result.length)
    function getIPAdress(){
      var interfaces = require('os').networkInterfaces();
      for(var devName in interfaces){
        var iface = interfaces[devName];
        for(var i=0;i<iface.length;i++){
          var alias = iface[i];
          if(alias.family === 'IPv4' && alias.address !== '127.0.0.1' && !alias.internal){
            return alias.address;
          }
        }
      }
    }
    console.log(getIPAdress())
    for(var i=0;i<result.length;i++){
      result[i].url="http://"+getIPAdress()+":3000/images/"+result[i].url
    }
   res.jsonp(result)
  });
});
module.exports = router;
```

第四步：小程序主界面轮播图获取，代码如 CORE0810 所示，效果如图 8.12 所示。

代码 CORE0810：index.js

```
Page({
 data: {
  imgUrls: [],
```

```
    indicatorDots: true,
    autoplay: true,
    interval: 5000,
    duration: 1000
  },
  onLoad: function (options) {
    var that=this;
    wx.request({
      url: "http://192.168.2.103:3000/pic",
      data: {},
      header: {},
      method: "GET",
      success: function (res) {
        console.log(res.data)
        that.setData({
          imgUrls: res.data
        })
      }
    })
  },
  signin: function () {
    wx.navigateTo({
      url: '../message/message'
    })
  },
  responder: function () {
    wx.navigateTo({
      url: '../social/social'
    })
  },
  repair:function(){
    wx.navigateTo({
      url: '../repair/repair'
    })
  },
  water: function () {
    wx.navigateTo({
      url: '../water/water'
```

```
    })
  },
  money: function () {
    wx.navigateTo({
      url: '../money/money'
    })
  }
})
```

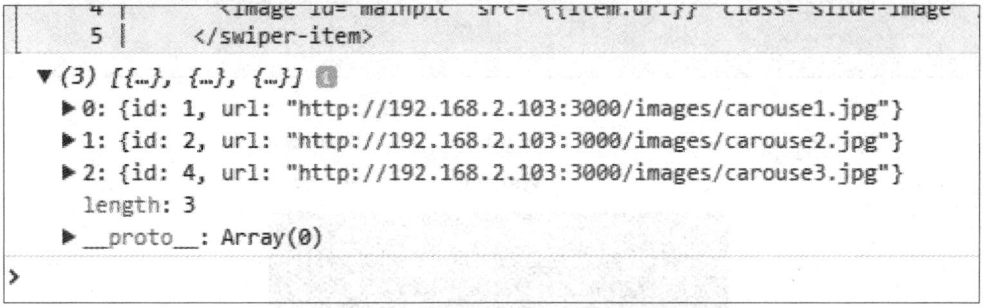

```
4 |        <image id="mainpic" src="{{item.url}}" class="slide-image"
5 |      </swiper-item>
▼(3) [{…}, {…}, {…}]
  ▶0: {id: 1, url: "http://192.168.2.103:3000/images/carouse1.jpg"}
  ▶1: {id: 2, url: "http://192.168.2.103:3000/images/carouse2.jpg"}
  ▶2: {id: 4, url: "http://192.168.2.103:3000/images/carouse3.jpg"}
   length: 3
  ▶__proto__: Array(0)
>
```

图 8.12　小程序主界面轮播图获取

第五步：小程序主界面扫码报修功能添加，代码如 CORE0810 所示，效果如图 8.13 所示。

代码 CORE0810：index.js

```
Page({
  isonfont:function(){
    wx.scanCode({
      onlyFromCamera: true,
      success: (res) => {
        console.log(res.result)
        var id=wx.getStorageSync("userid")
        wx.request({
          url: "http://192.168.2.103:3000/addrepair",
          data: {
            id: id,
            content: res.result
          },
          header: {},
          method: "GET",
          success: function (res) {
            console.log(res.data)
```

```
            if(res.data.data==true){
             wx.showModal({
              content: '报修成功'
             })
            }
           }
          })
         }
        })
       }
      })
```

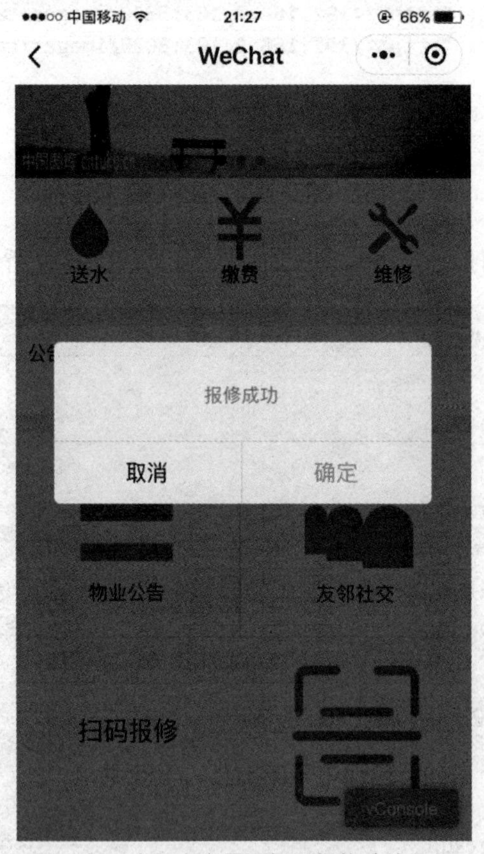

图 8.13 小程序主界面扫码报修功能添加

第六步：小程序送水界面添加功能。

首先进行商品信息的获取，之后选择想要购买的商品，点击选好了，服务器会通过商品及订单添加接口将信息进行保存。代码如 CORE0811 所示，效果如图 8.14 所示。

代码 CORE0811：water.js

```
Page({
  data: {
  list:[],
  allnum:0
  },
  onLoad: function (options) {
    var that=this;
    wx.request({
      url: "http://192.168.18.10:3000/goods",
      data: {},
      header: {},
      method: "GET",
      success: function (res) {
        console.log(res.data)
        that.setData({
          list: res.data
        })
        for (var i = 0; i < that.data.list.length; i++) {
          var nums = "list[" + i + "].num";
          that.setData({
            [nums]: 0
          });
        }
        console.log(that.data.list)
      }
    })
  },
  minus: function (e) {
    var that = this
    console.log(e)
    var num = parseInt(this.data.list[e.currentTarget.id].num)
    console.log(num)
    if(num==0){
```

```
      var nums = "list[" + e.currentTarget.id + "].num";
      that.setData({
[nums]: num
      });
    } else{
      var nums = "list[" + e.currentTarget.id + "].num";
      that.setData({
        [nums]: num - 1
      });
    }
    var allnum = 0;
    for (var i = 0; i < this.data.list.length; i++) {
      allnum = allnum + (parseInt(this.data.list[i].num) * parseInt(this.data.list[i].price))
    }
    console.log(allnum)
    that.setData({
      allnum: allnum
    });
  },
  plus: function (e) {
    var that = this
    console.log(e)
    var num = parseInt(this.data.list[e.currentTarget.id].num)
    console.log(num)
    var nums = "list[" + e.currentTarget.id + "].num";
    that.setData({
      [nums]: num + 1
    });
    var allnum = 0;
    for (var i = 0; i < this.data.list.length; i++) {
      allnum = allnum + (parseInt(this.data.list[i].num) * parseInt(this.data.list[i].price))
    }
  console.log(allnum)
    that.setData({
      allnum: allnum
    });
  },
  submit:function(){
```

```
    var that=this;
    var arr=[]
    for(var i=0;i<this.data.list.length;i++){
      if (that.data.list[i].num!=0){
        var name = wx.getStorageSync("username");
        arr.push({ goodsid: that.data.list[i].id, name: name, number: that.data.list[i].num,
        goodsname: that.data.list[i].name,
        price: parseInt(that.data.list[i].price * that.data.list[i].num)})
      }
    }
    console.log(arr)
    wx.request({
      url: "http://192.168.18.10:3000/usergoods",
      data: {
        name:name,
        arr:arr
      },
      header: {},
      method: "GET",
  success: function (res) {
      console.log(res.data)
      if(res.data.data=true){
        wx.navigateTo({
          url: '../goodscar/goodscar'
        })
      }
      }
    })
  }
})
```

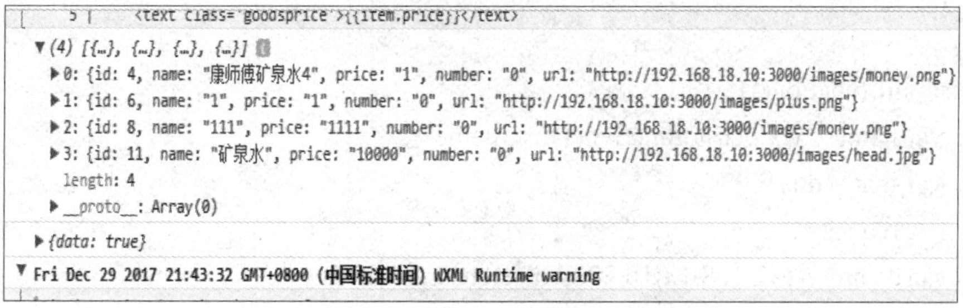

```
5 |     <text class='goodsprice'>{{item.price}}</text>
▼(4) [{…}, {…}, {…}, {…}]
  ▶0: {id: 4, name: "康师傅矿泉水4", price: "1", number: "0", url: "http://192.168.18.10:3000/images/money.png"}
  ▶1: {id: 6, name: "1", price: "1", number: "0", url: "http://192.168.18.10:3000/images/plus.png"}
  ▶2: {id: 8, name: "111", price: "1111", number: "0", url: "http://192.168.18.10:3000/images/money.png"}
  ▶3: {id: 11, name: "矿泉水", price: "10000", number: "0", url: "http://192.168.18.10:3000/images/head.jpg"}
   length: 4
  ▶__proto__: Array(0)
▶{data: true}
▼Fri Dec 29 2017 21:43:32 GMT+0800 (中国标准时间) WXML Runtime warning
```

图 8.14　小程序送水界面添加功能

第七步：小程序订单详情界面添加功能。

首先进行订单详细信息的获取，当商品送到之后点击合计按钮进行确认收货，返回 true 时，当前订单消失。代码如 CORE0812 所示，效果如图 8.15 所示。

代码 CORE0812：goodscar.js

```
Page({
 data: {
  list:[],
  allnum:0
 },
 onLoad: function (options) {
  var name = wx.getStorageSync("username");
  var that=this
  wx.request({
   url: "http://192.168.18.10:3000/checkusergoods",
   data: {
    name:name
   },
   header: {},
   method: "GET",
   success: function (res) {
    console.log(res.data)
    var allnum=0;
    for(var i=0;i<res.data.length;i++){
     allnum = allnum + parseInt(res.data[i].price)
    }
    that.setData({
     list: res.data,
     allnum: allnum
    })
  }
 })
 },
 submit:function(){
  var name = wx.getStorageSync("username");
  var that = this
  wx.request({
   url: "http://192.168.18.10:3000/deleteusergoods",
```

```
        data: {
          name: name
        },
        header: {},
        method: "GET",
        success: function (res) {
          console.log(res.data)
          wx.navigateBack({
         delta: 1,
          })
        }
      })
    }
  })
```

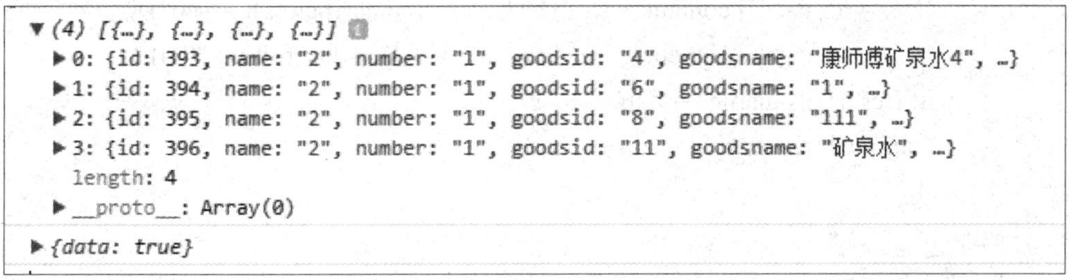

```
▼(4) [{…}, {…}, {…}, {…}]
  ▶0: {id: 393, name: "2", number: "1", goodsid: "4", goodsname: "康师傅矿泉水4", …}
  ▶1: {id: 394, name: "2", number: "1", goodsid: "6", goodsname: "1", …}
  ▶2: {id: 395, name: "2", number: "1", goodsid: "8", goodsname: "111", …}
  ▶3: {id: 396, name: "2", number: "1", goodsid: "11", goodsname: "矿泉水", …}
   length: 4
  ▶__proto__: Array(0)
▶{data: true}
```

图 8.15　小程序订单详情界面添加功能

第八步：小程序缴费界面添加功能。

首先进行缴费信息的获取，选择想要缴费的项目，点击缴费按钮进行缴费。代码如 CORE0813 所示，效果如图 8.16 所示。

代码 CORE0813：money.js

```
Page({
  data: {
    list: [],
    list1: [],
  list2: [],
    id: "",
    content: ""
  },
  onLoad: function () {
    var name = wx.getStorageSync("username");
```

```
    var id = wx.getStorageSync("userid");
    var that = this;
    wx.request({
      url: "http://192.168.18.10:3000/userspaymentdetail123",
      data: {
        name: name
      },
      header: {},
      method: "GET",
      success: function (res) {
        console.log(res.data)
        var arr = [];
        var name = wx.getStorageSync("username");
        for (var i = 0; i < res.data.length; i++) {
          if ((res.data[i].content == " 水费 " && res.data[i].waterfull == "0") ||
                (res.data[i].content == " 电费 " && res.data[i].elefull == "0") ||
                (res.data[i].content == " 气费 " &&res.data[i].airfull == "0")) {
            if (res.data[i].name == name) {
              arr.push(res.data[i])
            }
          }
        }
        var sss = [];
        var iddd = [];
        for (var i = 0; i < arr.length; i++) {
          var ss = 0;
          sss.push(ss)
          iddd.push({ id: arr[i].id, content: arr[i].content, price: arr[i].price })
        }
        that.setData({
          list: arr,
          list1: sss,
          list2: iddd
        })
      }
    })
  },
  checkboxChange: function (e) {
```

```
    var that = this;
    this.setData({
      money: parseInt(e.detail.value)
    })
    for (var i = 0; i < this.data.list2.length; i++) {
      if (that.data.list2[i].price == e.detail.value) {
        that.setData({
          id: that.data.list2[i].id,
          content: that.data.list2[i].content
        })
      }
    }
  },
  full: function () {
    var that=this;
    wx.request({
      url: "http://192.168.18.10:3000/refull",
      data: {
        id: this.data.id,
        content:this.data.content
      },
      header: {},
      method: "GET",
      success: function (res) {
        console.log(res.data)
        if(res.data.data==true){
          wx.navigateBack({
            delta: 1,
          })
        }
      }
    })
  }
})
```

```
▼(4) [{…}, {…}, {…}, {…}]
  ▶0: {id: 14, name: "2", content: "水费", waterfull: "1", elefull: "0", …}
  ▶1: {id: 18, name: "2", content: "电费", waterfull: "0", elefull: "0", …}
  ▶2: {id: 22, name: "2", content: "气费", waterfull: "0", elefull: "0", …}
  ▶3: {id: 26, name: "2", content: "电费", waterfull: "0", elefull: "0", …}
   length: 4
  ▶__proto__: Array(0)
▶{data: true}
```

图 8.16 小程序缴费界面添加功能

第九步：小程序报修界面添加功能。

该界面主要进行报修之后维修的进度。代码如 CORE0814 所示，效果如图 8.17 所示。

代码 CORE0814：repair.js

```
Page({
 data: {
  list: [],
  list1: [],
  list2: []
 },
 onShow:function(){
  var name=wx.getStorageSync("username");
  var that=this;
  wx.request({
   url: "http://192.168.18.10:3000/norepair",
   data: {
    name:name
   },
   header: {},
   method: "GET",
   success: function (res) {
    console.log(res.data)
    that.setData({
   list: res.data
 })
   }
  })
  wx.request({
   url: "http://192.168.18.10:3000/repairwill",
   data: {
    name: name
```

```
      },
      header: {},
      method: "GET",
      success: function (res) {
        console.log(res.data)
        that.setData({
          list1: res.data
        })
      }
    })
    wx.request({
      url: "http://192.168.18.10:3000/repairal",
      data: {
        name: name
      },
      header: {},
      method: "GET",
      success: function (res) {
        console.log(res.data)
        that.setData({
          list2: res.data
        })
      }
    })
  }
})
```

```
▼(4) [{…}, {…}, {…}, {…}]
  ▶0: {id: 8, name: "2", time: "2017-11-29", position: "1号楼一单元一楼大厅", state: "0"}
  ▶1: {id: 9, name: "2", time: "2017-11-29", position: "1号楼一单元一楼大厅", state: "0"}
  ▶2: {id: 10, name: "2", time: "2017-11-29", position: "1号楼一单元一楼大厅", state: "0"}
  ▶3: {id: 11, name: "2", time: "2017-11-29", position: "1号楼一单元一楼大厅", state: "0"}
   length: 4
  ▶__proto__: Array(0)
▼[{…}]
  ▶0: {id: 7, name: "2", time: "2017-11-25", position: "9号楼一层地板", state: "2"}
   length: 1
  ▶__proto__: Array(0)
▼(2) [{…}, {…}]
  ▶0: {id: 4, name: "2", time: "2017-11-25", position: "9号楼一层地板", state: "1"}
  ▶1: {id: 6, name: "2", time: "2017-11-25", position: "9号楼一层地板", state: "1"}
   length: 2
  ▶__proto__: Array(0)
```

图 8.17　小程序报修界面添加功能

第十步：小程序物业公告界面添加功能。

该界面主要进行物业通知的展示。代码如 CORE0815 所示，效果如图 8.18 所示。

代码 CORE0815：message.js

```
Page({
 data: {
  message: []
 },
 onLoad: function (options) {
  var that = this;
  wx.request({
   url: "http://192.168.18.10:3000/message",
   data: {},
   header: {},
   method: "GET",
   success: function (res) {
    console.log(res.data)
    that.setData({
     message: res.data
    })
   }
  })
 }
})
```

```
▼(2) [{…}, {…}]
 ▶0: {id: 1, name: "缴费", time: "2017-12-24", message: "交水费"}
 ▶1: {id: 17, name: "安全", time: "2017-11-29", message: "安全发展"}
  length: 2
 ▶__proto__: Array(0)
```

图 8.18 小程序物业公告界面添加功能

第十一步：小程序友邻社交界面添加功能。

该界面主要进行业主之间进行交流。代码如 CORE0816 所示，效果如图 8.19 所示。

代码 CORE0816：social.js

```
Page({
 data: {
  social: [],
```

```
    istrue:true,
    text:""
  },
  onLoad: function (options) {
    var that = this;
    wx.request({
      url: "http://192.168.18.10:3000/social",
      data: { },
      header: {},
      method: "GET",
      success: function (res) {
        console.log(res.data)
        that.setData({
          social: res.data
        })
      }
    })
  },
  text:function(e){
    this.setData({
      text: e.detail.value
  })
  },
  add:function(){
  this.setData({
      istrue: false
    })
  },
  remove:function() {
    this.setData({
      istrue: true
    })
  },
  sunmit:function(){
    var name=wx.getStorageSync("username")
var that=this;
    wx.request({
      url: "http://192.168.18.10:3000/addsocial",
```

```
      data: {
        name:name,
        content:this.data.text
      },
      header: {},
      method: "GET",
      success: function (res) {
        console.log(res.data)
        that.setData({
          istrue: true
        })
        // 重新请求获取接口,用来进行页面刷新
        wx.request({
          url: "http://192.168.18.10:3000/social",
          data: {},
          header: {},
          method: "GET",
          success: function (res) {
            console.log(res.data)
            that.setData({
              social: res.data
            })
          }
        })
      }
    })
  }
})
```

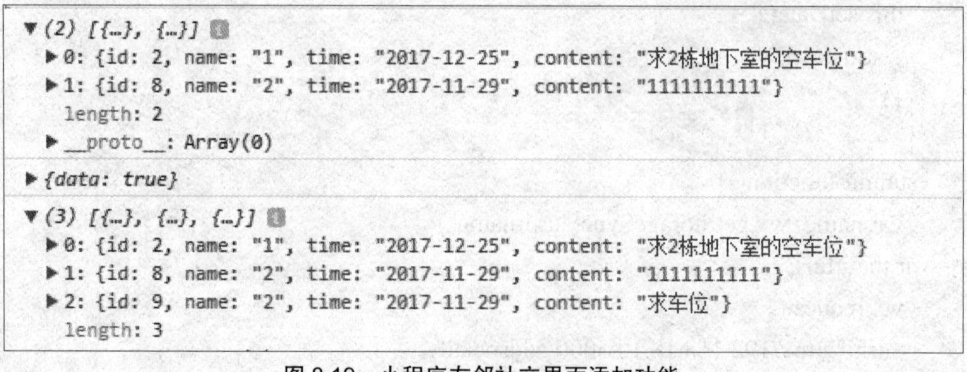

```
▼(2) [{…}, {…}]
  ▶0: {id: 2, name: "1", time: "2017-12-25", content: "求2栋地下室的空车位"}
  ▶1: {id: 8, name: "2", time: "2017-11-29", content: "1111111111"}
   length: 2
  ▶__proto__: Array(0)
▶{data: true}
▼(3) [{…}, {…}, {…}]
  ▶0: {id: 2, name: "1", time: "2017-12-25", content: "求2栋地下室的空车位"}
  ▶1: {id: 8, name: "2", time: "2017-11-29", content: "1111111111"}
  ▶2: {id: 9, name: "2", time: "2017-11-29", content: "求车位"}
   length: 3
```

图 8.19 小程序友邻社交界面添加功能

至此，TF 物业系统客户端与服务端交互制作完成。

快来扫一扫！

与其天天在乎自己的成绩和物质利益，不如努力学习、工作，扫描右边二维码，与小和尚一起享受每一次经验的过程，并从中学习成长。

本项目通过 TF 物业系统客户端与服务端交互的学习，对单元测试在软件项目中的作用具有初步了解，对 assert 模块进行代码的调试及项目的部署和发布有所认识，同时掌握了将 Node 部署到服务器的本领。

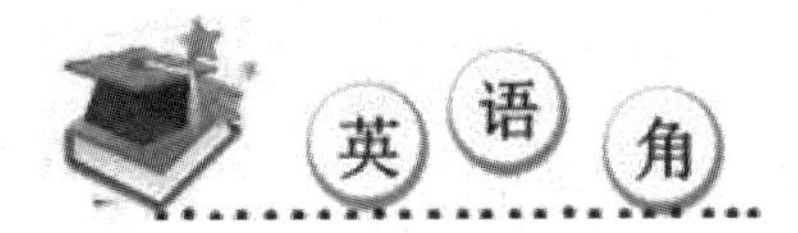

equal	平等的	instanceof	实例
strict	严格的	ifError	误差
throws	投	stack	堆
assert	维护	deep	深的

一、选择题

1. 下面说法错误的是（　　）。

（A）通过对程序代码的测试可以保证软件的质量

（B）正常的测试过程是开发者写好代码之后由别人进行测试

（C）进行单元测试不会影响项目的进度，造成成本的增加

（D）单元测试在后期维护时会带来更大的便利，节省成本

2. 下面对 assert 模块说法错误的是（　　）。

（A）assert 模块可以进行 Node 代码的调试

（B）assert 模块是 Node 的内置模块

（C）主要用于断言，计算结果可以是任何类型

（D）如果表达式不符合预期，就抛出一个错误

3. 下面对 assert 模块方法说法错误的是（　　）。

（A）assert() 断言测试的函数，用于测试不变式

（B）assert.equal() 测试参数是否相等

（C）assert.deepEqual() 测试参数是否深度相等

（D）assert.fail() 断言测试的函数，用于测试不变式

4. 下面对 assert 模块方法描述错误的是（　　）。

（A）assert() 方法只接收一个参数

（B）assert.equal() 方法接收三个参数

（C）assert.deepEqual() 方法用来比较两个对象

（D）assert.strictEqual() 方法接收三个参数

5. 下面说法错误的是（　　）。

（A）assert.throws() 方法接收一个参数

（B）assert.throws() 方法预期某个代码块会抛出一个错误

（C）assert.ifError() 方法断言某个表达式是否 false

（D）assert.fail() 方法用于抛出一个错误

二、填空题

1. 使用 assert 模块测试时，如果表达式不符合预期，会出现 ______ 效果。

2. _______ 预期抛出的错误。

3. _______ 抛出错误。

4. assert.deepEqual() 方法用来比较两个对象。只要它们的属性一一对应，且值都相等，就认为 ______。

5. assert.strictEqual() 方法接收三个参数，第一个是 _______，第二个是 _______，第三个是 _______。

三、上机题

使用以上知识对之前练习的项目进行测试。